传世经典书丛
Eternal Classics

Essential C++

中文版

[美] Stanley B. Lippman 著
侯捷 译

電子工業出版社
Publishing House of Electronics Industry
北京•BEIJING

内容简介

本书以四个面向来表现 C++的本质：procedural（面向过程的）、generic（泛型的）、object-based（基于对象的）、object-oriented（面向对象的）。全书围绕一系列逐渐繁复的程序问题，以及用以解决这些问题的语言特性来组织。循此方式，你将不只学到 C++的功能和结构，也可学到它们的设计目的和基本原理。

本书适合那些已经开始从事软件设计，又抽不出太多时间学习新技术的程序员阅读。

版权贸易合同登记号　图字：01-2013-4126

图书在版编目（CIP）数据

Essential C++中文版 /（美）李普曼（Lippman, S. B.）著；侯捷译.——北京：电子工业出版社，2013.8

ISBN 978-7-121-20934-5

Ⅰ. ①E… Ⅱ. ①李… ②侯… Ⅲ. ①C 语言－程序设计 Ⅳ. ①TP312

中国版本图书馆 CIP 数据核字（2013）第 150792 号

责任编辑：白　涛

印　　刷：三河市双峰印刷装订有限公司

装　　订：三河市双峰印刷装订有限公司

出版发行：电子工业出版社

北京市海淀区万寿路 173 信箱　邮编：100036

开　　本：787×980　1/16　**印　　张**：18.75　**字　　数**：440 千字

版　　次：2013 年 8 月第 1 版

印　　次：2021 年 2 月第 22 次印刷

定　　价：79.00 元

凡所购买电子工业出版社图书有缺损问题，请向购买书店调换。若书店售缺，请与本社发行部联系，联系及邮购电话：(010)88254888，88258888。

质量投诉请发邮件至 zlts@phei.com.cn，盗版侵权举报请发邮件至 dbqq@phei.com.cn。

本书咨询联系方式：(010) 51260888-819　faq@phei.com.cn。

悦读上品 得乎益友

孔子云："取乎其上，得乎其中；取乎其中，得乎其下；取乎其下，则无所得矣"。

对于读书求知而言，这句古训教我们去读好书，最好是好书中的上品——经典书。其中，科技人员要读的技术书，因为直接关乎客观是非与生产效率，阅读选材本更应慎重。然而，随着技术图书品种的日益丰富，发现经典书越来越难，尤其对于涉世尚浅的新读者，更为不易，而他们又往往是最需要阅读、提升的重要群体。

所谓经典书，或说上品，是指选材精良、内容精练、讲述生动、外延丰盈、表现手法体贴入微的读品，它们会成为读者的知识和经验库中的重要组成部分，并且拥有从不断重读中汲取养分的空间。因此，选择阅读上品的问题便成了有效阅读的首要问题。当然，这不只是效率问题，上品促成的既是对某一种技术、思想的真正理解和掌握，同时又是一种感悟或享受，是一种愉悦。

与技术本身类似，经典 IT 技术书多来自国外。深厚的积累、良好的写作氛围，使一批大师为全球技术学习者留下了璀璨的智慧瑰宝。就在那个年代即将远去之时，无须回眸，也能感受到这一部部厚重而深邃的经典著作，在造福无数读者后从未蒙尘的熠熠光辉。而这些凝结众多当今国内技术中坚美妙记忆与绝佳体验的技术图书，虽然尚在国外图书市场上大放异彩，却已逐渐淡出国人的视线。最为遗憾的是，迟迟未有可以填补空缺的新书问世。而无可替代，不正是经典书被奉为圭臬的原因？

为了不让国内读者，尤其是即将步入技术生涯的新一代读者，就此错失这些滋养过先行者们的好书，以出版 IT 精品图书，满足技术人群需求为己任的我们，愿意承担这一使命。本次机遇惠顾了我们，让我们有机会携手权威的 Pearson 公司，精心推出"传世经典书丛"。

在我们眼中，"传世经典"的价值首先在于——既适合喜爱科技图书的读者，也符合专家们挑剔的标准。幸运的是，我们的确找到了这些堪称上品的佳作。丛书带给我们的幸运颇多，细数一下吧。

得以引荐大师著作

有恐思虑不周，我们大量参考了国外权威机构和网站的评选结果，并得到了 Pearson 的专业支持，又进一步对符合标准之图书的国内外口碑与销售情况进行细致分析，也听取了国内技术专家的宝贵建议，才有幸选出对国内读者最富有技术养分的大师上品。

向深邃的技术内涵致敬

中外技术环境存在差异，很多享誉国外的好书未必适用于国内读者；且技术与应用瞬息万变，很容易让人心生迷惘或疲于奔命。本丛书的图书遴选，注重打好思考方法与技术理念的根基，旨在帮助读者修炼内功，提升境界，将技术真正融入个人知识体系，从而可以一通百通，从容面对随时涌现的技术变化。

翻译与评注的双项选择

引进优秀外版著作，将其翻译为中文供国内读者阅读，较为有效与常见。但另有一些外语水平较高、喜好阅读原版的读者，苦于对技术理解不足，不能充分体会原文表述的精妙，需要有人指导与点拨。而一批本土技术精英经过长期经典熏陶及实践锤炼，已足以胜任这一工作。有鉴于此，本丛书在翻译版的同时推出融合英文原著与中文点评、注释的评注版，供不同志趣的读者自由选择。

承蒙国内一流译(注)者的扶持

优秀的英文原著最终转化为真正的上品，尚需跨越翻译鸿沟，外版图书的翻译质量一直屡遭国内读者诟病。评注版的增值与含金量，同样依赖于评注者的高卓才具。好在，本丛书得到了久经考验的权威译(注)者的认可和支持，首肯我们选用其佳作，或亲自参与评注工作。正是他们的参与保证了经典的品质，既再次为我们的选材把关，更提供了一流的中文表述。

期望带给读者良好的阅读体验

一本好书带给人的愉悦不止于知识收获，良好的阅读感受同样不可缺少，且对学业不无助益。为让读者收获与上品相称的体验，我们在图书装帧设计与选材用料上同样不敢轻率，惟愿送到读者手中的除了珠玑章句，还有舒适与熨帖的视觉感受。

所有参与丛书出版的人员，尽管能力有限，却无不心怀严谨之心与完美愿望。如果读者朋友能从潜心阅读这些上品中偶有获益，不啻为对我们工作的最佳褒奖。若有阅读感悟，敬请拨冗告知，以鼓励我们继续在这一道路上贡献绵薄之力。如有不周之处，也请不吝指教。

电子工业出版社博文视点

满汉全席之外（译序/侯捷）

Stanley B. Lippman 所著的 *C++ Primer* 雄踞书坛历久不衰，堪称 C++最佳教科书。但是走过十个年头之后，继 1237 页的 *C++ Primer* 第 3 版，Lippman 又返璞归真地写了这本 276 页的 *Essential C++*。有了满汉全席，为何还眷顾清粥小菜？完成了伟大的巨著，何必回头再写这么一本轻薄短小的初学者用书呢？

所有知道 Lippman 和 *C++ Primer* 的人，脸上都浮现相同的问号。

轻薄短小并不是判断适合初学与否的依据。Lippman 写过 *Inside the C++ Object Model*，280 页小开本，崩掉多少 C++老手的牙。本书之所以号称适合初学者，不在于轻薄短小，在于素材选择与组织安排。

关于 Lippman 重作冯妇的故事，他自己在前言中有详细的介绍。他的转折，他的选择，他的职责，乃至于这本书的纲要和组织，前言中都有详细的交待。这方面我不必再置一词。

身为 *C++ Primer, 3rd Edition* 的译者，以及多本进阶书籍的作者，我必须努力说服自己，才能心甘情愿地将精力与时间用来重复过去的足迹。然而，如果连 Lippman 都愿意为初学者再铺一条红地毯，我也愿意为初学者停留一下我的脚步。

****

我是一名信息教育者，写译书籍，培训人员，在大学开课……。我真正第一线面对大量学习者。借此机会我要表达的是，所谓“初学者”实在是个过于笼统的名词与分类（呃，谈得上分类吗）。一般所谓“初学者”，多半想象是大一新生程度。其实 C++语言存在各种“初学者”，有 13 岁的，有 31 岁的（当然也有 41 岁的）。只要是第一次接触这个语言，就是这个语言的初学者，他可能才初次接触计算机，可能浸淫 Pascal/C 语言十年之久，也可能已有 Smalltalk/Java 三年经验。有人连计算机基本概念都没有，有人已经是经验丰富的软件工程师。这些人面对 C++，学习速度、教材需求、各人领悟，相同吗？

大不同矣！

每个人都以自己的方式来诠释“初学者”这个字眼，并不经意地反映出自己的足迹。初学者有很多很多种，“初学者”一词却无法反映他们的真实状态。

* *

固然，轻薄短小的书籍乍见之下让所有读者心情轻松，但如果舍弃太多应该深入的地方不谈，也难免令人行止失据，进退两难。这本小书可以是你的起点，但绝不能够是你的终站。

作为一本优秀教科书，轻薄短小不是重点，素材选择与组织安排，表达的精准与阅读的顺畅，才是重点。

作为一个好的学习者，背景不是重点，重要的是，你是否具备正确的学习态度。起步固然可从轻松小品开始，但如果碰上大部头巨著就退避三舍逃之夭夭，面对任何技术只求快餐速成，学编程语言却从来不编写程序，那就绝对没有成为高手乃至专家的一天。

有些人的学习，自练一身铜筋铁骨，可以在热带丛林中披荆斩棘，在莽莽草原中追奔逐北。有些人的学习，既未习惯大部头书，也未习惯严谨格调，更未习惯自修勤学，是温室里的一朵花，没有自立自强的本钱。

* *

章节的安排，篇幅的份量，索引的保留，习题加解答，以及网上的服务，都使这本小书成为自修妙品、C++专业课程的适当教材。诚挚希望《Essential C++中文版》的完成，帮助更多人获得 C++的学习乐趣——噢，是的，OOP（面向对象编程）可以带给你很多乐趣，我不骗你 ☺

侯捷

2012/09/22

敬请注意：

1. 本书与英文版页页对译，从而得以保留原书索引。
2. 本书附加“中英术语对照表”于附录 C，并于其中说明中英术语的采用原则。

目录

Contents

前言

Preface

天啊，这本书竟是如此轻薄短小。我真想大叫一声“哇欧”！*C++ Primer* 加上索引、扉页、谢词之后，厚达 1237 页，而此书却只有薄薄 276 页。套句拳击术语，这是一部“轻量级”作品。

每个人都会好奇这究竟是怎么回事。的确，这里头有一段故事。

过去数年来，我不断缠着迪斯尼电影动画公司（Disney Feature Animation）的每一个人，请求让我亲身参与一部电影的制作。我缠着导演，甚至 Mickey 本人（如果我可以说出来的话），要求一份管理工作。我会如此疯狂，部分原因是深陷于好莱坞大屏幕那令人神往的无尽魔力而难以自拔。除了计算机科学方面的学位，我还拥有艺术硕士的头衔，而电影工作似乎可以为我带来个人专长的某种整合。我要求管理工作，为的是从制片过程中获取经验，以便提供实际有用的工具。身为一个 C++编译器编写者，我一直都是自己最主要的用户之一。而你知道，当你是自己软件的主力抱怨者时，你就很难再为自己辩护或觉得受到不公平的责难。

《幻想曲 2000》（*Fantasia 2000*）片中有一段火鸟（Firebird）的特效镜头。其计算机特效指导对于我的加盟颇感兴趣。不过，为了掂掂我的斤两，他要求我先写个工具，读入为某段场景所摄的原始数据，再由此产生可嵌入 Houdini 动画套件中的摄影机节点（camera node）。当然，我用 C++把它顺利搞定了。他们爱死它了，我也因此得到了我梦寐以求的工作。

有一次，在制片过程中（在此特别感谢 Jinko 和 Chyuan），我被要求以 Perl 重写那个工具。其他的 TD 并非编程高手，仅仅知道 Perl、Tcl 之类的程序语言。（TD 是电影界的术语，指的是技术导演。我是这部片子的软件 TD，我们还有一位灯光 TD〔你好，Mira〕，一位模型 TD〔你好，Tim〕，以及电影特效动画师〔你好，Mike，Steve，Tonya〕。）而且，喔，天啊，我得赶着点，因为我们想要获得一些观念上的实证，而导演（你好，Paul 和 Gaetan）及特效总监（你好，Dave）正等着结果，准备呈给公司大头目（你好，Peter）。这虽然不是什么紧急要务，可是，你知道的……，唉。

这令我感到些许为难。我自信可以用 C++快速完成，但我不懂 Perl。好吧，我想，我去找本书抱抱佛脚好了——前提是这本书不能太厚，起码此刻不能太厚。而且它最好不要告诉我太多东西，虽然我知道我应该知道每一样东西，不过暂且等等吧。毕竟这只是一场表演：导演们需要一些经过证实的概念，艺术家需要一些东西协助证实其概念，而制片（你好，heck），她需要的是一天 48 小时。此刻我不需要全世界最棒的 Perl 大全,我需要的是一本能妥善引导我前进,使我不致偏离正轨过远的小书。

我找到了 Randal Schwartz 的 *Learning Perl*，它让我立即上手并进展神速，而且颇具阅读趣味。不过，就像其他有趣的计算机书籍一样，它也略去了不少值得一读的内容——尽管在那个时间点，我并不需要了解所有内容，我只需要让我的 Perl 程序乖乖动起来。

我终于在感伤的心境中明白，*C++ Primer* 第三版其实无法扮演人们在初学 C++时的导师角色。它太庞大了。当然，我还是认为它是一本让我骄傲的巨著——特别是由于邀请到 Josée Lajoie 共同完成。但是，对于想立刻学会 C++程序语言的人来说，这本巨著实在过于庞大复杂。这正是本书的由来。

你或许会想，C++又不是 Perl。完全正确！本书也非 *Learning Perl*，它谈的是如何学习 C++。真正的问题在于，谁能够在散尽千页篇幅之后，犹敢自称教导了所有的东西呢？

1. **精细度**。在计算机绘图领域中，精细度指的是影像被描绘出来的鲜明程度。画面左上角那位骑在马背上的匈奴人，需要一张看得清楚眼睛的脸、头发、五点钟方向的影子、衣服……。匈奴人的背后——不，不是那块岩石，老天——唔，相较之下无关紧要。因此我们不会以相同的精细度来描绘这两个影像。同样道理，本书的精细度在相当程度上做了降低。依我看，*C++ Primer* 除了在运算符重载（operator overloading）方面的实例讨论稍嫌不足外，可说极其完备了（我敢这么说是因为 Josée 也有一份功劳）。但尽管如此，*C++ Primer* 还花了 46 页篇幅讨论操作符重载，并附上了范例，而本书却仅以两页带过。

2. **语言核心**。当我还是 *C++ Report* 的编辑时，我常说，杂志编辑有一半工作花在决定哪些题材应该放入，哪些不要。这句话对本书一样成立。本书内容是围绕在编程过程中所发生的一系列问题组织的。我介绍编程语言本身的特性，借此来为不同的问题提供解决之道。书中并未述及任何一个可由多继承或虚继承解决的问题，所以我也就完全没有讨论这两个主题。然而，为了实现 iterator class，我必须引入嵌套类型（nested type）。Class 的类型转换操作符很容易被错用，解释起来也很复杂，所以我不打算在书中提到它。诸如此类。我对题材的选择以及对语言特性的呈现顺序，欢迎大家指教批评。这是我的选择，也是我的职责。

3. **范例的数量**。*C++ Primer* 有数百页代码，巨细靡遗，其中甚至包括一套面向对象的（Object Oriented）文本检索系统，以及十个左右的完整 class。虽然本书也有代码，但数量远不及 *C++ Primer*。为了弥补这项缺憾，我将所有习题解答都置于附录 A。诚如我的编辑 Deborah Lafferty 所言，“如果你想提高教学速度，唾手可得的解答对于学习的强化极有帮助。”

结构与组织

本书由七章和两份附录构成。第 1 章借着撰写一个具有互动性质的小程序，描绘 C++语言预先定义的部分。这一章涵盖了内置的数据类型、语言预定义的运算符（operator）、标准库中的 `vector` 和 `string`、条件语句和循环语句、输入和输出用的 iostream 库。我之所以在本章介绍 `vector` 和 `string` 这两个 class，是因为我想鼓励读者多多利用它们取代语言内置的数组（array）和 C-style 字符串。

第 2 章解释函数的设计与使用，并逐一查看 C++函数的多种不同风貌，包括 inline 函数、重载（*over loaded*）函数、function template，以及函数指针（pointers *to functions*）。

第 3 章涵盖了所谓的 Standard Template Library（STL）：一组容器类（包括 `vector`、`list`、`set`、`map`，等等）、一组作用于容器上的泛型算法（包括 `sort()`、`copy()`、`merge()`，等等）。附录 B 按字典顺序列出了最广为运用的泛型算法，并逐一附上了使用实例。

身为一个 C++程序员，你的主要任务便是提交 class 以及面向对象的 class 层次体系。第 4 章将带领你亲身了解 class 机制的设计与使用过程。在这个过程中，你会看到如何为自身的应用系统建立起专属的数据类型。第 5 章介绍如何扩展 class，使多个相关的 class 形成族系，支持面向对象的 class 层次体系。以我在梦工厂动画电影公司（Dreamworks Animation）担任顾问的经验为例，那时我们设计了一些 class，用来进行四个频道影像合成之类的工作。我们使用了继承和动态绑定（*dynamic binding*）技术，定义影像合成所需的 class 层次体系，而不只是设计八个独立的 class。

第 6 章的重头戏是 class template，那是建立 class 时的一种先行描述，让我们得以将 class 用到的一个（或多个）数据类型或数据值，抽离并参数化。以 vector 为例，可能需要将其元素的类型加以参数化，而 buffer 的设计不仅得将元素类型参数化，还得将其缓冲区容量参数化。本章的行进路线围绕在二分树（binary tree）class template 的实现上。

最后一章，第 7 章，介绍如何使用 C++的异常处理机制（exception handling facility），并示范如何将它融入标准库所定义的异常体系中。附录 A 是本书习题解答。附录 B 提供了关于最广为运用的一些泛型算法的相关讨论与使用实例。

关于源代码

本书的所有程序，以及习题解答中的完整代码，都可从网上获得。你可以在 Addison Wesley 的网站（`http://www.informit.com/store/essential-c-plus-plus-9780201485189`）或博文视点网站（`http://www.broadview.com.cn/20934`）取得。所有程序均在 Visual C++ 5.0 环境中以 Intel C++编

译器测试过，也在 Visual C++ 6.0 环境中以 Microsoft C++编译器测试过。你或许需要稍微修改一下代码才能在自己的系统上编译成功。如果你需要做一些修改并且做了，请将修改结果寄一份给我，我会将它们附上你的大名，附于习题解答代码中。请注意，本书并未显现所有代码。

致谢

在这里，我要特别感谢 *C++ Primer* 第 3 版的共同作者 Josée Lajoie。不仅因为她为本书初稿提供了许多深入见解，更因为她在背后不断地给我鼓舞。我也要特别感谢 Dave Slayton 以他那犀利的绿色铅笔，彻底审阅了文本内容与程序范例。Steve Vinoski 则以同情但坚决的口吻，为本书初稿提供了许多宝贵意见。

特别感谢 Addison-Wesley 编辑团队：全书编辑 Deborah Lafferty 从头到尾支持这个项目；审稿编辑 Besty Hardinger 对本书文字的可读性贡献最大；产品经理 John Fuller 带领我们把一堆文稿化为一本完整的图书。

撰写本书的过程中，我同时还担任独立顾问工作，因此必须兼顾书稿和客户。感谢我的客户对我如此体谅和宽容。我要感谢 Colin Lipworth、Edwin Leonard、Kenneth Meyer，因为你们的耐心与信赖，本书才得以完成。

更多读物

内举不避亲，我要推荐 C++书籍中最好的两本，那便是 Lippman 与 Lajoie 合著的 *C++ Primer*，以及 Stroustrup 的著作 *The C++ Programming Language*。这两本书目前均为第 3 版。我会在本书各主题内提供其他更深入的参考书目。以下是本书的参考书目。（你可以在 *C++ Primer* 和 *The C++ Programming Language* 中找到更广泛的参考文献。）

[LIPPMAN98] Lippman, Stanley and Josée Lajoie, *C++ Primer*, *3rd Editoin*, Addison Wesley Longman, Inc., Reading, MA (1998) ISBN 0-201-82470-1.

[LIPPMAN96a] Lippman, Stanley, *Inside the C++ Object Model*, Addison Wesley Longman, Inc., Reading, MA (1996) ISBN 0-201-83454-5.

[LIPPMAN96b] Lippman, Stanley, Editor, *C++ Gems*, a SIGS Books imprint, Cambridge University Press, Cambridge, England (1996) ISBN 0-13570581-9.

[STROUSTRUP97] Stroustrup, Bjarne, *The C++ Programming Language*, *3rd Editoin*, Addison Wesley Longman, Inc., Reading, MA (1997) ISBN 0-201-88954-4.

[SUTTER99] Sutter, Herb, *Exceptional C++*, Addison Wesley Longman, Inc., Reading, MA (2000) ISBN 0-201-61562-2.

排版约定

本书字体（英文版）为 10.5 pt Palatino。代码和语言关键字为 8.5 pt `lucida`。书中出现的标识符如果后面紧接着 C++的 function call 运算符（也就是一对圆括号`()`），即代表某个函数名称。因此，`foo` 代表程序中的某个 object，`bar()`代表程序中的某个函数。各个 class 的名称以 Palatino 字形呈现。

简体中文版的排版约定是：内文中的一般英文字为 9 pt Times New Roman。代码和语言关键字为 8 pt `Courier New`。各个 class 的名称亦为 8 pt `Courier New`。异常类（exception class）以 8 pt Lucida Sans 呈现。英文长术语（例如 template parameter list，by reference，exception safe）采用 8 pt Arial。运算符名称采用 9 pt Footlight MT Light。译注均以楷体呈现。

1

C++编程基础

Basic C++ Programming

本章，我们将从一个小程序开始，通过它来练习 C++程序语言的基本组成。其中包括：

1. 一些基础数据类型：布尔值（Boolean）、字符（character）、整数（integer）、浮点数（floating point）。

2. 算术运算符、关系运算符以及逻辑运算符，用以操作上述基础数据类型。这些运算符不仅包括一般常见的加法运算符、相等运算符（==）、小于等于（<=）运算符以及赋值（assignment，=）运算符，也包含比较特殊的递增（++）运算符、条件运算符（?:），以及复合赋值（+=等）运算符。

3. 条件分支和循环控制语句，例如 `if` 语句和 `while` 循环，可用来改变程序的控制流程。

4. 一些复合类型，例如指针及数组。指针可以让我们间接参考一个已存在的对象，数组则用来定义一组具有相同数据类型的元素。

5. 一套标准的、通用的抽象化库，例如字符串和向量（`vector`）。

1.1 如何撰写 C++程序

How to Write a C++ Program

此刻，假设我们需要撰写一个简易程序，必须能够将一段信息送至用户的终端（terminal）。信息的内容则是要求用户输入自己的名字。然后程序必须读取用户所输入的名字，将这个名字储存起来，以便后续操作使用。最后，送出一个信息，以指名道姓的方式向用户打招呼。

那么，该从何处着手呢？每个 C++程序都是从一个名为 `main` 的函数开始执行，我们就从这个地方着手吧！`main` 是个由用户自行撰写的函数，其通用形式如下：

```
int main()
{
    // 我们的程序代码置于此处
}
```

int 是 C++程序语言的关键字。所谓关键字（keyword），就是程序语言预先定义的一些具有特殊意义的名称。int 用来表示语言内置的整数数据类型。（下一节我将针对数据类型做更详细的说明。）

函数（function）是一块独立的程序代码序列（code sequence），能够执行一些运算。它包含四个部分：返回值类型（return type）、函数名称、参数列表（parameter list），以及函数体（function body）。下面依次简要介绍每一部分。

函数的返回值通常用来表示运算结果。main() 函数返回整数类型。main() 的返回值用来告诉调用者，这个程序是否正确执行。习惯上，程序执行无误时我们令 main() 返回零。若返回一个非零值，表示程序在执行过程中发生了错误。

函数的名称由程序员选定。函数名最好能够提供某些信息，让我们容易了解函数实际上在做些什么。举例来说，min() 和 sort() 便是极佳的命名。f() 和 g() 就没有那么好了。为什么？因为后两个名称相形之下无法告诉我们函数的实际执行操作。

main 并非是程序语言定义的关键字。但是，执行我们这个 C++程序的编译系统，会假设程序中定义有 main() 函数。如果我们没有定义，程序将无法执行。

函数的参数列表（parameter list）由两个括号括住，置于函数名之后。空的参数列表，如 main()，表示函数不接受任何参数。

参数列表用来表示"函数执行时，调用者可以传给函数的类型列表"。列表之中以逗号隔开各个类型（通常我们会说用户"调用（*call* 或是 *invoke*）"某个函数）。举例来说，如果我们编写 min() 函数，使其返回两数中较小者，那么它的参数列表应该注明两个即将被拿来比较的数值的类型。这样一个用来比较两整数值的 min() 函数，可能会以如下形式定义：

```
int min(int val1, int val2)
{
    // 程序代码置于此处
}
```

函数的主体（body）由大括号（{ }）标出，其中含有"提供此函数之运算"的程序代码。双斜线（//）表示该行内容为注释，也就是程序员对程序代码所做的某些说明。注释的撰写是为了便于阅读者更容易理解程序。编译过程中，注释会被忽略掉。双斜线之后直至行末的所有内容，都会被当作程序注释。

我们的第一件工作就是要将信息送至用户终端。数据的输入与输出，并非 C++程序语言本身定义的一部分（此精神同 C 语言，见 K&R 第 7 章），而是由 C++的一套面向对象的类层次体系（classes hierarchy）提供支持，并作为 C++标准库（standard library）的一员。

所谓类（class），是用户自定义的数据类型（user-defined data type）。class 机制让我们得以将数据类型加入我们的程序中，并有能力识别它们。面向对象的类层次体系（class hierarchy）定义了整个家族体系的各相关类型，例如终端与文件输入设备、终端与文件输出设备等。（关于类及面向对象的程序设计（object-oriented programming）这两个课题，本书还有许多篇幅会涉及。）

C++事先定义了一些基础数据类型：布尔值（Boolean）、字符（character）、整数（integer）、浮点数（floating point）。虽然它们为我们的编程任务提供了基石，但它们并非程序的重心所在。举个例子，照相机具有一个性质：空间位置。这个位置通常可以用三个浮点数表示。照相机还具备另一个性质：视角方向，同样也可以用三个浮点数表示。通常我们还会用所谓 aspect ratio 来描述照相机窗口的宽/高比，这只需单一浮点数即可表示。

最原始最基本的情况下，照相机可以用七个浮点数来表示，其中六个分别组成了两组 x、y、z 坐标。以这么低级的方式来进行编程，势必会让我们的思考不断地在"照相机抽象性质"和"相应于照相机的七个浮点数"之间反复来回。

class 机制，赋予了我们"增加程序内之类型抽象化层次"的能力。我们可以定义一个 `Point3d` class，用来表示"空间位置"和"视角方向"两个性质。同样的道理，我们可以定义一个 `Camera` class，其中包含两个 `Point3d` 对象和一个浮点数。以这种方式，我们同样使用七个浮点数来表示照相机的性质，不同的是我们的思考不再直接面对七个浮点数，而是转为对 `Camera` class 的操作。

class 的定义，一般来说分为两部分，分别写在不同的文件中。其中之一是所谓的"头文件（header file）"，用来声明该 class 所提供的各种操作行为（operation）。另一个文件，程序代码文件（program text），则包含了这些操作行为的实现内容（implementation）。

欲使用 class，我们必须先在程序中包含其头文件。头文件可以让程序知道 class 的定义。C++标准的"输入/输出库"名为 iostream，其中包含了相关的整套 class，用以支持对终端和文件的输入与输出。我们必须包含 iostream 库的相关头文件，才能够使用它：

```
#include <iostream>
```

我将利用已定义好的 `cout`（读作 see out）对象，将信息写到用户的终端中。output 运算符（<<）可以将数据定向到 `cout`，像下面这样：

```
cout << "Please enter your first name: ";
```

上述这行便是 C++所谓的"语句（statement）"。语句是 C++程序的最小独立单元。就像自然语言中的句子一样。语句以分号作为结束。以上语句将常量字符串（string literal，封装于双引号内）写到了用户的终端。在这之后，用户便会看到如下信息：

```
Please enter your first name:
```

接下来我们要读取用户的输入内容。读取之前，我们必须先定义一个对象，用以储存数据。欲定义一个对象，必须指定其数据类型，再给定其标识符。截至目前，我们已经用过 int 数据类型。但是要用它来储存某人的名字，几乎是不可能的事。更适当的数据类型是标准库中的 string class：

```
string user_name;
```

如此一来我们便定义了一个名为 user_name 的对象，它属于 string class。这样的定义有个特别的名称，称为"声明语句（declaration statement）"。单只写下这行语句还不行，因为我们还必须让程序知道 string class 的定义。因此还必须在程序中包含 string class 的头文件：

```
#include <string>
```

接下来便可利用已定义好的 cin（读作 see in）对象来读取用户在终端上的输入内容。通过 input 运算符（>>）将输入内容定向到具有适当类型的对象身上：

```
cin >> user_name;
```

以上所描述的输出和输入操作，在用户终端上显示如下（输入部分以粗体表示）：

```
Please enter your first name: anna
```

剩下的工作就是打印出向用户打招呼的信息了。我们希望获得下面这样的输出结果：

```
Hello, anna ... and goodbye!
```

当然，这样打招呼稍嫌怠慢。但这不过才第 1 章而已。本书结束之前我会有更具创意的招呼方式。

为了产生上述信息，我们的第一个步骤便是将输出位置（屏幕上的光标）调到下一行起始处。将换行（newline）字符常量写至 cout，便可达到这个目的：

```
cout << '\n';
```

所谓字符常量（character literal）系由一组单引号括住。字符常量分为两类：第一类是可打印字符，例如英文字母（'a'、'A'，等等）、数字、标点符号（';'、'-'，等等）。另一类是不可打印字符，例如换行符（'\n'）或制表符（tab，'\t'）。由于不可打印字符并无直接的表示法（这表示我们无法使用单一而可显示的字符来独立表示），所以必须以两个字符所组成的字符序列来表示。

现在，我们已经将输出位置调整到下一行起始处，接着要产生 Hello 信息：

```
cout << "Hello, ";
```

接下来应该在此处输出用户的名字。这个名字已经储存在 user_name 这个 string 对象中。我们应当如何进行呢？其实就和处理其他数据类型一样，像下面这样即可：

```
cout << user_name;
```

最后我们以道别来结束这段招呼信息（注意，字符串常量内可以同时包含可打印字符和不可打印字符）：

```
cout<< " ... and goodbye!\n";
```

一般而言，所有内置数据类型都可以用同样的方式来输出——也就是说，只需换掉 output 运算符右方的值即可。例如：

```
cout << "3 + 4 = ";
cout << 3 + 4;
cout << '\n';
```

会产生如下输出结果：

```
3 + 4 = 7
```

我们在自己的应用程序中定义了新的 class 时，也应该为每一个 class 提供它们自己的 output 运算符（第 4 章会告诉你如何办到这件事情）。这么一来便可以让那些 class 的用户得以像面对内置类型一样地以相同方式输出对象内容。

如果嫌连续数行的输出语句太烦人，也可以将数段内容连成单一输出语句：

```
cout << '\n'
     << "Hello, "
     << user_name
     << " ... and goodbye!\n";
```

最后，我们以 `return` 语句清楚地表示 `main()` 到此结束：

```
return 0;
```

`return` 是 C++中的关键字。此例中的 0 是紧接于 `return` 之后的表达式（expression），也就是此函数的返回值。先前我曾说过，`main()` 返回 0 即表示程序执行成功[1]。

将所有程序片段组合在一起，便是我们的第一个完整的 C++程序：

```
#include <iostream>
#include <string>
using namespace std;    // 此行目前尚未解释……

int main()
{
    string user_name;
    cout << "Please enter your first name: ";
    cin >> user_name;
    cout << '\n'
         << "Hello, "
```

1 如果没有在 `main()` 的末尾写下 `return` 语句，这一语句会被自动加上。本书各程序范例中，我将不再明确写出 `return` 语句。

```
        << user_name
        << " ... and goodbye!\n";

    return 0;
}
```

编译并执行后，上述程序代码会产生如下输出结果（输入部分以粗体字表示）：

```
Please enter your first name: anna
Hello, anna ... and goodbye!
```

整个程序中还有一行语句我尚未解释：

```
using namespace std;
```

让我们瞧瞧，如果试着这样解释会不会吓到你（此刻，我建议你深吸一口气）。using 和 namespace 都是 C++中的关键字。std 是标准库所驻之命名空间（namespace）的名称。标准库所提供的任何事物（诸如 string class 以及 cout、cin 这两个 iostream 类对象）都被封装在命名空间 std 内。当然，或许你接下来会问，什么是命名空间？

所谓命名空间（namespace）是一种将库名称封装起来的方法。通过这种方法，可以避免和应用程序发生命名冲突的问题（所谓命名冲突是指在应用程序内两个不同的实体〔entity〕具有相同名称，导致程序无法区分两者。命名冲突发生时，程序必须等到该命名冲突获得解析〔resolve〕之后，才得以继续执行）。命名空间像是在众多名称的可见范围之间竖起的一道道围墙。

若要在程序中使用 string class 以及 cin、cout 这两个 iostream 类对象，我们不仅需要包含<string>及<iostream>头文件，还得让命名空间 std 内的名称曝光。而所谓的 using directive：

```
using namespace std;
```

便是让命名空间中的名称曝光的最简单方法。（[LIPPMAN98]的 8.5 节和[STROUSTRUP97]的 8.2 节有命名空间〔namespace〕的更多相关信息。）

练习 1.1

将先前介绍的 main()程序依样画葫芦地输入。你可以直接输入程序代码，或是从网络上下载。本书前言已经告诉你如何获得书中范例程序的源程序以及习题解答。试着在你的系统上编译并执行这个程序。

练习 1.2

将 string 头文件注释掉：

```
// #include <string>
```

重新编译这个程序，看看会发生什么事。然后取消对 string 头文件的注释，再将下一行注释：

```
// using namespace std;
```

又会发生什么事情？

练习 1.3

将函数名 main() 改为 my_main()，然后重新编译。有什么结果？

练习 1.4

试着扩充这个程序的内容：(1) 要求用户同时输入名字（first name）和姓氏（last name），(2) 修改输出结果，同时打印姓氏和名字。

1.2 对象的定义与初始化

Defining and Initializing a Data Object

现在，我们的程序引起了用户的注意。让我们出个小题目来考考他。我要显示某数列中的两个数字，然后要求用户回答下一个数字是什么。例如：

```
已知某数列相邻的两个元素值分别为 2 和 3。
试问下一个值是多少？
```

这两个数字事实上是"斐波那契数列（Fibonacci sequence）"中的第三和第四个元素。斐波那契数列的前几个值分别是：1, 1, 2, 3, 5, 8, 13…。斐波那契数列的开头两个数设定为 1，接下来的每个数值都是前两个数值的总和。（第 2 章会示范一个计算斐波那契数列的函数。）

如果用户输入 5，我们就打印出信息，恭喜他答对，并询问他是否愿意试试另一个数列。如果用户输入不正确的值，我们就询问他是否愿意再试一次。

为了提升程序的趣味性，我们将用户答对的次数除以其回答总次数，以此作为评价标准。

这样一来，我们的程序至少需要五个对象：一个 string 对象用来记录用户的名字，三个整数对象分别储存用户回答的数值、用户回答的次数，以及用户答对的次数；此外还需要一个浮点数，记录用户得到的评分。

为了定义对象，我们必须为它命名，并赋予它数据类型。对象名称可以是任何字母、数字、下画线（underscore）的组合。大小写字母是有所区分的，user_name、User_name、uSeR_nAmE、user_Name 所代表的对象各不相同。

对象名称不能以数字开头。举例来说，1_name 是不合法的名称，name_1 则合法。当然，任何命名都不能和程序语言本身的关键字完全一致。例如 delete 是语言关键字，就不可以用于程序内的命名。（这也正是 string class 采用 erase() 而非 delete() 来表示"删去一个字符"的原因。）

每个对象都属于某个特定的数据类型。对象名称如果设计得好，可以让我们直接联想到该对象的属性。数据类型决定了对象所能持有的数值范围，同时也决定了对象应该占用多少内存空间。

前一节中我们已经看过 user_name 的定义。新程序中我们再一次使用相同的定义：

```
#include <string>
string user_name;
```

所谓 class，便是程序员自行定义的数据类型。除此之外，C++还提供了一组内置的数据类型，包括布尔值（Boolean）、整数（integer）、浮点数（floating point）、字符（character）。每一个内置数据类型都有一个相应的关键字，用于指定该类型。例如，为了储存用户输入的值，我们定义一个整数对象：

```
int usr_val;
```

int 是 C++关键字，此处用来指示 usr_val 是个整数对象。用户的“回答次数”以及“总共答对次数”也都是整数，唯一差别是，我们希望为这两个对象设定初值 0。下面这两行可以办到：

```
int num_tries = 0;
int num_right = 0;
```

在单一声明语句中一并定义多个对象，其间以逗号分隔，也可以：

```
int num_tries = 0, num_right = 0;
```

一般来说，将每个对象初始化，是个好主意——即使初值只用来表示该对象尚未具有真正有意义的值。我之所以不为 usr_val 设置初值，是因为其值必须直接根据用户的输入加以设定，然后程序才能使用。

另外还有一种不同的初始化语法，称为“构造函数语法（constructor syntax）”：

```
int num_tries(0);
```

我知道你心中有疑问：为什么需要两种不同的初始化语法呢？为什么直到此刻才提起呢？唔，让我们看看下面这个解释能否回答其中一个问题，甚至同时回答这两个问题。

“用 assignment 运算符（=）进行初始化”这个操作系沿袭自 C 语言。如果对象属于内置类型，或者对象可以单一值加以初始化，这种方式就没有问题。例如以下的 string class：

```
string sequence_name = "Fibonacci";
```

但是如果对象需要多个初值，这种方式就没有办法完成任务了。以标准库中的复数（complex number）类为例，它就需要两个初值，一为实部，一为虚部。于是便引入了用来处理“多值初始化”的构造函数初始化语法（constructor initialization syntax）：

```
#include <complex>
complex<double> purei(0, 7);
```

出现于 complex 之后的尖括号，表示 complex 是一个 template class（模板类）。本书对于 template class 另有更详尽的讨论。template class 允许我们在“不必指明 data member 类型”的情况下定义 class。

举个例子，复数类内含两个 member data object。其一表示复数的实数部分，其二表示虚数部分。两者都需要以浮点数来表现，但我们应该采用哪种浮点数类型呢？C++支持三种浮点数类型，分别是以关键字 float 表示的单精度（single precision）浮点数，以关键字 double 表示的双精度（double precision）浮点数，以及连续两个关键字 long double 表示的长双精度（extended precison）浮点数。

template class 机制使程序员得以直到使用 template class 时才决定真正的数据类型。程序员可以先插入一个代名，稍后才绑定至实际的数据类型。上例便是将 complex 类的成员绑定至 double 类型。

我知道，这些说明带给你的只怕是疑问多过回答。然而，这是因为，当“内置数据类型”与“程序员自行定义的 class 类型”具备不同的初始化语法时，我们无法编写出一个 template 使它同时支持“内置类型”与“class 类型”。让语法统一，可以简化 template 的设计。不幸的是，解释这些语法似乎使事情益发复杂！

用户获得的评分可能是某个比值，所以我们必须以浮点数来表示。我以 double 类型来定义：

```
double usr_score = 0.0;
```

当我们询问“再试一次？”以及“你是否愿意回答其他类型的数列问题？”时，我们还必须将用户的回答（yes 或 no）记录下来。这个时候使用字符（char）对象就绰绰有余了：

```
char usr_more;
cout << "Try another sequence? Y/N? ";
cin >> usr_more;
```

关键字 char 表示字符（character）类型。单引号括住的字符代表所谓的字符常量，例如'a'、'7'、';'。此外还有一些特别的内置字符常量（有时也称为“转义字符〔escape sequence〕”），例如：

```
'\n'  换行符（newline）
'\t'  制表符（tab）
'\0'  null
'\''  单引号（single quote）
'\"'  双引号（double quote）
'\\'  反斜线（backslash）
```

举个例子，我们想要在打印用户姓名之前，先换行并跳过一个制表符的（tab）距离，下面这行就可以办到：

```
cout << '\n' << '\t' << user_name;
```

另一种写法是将两个不同的字符合并为一个字符串：

```
cout << "\n\t" << user_name;
```

我们常常会在字符串常量中使用这些特殊字符。例如，在 Windows 操作系统下以字符串常量表示文件路径时，必须用“转义字符（escape sequence）”来表示反斜线字符：

```
"F: \\essential\\programs\\chapter1\\ch1_main.cpp";
```

由于反斜线字符已用作转义字符的起头字符，因此连续两个反斜线即表示一个真正的反斜线字符。

C++提供了内置的 Boolean 类型，用以表示真假值（true/false）。我们的程序中可以定义 Boolean 对象来控制是否要显示下一组数列：

```
bool go_for_it = true;
```

Boolean 对象系由关键字 `bool` 指出。其值可为 `true` 或 `false`（两者都是常量）。

截至目前我们所定义出来的对象，其值都会在程序执行过程中改变。例如，`go_for_it` 最后会被设置成 `false`，用户每次猜完数字之后，`usr_score` 的值也可能更改。

但有时候我们需要一些用来表示常量的对象：比如用户最多可猜多少次，或者像圆周率这类永恒不变的值。这种对象的内容在程序执行过程中不应该有所变动。我们应当如何避免无意间更改此类对象的值呢？C++的 `const` 关键字可以派上用场：

```
const int max_tries = 3;
const double pi = 3.14159;
```

被定义为 `const` 的对象，在获得初值之后，无法再有任何变动。如果你企图为 `const` 对象指定新值，会产生编译期错误。例如：

```
max_tries = 42;    // 错误：这是个 const 对象
```

1.3 撰写表达式

Writing Expressions

内置数据类型都可运用这样一组运算符，其中包括算术运算符、关系运算符、逻辑运算符、复合赋值（compound assignment）运算符。算术运算符中，除了“整数除法”以及“余数运算”外，其他并无出奇之处：

```
// 算术运算符（Arithmetic Operator）
+        加法运算     a + b
-        减法运算     a - b
*        乘法运算     a * b
```

```
/        除法运算     a / b
%        取余数       a % b
```

两个整数相除会产生另一个整数（商）。小数点之后的部分会被完全舍弃；也就是说，并没有四舍五入。如果想要取得除法运算的余数部分，可以使用%运算符：

```
5 / 3 值为 1     5 % 3 值为 2
5 / 4 值为 1     5 % 4 值为 1
5 / 5 值为 1     5 % 5 值为 0
```

嗯，什么时机之下，我们会运用“余数运算”呢？假设我们希望打印的数据每行不超过八个字符串；尚未满八个字符串时，就在字符串之后打印一个空格。如果已满八个字符串，就在字符串之后输出换行符。以下便是实现方法：

```
const int line_size = 8;
int cnt = 1;

// 以下语句将被我执行多次，每次 a_string 的内容
// 都不相同；每次执行完后，cnt 的值都会加 1。
cout << a_string
     << ( cnt % line_size ? ' ' : '\n');
```

其中紧接在 output 运算符（<<）之后，以括号括住的表达式（expression），是所谓的条件运算符（conditional operator）。如果余数运算的结果为零，则条件运算的结果为'\n'；如果余数运算的结果非零，则条件运算的结果为' '。让我们看看这到底是什么意思。

下面这个表达式：

```
cnt % line_size
```

在 cnt 恰为 line_size 的整数倍时，运算结果为零，反之则非零。而条件运算符的一般使用形式如下：

```
expr
   ? 如果 expr 为 true，就执行这里
   : 如果 expr 为 false，则执行这里
```

如果 expr 的运算结果为 true，那么紧接在'?'之后的表达式会被执行。如果 expr 的运算结果为 false，那么':'之后的表达式会被执行。在我们的程序中会导致喂给 output 运算符一个' '或是'\n'。

条件表达式的值如果为零，会被视为 false，其他非零值则一律被视为 true。本例中的 cnt 若非八的整数倍，条件表达式的值便不是零，于是条件运算符中的'?'之后的部分就会被求值。

复合赋值（compound assignment）运算符是一种简便的表达方法。我们在对象身上使用某个运算符，然后将结果重新赋值给该对象时，可能会这样写：

```
cnt = cnt + 2;
```

但是 C++程序员通常会写成下面这样：

```
cnt +=2 ;   // cnt 原值加 2
```

复合赋值运算符可以和每个算术运算符结合，形成+=、-=、*=、/=和%=。

欲使对象值递增或递减，C++程序员会使用递增（increment）运算符和递减（decrement）运算符：

```
cnt++;   // cnt 的值递增 1
cnt--;   // cnt 的值递减 1
```

递增运算符和递减运算符都有前置（prefix）和后置（postfix）两种形式。前置形式中，原值先递增（或递减），之后才被拿来使用：

```
int tries = 0;
cout << "Are you ready for try #"
     << ++tries << "?\n";
```

上例中的 tries 在被打印之前就已进行了递增运算。至于后置形式写法，对象原值会先供给表达式进行运算，然后才递增（或递减）：

```
int tries = 1;
cout << "Are you ready for try #"
     << tries++ << "?\n";
```

上例中的 tries 在被打印之后才进行递增运算。以上两例的打印结果皆为 1。

任何一个关系运算符（relational operator）的求值结果不是 true 就是 false。关系运算符包括以下六个：

==	相等	a == b
!=	不等	a != b
<	小于	a < b
>	大于	a > b
<=	小于等于	a <= b
>=	大于等于	a >= b

我们可利用相等（equality）运算符来检验用户的回答：

```
bool usr_more = true;
char usr_rsp;

// 询问用户是否愿意继续下一个问题
// 将用户的回答读入 usr_rsp 之中
if ( usr_rsp == 'N' )
     usr_more = false;
```

if语句之后的表达式运算结果为true时，条件成立，于是紧接其后的语句便会被执行。此例中如果usr_rsp等于'N'，则usr_more会被设置为false。反之，如果urs_rsp不等于'N'，那就什么事也不会发生。不等运算符（inequality operator）的逻辑恰恰相反，例如：

```
if ( usr_rsp != 'Y' )
     usr_more = false;
```

麻烦的是，程序只检验usr_rsp的值是否为'N'，而用户却可能输入小写的'n'。因此我们必须能够辨识两者。解决方法之一就是加上else子句：

```
if ( usr_rsp == 'N' )
     usr_more = false;
else
if ( usr_rsp == 'n' )
     usr_more = false;
```

如果usr_rsp的值为'N'，usr_more将被设置为false，并结束整个if语句。如果其值不等于'N'，那么便开始对接下来的else子句求值。换句话说，当usr_rsp等于'n'时，usr_more也会被设置成false。如果两个条件都不符合，则usr_more不会被赋值。

新手常犯的错误便是将赋值（assignment）运算符误当作相等（equality）使用，例如：

```
// 呃，这会造成将常量字符'N'赋值给usr_rsp
// 而整个表达式的运算结果为true
if ( usr_rsp = 'N' )
     // ...
```

OR逻辑运算符（||）提供了上述问题的另一个解法。它让我们得以同时检验多个表达式的结果：

```
if ( usr_rsp == 'N' || usr_rsp == 'n' )
     usr_more = false;
```

只需左右两个表达式中的一个为true，OR逻辑运算符的求值结果便为true。左侧表达式会先被求值，如果其值为 true，剩下的另一个表达式就不需要再被求值（此所谓短路求值法）。本例中，只有当usr_rsp不等于'N'时，才会再检验其值是否为'n'。

AND逻辑运算符（&&）则在左右两个表达式的结果皆为true时，其求值结果方为true。例如：

```
if ( password &&
     validate( password ) &&
     ( acct = retrieve_acct_info( password ) ))
        // 处理账户（account）相关事务
```

最上面的一条表达式会先被求值。其结果若为false，则AND运算符的求值结果即为false，其余表达式不会（不需要）再被求值。本例中，当密码已设定，而且有效之后，账户的相关信息才会被取出。

如果有一个表达式的运算结果为 `false`，那么将 NOT 逻辑运算符用于其上，结果为 `true`。例如，我们可以把以下式子

```
if ( usr_more == false )
     cout << "Your score for this session is "
          << usr_score << " Bye!\n";
```

写成

```
if ( !usr_more ) ...
```

运算符的优先级

使用内置运算符时，你得明白一件事：如果同一个表达式中使用多个运算符，其求值（*evaluate*）顺序是由每一个运算符事先定义的优先级来决定。例如 `5+2*10` 的运算结果是 25 而非 70，这是因为乘法的优先级比加法高，因此 2 要先和 10 相乘，然后再加上 5。

如果想要改变内置的运算符优先级，可利用小括号。例如 `(5+2)*10` 的运算结果便是 70。

我将截至目前介绍过的运算符优先级简列于下。位置在上者的优先级高于位置在下者。同一行的各种运算符具有相同的优先级，其求值次序取决于它在该表达式中的位置（由左至右）。

逻辑运算符 NOT
算术运算符（*，/，%）
算术运算符（+，-）
关系运算符（<，>，<=，>=）
关系运算符（==，!=）
逻辑运算符 AND
逻辑运算符 OR
赋值（assignment）运算符

举个例子，当我们想判断 `ival` 是否为偶数时，可能会这么写：

```
! ival % 2    // 不正确
```

我们的想法是利用余数运算符（`%`）来检验其结果。如果 `ival` 是偶数，则余数运算的结果为零，进行逻辑运算 NOT 之后，结果为 `true`。如果余数运算的结果不为零，进行逻辑运算 NOT 之后，结果便为 `false`。

不幸的是，上述表达式的结果和我们的想象大相径庭。除非 `ival` 等于零，否则表达式结果总是 `false`。

为什么？因为逻辑运算 NOT 具备较高的优先级，将最先被求值。因此它先被作用于 `ival` 之上：如果 `ival` 不为零，则运算结果为 `false`，反之则为 `true`。这个结果再成为余数运算的左操作数。而你知道，`false` 在算术表达式中被视为 0，`true` 被视为 1，所以，根据 C++默认的运算优先级，除非 `ival` 的值为零，否则上述表达式便成了 `0%2`。

虽然这样的结果并不是我们想要的，但也不能算是错误，嗯，至少不能算是语言上的错误。只能说是我们的程序逻辑的一种不正确的表达方式。编译器不可能知道你的程序的逻辑。运算优先级是 C++ 编程之所以复杂的原因之一。如果希望正确计算以上表达式，我们应该明确地加上小括号，来实现我们希望的运算优先级：

```
! ( ival % 2 )    // 正确的写法
```

要避免此类问题，你必须坐下来好好深入地熟悉 C++运算符优先级。我并不打算在这里介绍所有运算符，以及所有的运算符优先级，以上介绍对于正在起步的初学者而言，应已足够。如果想获得更完整的说明，请参考[LIPPMAN98]的第 4 章或[STROUSTRUP97]的第 6 章。

1.4 条件语句和循环语句

Writing Conditional and Loop Statements

基本上，从 main()的第一行语句（statement）开始，程序里的每行语句都只会被依序执行一次。我们已经在前面的小节中对 if 语句做了惊鸿一瞥。if 语句让我们依据某个表达式的结果（视为真假值）来决定是否执行一条或多条连续的语句。可有可无的 else 子句，更可让我们连续检验多个测试条件。至于循环（loop）语句，可以让我们根据某个表达式结果（视为真伪条件），重复执行单一或连续多条语句。下面以伪码（pseudocode）所表示的程序中，使用了两组循环语句（#1，#2）、一组 if 语句（#5）、一组 if-else 语句（#3），以及一组称为 switch 语句的条件语句（#4）。

```
// 伪码（pseudocode）：程序逻辑的一般化表示
while 用户想要猜测某个数列时
{ #1
    显示该数列
    while 用户所猜的答案并不正确 and
          用户想要再猜一次
    { #2
        读取用户所猜的答案
        递增 number_of_tries
        if 答案正确
        { #3
            递增 correct_guess
            将 got_it 的值设为 true
        } else {
            用户答错了，在此对他表示遗憾，并
                根据用户已猜过的总数，产生不同的
                回应结果。      // #4
            询问用户是否愿意再试一次
            读取用户的意愿
            if 用户响应 no    // #5
```

```
                将 go_for_it 的值设为 false
            }
        }
    }
```

条件语句

if 语句中的条件表达式(condition expression)必须写在括号内。如果此表达式的运算结果为 true，那么紧接在 if 之后的那一条语句便会被执行。

```
// #5
if ( usr_rsp == 'N' || usr_rsp == 'n' )
     go_for_it = false;
```

如果想执行多条语句，那么必须在 if 之后以大括号将这些语句括住（这样便称为一个语句块）：

```
// #3
if ( usr_guess == next_elem )
{ // 语句块由此开始
     num_right++;
     got_it = true;
} // 语句块在此结束
```

初学者常见的错误是忘了加上语句块：

```
// 呃：忘了加上语句块
// 两条语句之中，只有 num_cor++是在 if 语句的控制范围内。
// 至于 got_it = true;这一行，不管条件是否成立都会被执行。

if ( usr_guess == next_elem )
     num_cor++;
     got_it = true;
```

got_it 之前的缩进反映出了程序员的意图。但是这并不会改变程序本身的行为。是的，num_cor 的递增与否与 if 语句相关，而且只有在用户猜测的值（usr_guess）和下一元素之值（next_elem）相等时，它才会被执行。但是接下来的 got_it 语句却和 if 语句丝毫无关，因为我们忘了将这两条语句置于同一语句块中。因此，本例中不论用户所猜的值是什么，got_it 一定会被设置为 true。

if 语句也可以配合 else 子句来使用。else 子句用以表示一旦 if 语句的测试条件不成立，我们所希望执行的单行语句或语句块。

```
if (usr_guess == next_elem)
{
    // 用户猜对了
}
else
{
    // 用户猜错了
}
```

使用 else 子句的第二种方式，便是将它和两条（或更多）if 语句结合。举例来说，如果用户猜错了，我们希望输出的响应能够依据用户所猜过的总次数而有所变化，这时候我们可以编写连续三条独立的 if 语句来加以检验：

```
if ( num_tries == 1 )
     cout << "Oops! Nice guess but not quite it.\n";

if ( num_tries == 2 )
     cout << "Hmm. Sorry. Wrong a second time.\n";

if ( num_tries == 3 )
     cout << "Ah, this is harder than it looks, isn't it?\n";
```

三个测试条件中仅有一个会成立。如果其中一条 if 语句为 true，其他两者必为 false。因此我们可以结合一连串的 else-if 子句，来反映这些 if 语句间的关系，也就是：

```
if ( num_tries == 1 )
     cout << "Oops! Nice guess but not quite it.\n";
else
if ( num_tries == 2 )
     cout << "Hmm. Sorry. Wrong a second time.\n";
else
if ( num_tries == 3 )
     cout << "Ah, this is harder than it looks, isn't it?\n";
else
     cout << "It must be getting pretty frustrating by now!\n";
```

第一条 if 语句会先被求值。如果其值为 true，紧接在后的语句便会被执行，接下来的所有 else-if 子句都不会被求值。但如果第一条 if 语句的求值结果为 false，便会接着对下一条 if 语句求值，直到其中有某一个条件成立为止。如果 num_tries 的值大于 3，也就是说所有条件都不成立，那么最末的 else 子句会被执行。

嵌套的（nested）if-else 子句有个很容易令人困惑的地方，那就是要正确组织其逻辑其实是比较难的一件事。比如，我们想要利用 if-else 语句将程序的执行分为两种情形：(1) 用户猜对，(2) 用户猜错。以下第一种写法并不会如我们所预期的方式工作：

```
if ( usr_guess == next_elem )
{
     // 用户猜对了
}
else
if ( num_tries == 1 )
     // 输出适当的响应结果
else
if ( num_tries == 2 )
     // 输出适当的响应结果
else
```

```
if ( num_tries == 3 )
      // 输出适当的响应结果
else
      // 输出适当的响应结果

// 现在，询问用户是否愿意再猜一次。
// 但只有在用户猜错时我们才应该这么做。
// 呃，我们应该把程序代码放在哪儿呢？
```

每条 else-if 子句都无意识地形成了二选一的命运，于是我们找不到地方安置处理用户猜错时的程序代码。以下是正确的组织方式：

```
if ( usr_guess == next_elem )
{
    // 用户猜对了
}
else
{
    // 用户猜错了
    if ( num_tries == 1 )
         // ...
    else
    if ( num_tries == 2 )
         // ...
    else
    if ( num_tries == 3 )
         // ...
    else // ...

    cout << "Want to try again? (Y/N)";
    char usr_rsp;
    cin >> usr_rsp;

    if ( usr_rsp == 'N' || urs_rsp == 'n' )
         go_for_it = false;
}
```

如果测试条件值属于整数类型，我们还可以改用 switch 语句来取代一大堆的 if-else-if 子句：

```
// 等同于上述的 if-else-if 子句
switch ( num_tries )
{
  case 1:
       cout << "Oops! Nice guess but not quite it.\n";
       break;

  case 2:
       cout << "Hmm. Sorry. Wrong a second time.\n";
       break;
```

```
    case 3:
         cout << "Ah, this is harder than it looks, isn't it?\n";
         break;

    default:
         cout << "It must be getting pretty frustrating by now!\n";
         break;
  }
```

关键字 switch 之后紧接着一个由小括号括住的表达式（是的，对象名称也可视为表达式），该表达式的值必须是整数形式。关键字 switch 之后是一组 case 标签，每一个标签之后都指定有一个常量表达式。在 switch 之后的表达式值被计算出来后，便依次和每个 case 标签的表达式值相比较。如果找到相符的 case 标签，便执行该 case 标签之后的语句。如果找不到吻合者，但有 default 标签，便执行 default 标签之后的语句。如果 default 标签也没有，就不执行任何操作。

为什么我在每个 case 标签的最末加上 break 语句呢？要知道，每个 case 标签的表达式值都会依次和 switch 表达式值相比较，不吻合者便依次跳过。若某个 case 标签的表达式值吻合，便开始执行该 case 标签之后的语句——这个操作会一直执行到 switch 语句的最下面。如果我们没有加上 break 语句，而 num_tries 的值为 2，那么程序的输出结果会是：

```
// 如果 num_tries 值为 2，而我们又忘了加上 break 语句，输出结果如下
Hmm. Sorry. Wrong a second time.
Ah, this is harder than it looks, isn't it?
It must be getting pretty frustrating by now!
```

是的，当某个标签和 switch 的表达式值吻合时，该 case 标签之后的所有 case 标签也都会被执行，除非我们明确使用 break 来结束执行。这也正是 break 语句的用途。或许你心中产生了疑问，为什么要把 switch 语句设计成这样呢？下面的例子可以说明这种“向下穿越”的行为模式的合理性：

```
switch( next_char )
{
  case 'a': case 'A':
  case 'e': case 'E':
  case 'i': case 'I':
  case 'o': case 'O':
  case 'u': case 'U':
       ++vowel_cnt;
       break;
  // ...
}
```

循环语句

只要条件表达式不断成立（亦即其运算结果为 true），循环语句便会不断地执行单一语句或整个语句块。我们的程序需要用到两个循环语句，其中一个被嵌套在另一个循环之中：

```
while 用户想要猜数列的下一个数
{
    显示数列
    while 用户猜的答案并不正确 and
          用户想要再猜一次
}
```

C++中的 while 循环可以满足我们的需求：

```
bool next_seq = true;    // 显示下一组数列
bool go_for_it = true;   // 用户想再猜一次
bool got_it = false;     // 用户是否猜对
int  num_tries = 0;      // 用户猜过的总次数
int  num_right = 0;      // 用户答对的总次数

while ( next_seq == true )
{
   // 为用户显示数列
   while (( got_it == false) &&
          ( go_for_it == true ))
   {
       int usr_guess;
       cin >> usr_guess;
       num_tries++;
       if ( usr_guess == next_elem )
       {
            got_it = true;
            num_right++;
       }
       else
       {    // 用户猜错了
            // 告诉用户答案是错的
            // 询问用户是否愿意再试一次
            if ( usr_rsp == 'N' || usr_rsp == 'n' )
                 go_for_it = false;
       }
   } // 内层的 while 循环结束

   cout << "Want to try another sequence? (Y/N)";
   char try_again;
   cin >> try_again;

   if ( try_again == 'N' || try_again == 'n' )
        next_seq = false;
```

```
} // while( next_seq == true )结束
```

while 循环即将开始之际，会先对括号内的条件表达式求值。如果其值为 true，则紧接在 while 循环之后的语句或语句块便会被执行。执行完毕之后，条件表达式会被重新求值。这种求值/执行的工作模式不断循环，直到条件表达式的值变成 false。通常，语句块在某种状态下会将该条件表达式的值设置为 false。如果条件表达式的值永远不为 false，我们便陷入了一个无穷循环之中——这样的程序逻辑当然不正确。

以上程序的外层 while 循环会一直执行到用户希望结束为止。

```
bool next_seq = true;
while ( next_seq == true )
{
        // ...
        if ( try_again == 'N' || try_again == 'n' )
             next_seq = false;
}
```

如果 next_seq 初值为 false，后面的语句块都不会被执行。至于内层的 while 循环则让用户得以连续猜好几次。

如果在执行循环内的语句时遇上 break 语句，循环便会结束。以下列程序片段为例，while 循环会一直执行到 tries_cnt 和 max_tries 相等为止。一旦用户猜对，程序便以 break 语句来结束循环：

```
int max_tries = 3;
int tries_cnt = 0;
while ( tries_cnt < max_tries )
{
   // 读取用户的答案
   if ( usr_guess == next_elem )
        break; // 结束循环

   tries_cnt++;
   // 其他程序代码
}
```

我们也可以利用 continue 语句来遽然终止循环的当前迭代（current iteration）。例如以下程序片段，所有长度小于四个字符的单词都会被舍弃掉：

```
string word;
const int min_size = 4;
while ( cin >> word )
{
   if ( word.size() < min_size )
        // 结束此次迭代
        continue;
```

```
    // 程序执行到此处，则用户所输入的单词长度
    // 必然大于或等于 min_size 个字符……
    process_text(word);
}
```

倘若 word 的长度小于 min_size，便执行 continue 语句，于是结束循环的当前迭代，也就是说，while 循环中的剩余部分（本例为 process_text()）便不会被执行。循环会重新来过，而条件表达式会被再一次求值——读取另一个字符串并存入 word 之中。如果 word 的长度大于或等于 min_size，整个 while 循环内容便都会被执行。在此工作模式下，所有长度小于四个字符的单词都会被舍弃掉。

1.5 如何运用 Array 和 Vector

How to Use Arrays and Vectors

以下是六种数列的前八个元素值：

```
Fibonacci:   1, 1, 2, 3, 5, 8, 13, 21
Lucas:       1, 3, 4, 7, 11, 18, 29, 47
Pell:        1, 2, 5, 12, 29, 70, 169, 408
Triangular:  1, 3, 6, 10, 15, 21, 28, 36
Square:      1, 4, 9, 16, 25, 36, 49, 64
Pentagonal:  1, 5, 12, 22, 35, 51, 70, 92
```

我们的程序必须能够显示数列中的任意两个元素值，让用户猜测下一个元素值是什么。如果用户猜对了，并且愿意继续下去，程序便接着显示第二组、第三组……元素值。这要如何办到呢？

如果接着出现的每组元素都出自同一数列，那么一旦用户找出其中一组答案，他就能够找出所有答案。这就丧失了趣味性。所以，我们应该在程序主循环的每次迭代中，挑选不同的数列。

现在，我们要显示最多六组元素对（element pair）：每一组来自不同的数列。我们希望在显示每组元素的同时，不必知道正在显示的是哪一种数列。每次迭代都必须存取三个数："元素对"中的两个元素值，以及数列中出现的第三个元素值。

本节所讨论的问题，解决之道就是使用可存放连续整数值的容器（container）类型。这种类型不仅允许我们以名称（name）取用容器中的元素，也允许我们以容器中的位置来取用元素。我打算在容器内放入 18 个数值，分为六组。每一组的前两个数值用于显示，第三个数值表示数列中的下一元素值。在循环的每次迭代过程中，我们令索引（index）每次增加 3，这样就可以依次走访六组数据。

C++允许我们以内置的 array（数组）类型或标准库提供的 vector 类来定义容器。一般而言，我建议使用 vector 甚于 array。不过，大量现存的程序代码都使用 array。因此，了解如何善用这两种方式，便相当重要。

要定义 array，我们必须指定 array 的元素类型，还得给予 array 一个名称，并指定其尺度大小——亦即 array 所能储存的元素个数。array 的大小必须是个常量表达式（constant expression），也就是一个不需要在运行时求值的表达式。以下程序代码是个例子，其中声明了 pell_seq 是个 array，内含 18 个整数元素。

```
const int seq_size = 18;
int pell_seq[ seq_size ];
```

至于定义 vector object，我们首先必须包含 vector 头文件。vector 是个 class template，所以我们必须在类名之后的尖括号内指定其元素类型，其大小则写在小括号中；此处所给予的大小并不一定得是个常量表达式。下列程序代码将 pell_seq 定义为一个 vector object，可储存 18 个 int 元素，每个元素的初值为 0。

```
#include <vector>
vector<int> pell_seq( seq_size );
```

无论 array 或 vector，我们都可以指定容器中的某个位置，进而访问该位置上的元素。索引操作（*indexing*）系通过下标运算符（[]）达成。这里必须注意的小技巧是，容器的第一个元素位置为 0 而非 1。因此，容器的最后一个元素必须以容器的大小减一加以索引。以 pell_seq 为例，正确的索引值是 0~17，而非 1~18（此类错误极为常见，因此这种错误有个声名狼籍的名称，叫做 off-by-one）。举个例子，要指定 Pell 数列的前两个元素值，可以这么写：

```
pell_seq[ 0 ] = 1; // 指定第一元素值为 1
pell_seq[ 1 ] = 2; // 指定第二元素值为 2
```

现在我们来计算 Pell 数列中接下来的十个元素。要依次迭代 vector 或 array 中的多个元素时，我们通常会使用 C++中的另一种重要的循环语句，for 循环。例如：

```
for ( int ix = 2; ix < seq_size; ++ix )
      pell_seq[ ix ] = pell_seq[ ix-2 ] + 2*pell_seq[ ix-1 ];
```

for 循环包含以下几个组成部分：

```
for ( init-statement ; condition ; expression )
      statement
```

其中的 init-statement 会在循环开始执行前被执行一次。在我们的例子中，ix 在循环开始之前，被设置初值为 2。

condition 用于循环控制，其值会在每次循环迭代之前被计算出来。如果 condition 为 true，statement 便会被执行。statement 可以是单一语句，也可以是个语句块。如果 condition 第一次求值即为 false，那么 statement 一次也不会执行。在我们的例子中，condition 用来检验 ix 的值是否小于 seq_size。

expression 会在循环每次迭代结束之后被求值。通常它用来更改两种对象的值。一个是在 init-statement 中被初始化的对象，另一个是在 condition 中被检验的对象。如果 condition 第一次求值即为 `false`，那么 expression 不会被执行。在我们的例子中，每次循环迭代结束之后 `ix` 的值便递增 1。

如果想打印出每一个元素值，我们可以对整个集合进行迭代（*iterate*）：

```
cout << "The first " << seq_size
     << " elements of the Pell Series:\n\t";

for ( int ix = 0; ix < seq_size; ++ix )
      cout << pell_seq[ ix ] << ' ';

cout << '\n';
```

如果我们愿意，也可以在 init-statement 或 expression 甚至 condition 处（较罕见）留空，不写任何东西。例如，我们可以将上述的 `for` 循环改为

```
int ix = 0;
// ...

for ( ; ix < seq_size; ++ix )
      // ...
```

其中的分号是必要的，因为必须利用它来表示 init-statement 留空。

我们的容器储存了六个数列中的每一个数列的第二、第三、第四个元素。我们应该如何将适当的值填入此容器中呢？如果是 array，我们可以指定初始化列表（initialization list），借由逗号分隔每一个要指定的值，这些值便成为 array 的全部或部分元素：

```
int elem_seq[ seq_size ] = {
   1, 2, 3,    // Fibonacci
   3, 4, 7,    // Lucas
   2, 5, 12,   // Pell
   3, 6, 10,   // Triangular
   4, 9, 16,   // Square
   5, 12, 22   // Pentagonal
};
```

初始化列表内的元素个数，不能超过 array 的大小。如果前者的元素数量小于 array 的大小，其余的元素值会被初始化为 0。如果我们愿意，可以让编译器根据初值的数量，自行计算出 array 的大小：

```
// 编译器会算出此 array 包含了 18 个元素
int elem_seq[] = {
    1, 2, 3,  3, 4, 7,  2, 5,  12,
    3, 6, 10, 4, 9, 16, 5, 12, 22
};
```

vector 不支持上述这种初始化列表。有个冗长的写法可以为每个元素指定其值：

```
vector<int> elem_seq( seq_size );
elem_seq[ 0 ] = 1;
elem_seq[ 1 ] = 2;
// ...
elem_seq[ 17 ] = 22;
```

另一个方法是利用一个已初始化的 array 作为该 vector 的初值：

```
int elem_vals[ seq_size ] = {
    1, 2, 3,  3, 4, 7,  2, 5,  12,
    3, 6, 10, 4, 9, 16, 5, 12, 22
};

// 以 elem_vals 的值来初始化 elem_seq
vector<int> elem_seq( elem_vals, elem_vals+seq_size );
```

上例中我们传入两个值给 `elem_seq`。这两个值都是实际内存位置。它们标示出了“用以将 vector 初始化”的元素范围。本例中我们标示出了 `elem_vals` 内的 18 个元素，并将它们复制到 `elem_seq`。第 3 章会详细介绍这种工作方式。

现在，让我们看看如何使用 `elem_seq`。array 和 vector 之间存在一点差异，那就是 vector 知道自己的大小是多少。之前我们以 `for` 循环迭代 array 的做法，如果应用于 vector 之上，情况将稍有不同：

```
// elem_seq.size()会返回 elem_seq 这个 vector
// 所包含的元素个数
cout << " The first " << elem_seq.size()
     << " elements of the Pell Series:\n\t";

for ( int ix = 0; ix < elem_seq.size(); ++ix )
      cout << pell_seq[ ix ] << ' ';
```

下面以 `cur_tuple` 表示要显示的元素的索引值。首先将它初始化为 0。每次循环迭代中，我们将其值累加 3，使它能够索引到下一个数列的第一元素。

```
int cur_tuple = 0;

while ( next_seq == true &&
        cur_tuple < seq_size )
{
        cout << "The first two elements of the sequence are: "
             << elem_seq[ cur_tuple ] << ", "
             << elem_seq[ cur_tuple+1 ]
             << "\nWhat is the next element?";
```

```
        // ...
        if ( usr_guess == elem_seq[ cur_tuple+2 ] )
             // correct!

        // ...
        if ( usr_rsp == 'N' || usr_rsp == 'n' )
             next_seq = false;
        else cur_tuple += 3;
}
```

将目前进行中的数列类别记录下来，应该颇有用处。首先，我们将每个数列的名称都用 `string` 储存起来：

```
const int max_seq = 6;
string seq_names[ max_seq ] = {
   "Fibonacci",
   "Lucas",
   "Pell",
   "Triangular",
   "Square",
   "Pentagonal"
};
```

然后我们可以像下面这样来运用 `seq_names`：

```
if ( usr_guess == elem_seq[ cur_tuple+2 ] )
{
     ++num_cor;
     cout << "Very good. Yes, "
          << elem_seq[ cur_tuple+2 ]
          << " is the next element in the "
          << seq_names[ cur_tuple/3 ] << "sequence.\n";
}
```

`cur_tuple/3` 这一表达式会依次产生 0, 1, 2, 3, 4, 5，用来索引出一个字符串，代表目前正在进行的猜数游戏中的数列类别。

1.6 指针带来弹性

Pointers Allow for Flexibility

前一节所显示的解法有两大缺点。第一，其上限是六个数列；如果用户猜完了这六个数列，程序会无预期地结束。第二，这个方法每次都以同样的顺序显示六组元素。如何才能够增加程序的弹性呢？

一种可能的解法便是同时维护六个 vector，每个数列使用一个。每个 vector 储存某一数量的元素值。每一次循环迭代，我们从不同的 vector 取出一组元素值。当第二次用到相同的 vector 时，便以不同的索引值取出 vector 内的元素。这个方法可以解决上述缺点。

如同早先的解法一样，我们希望透明地访问不同的 vector。前一节系通过索引（而非名称）来访问每个元素，借此达到透明化的目的。每次循环迭代，我们将索引累加 3。如若不然，程序的执行结果就不会改变。

这一节我们将通过使用指针（pointer），舍弃以名称指定的方式，间接地访问每个 vector，借此达到透明化的目的。指针为程序引入了一层间接性。我们可以操作指针（代表某特定内存地址），而不再直接操作对象。在我们的程序中，我定义了一个可以对整数 vector 寻址的指针。每一次循环迭代，便更改指针值，使它定位到不同的 vector。随后的指针操作行为不需要更改。

在我们的程序中，指针主要做两件事情。它可以增加程序本身的弹性，但同时也增加了直接操作对象时所没有的复杂度。本节内容会令你相信这两点。

我们早已了解如何定义对象。以下语句将 `ival` 定义为一个 `int` 对象，并给予初值 1 024：

```
int ival = 1024;
```

指针内含某特定类型对象的内存地址。当我们要定义某个特定类型的指针时，必须在类型名称之后加上*号：

```
int *pi;  // pi 是个 int 类型对象的指针
```

`pi` 是个 `int` 类型对象的指针。我们应当如何为指针设定初值呢？如果以对象名称来执行求值操作，例如：

```
ival;  // 计算 ival 的值
```

会得到 `ival` 所存的值。如果希望取得对象所在的内存地址而非对象的值，则应该使用取址运算符（&）：

```
&ival; // 计算 ival 所在的内存地址
```

下述写法可将 `pi` 的初值设置为 `ival` 所在的内存地址：

```
int *pi = &ival;
```

如果要访问一个由指针所指的对象，我们必须对该指针进行提领（dereference）操作——也就是取得“位于该指针所指内存地址上”的对象。在指针之前使用*号，便可以达到这个目的：

```
// 提领 pi，借以访问它所指向的对象
if ( *pi != 1024 )  // 读取 ival 的值
     *pi = 1024;    // 写值至 ival
```

指针的复杂度，如你所见，源于其令人困惑的语法。本例中可能令人感到复杂的地方，便是指针所具有的双重性质：既可以让我们操作指针包含的内存地址，也可以让我们操作指针所指的对象值。如果我们这么写：

```
pi; // 计算 pi 所持有的内存地址
```

此举形同操作“指针对象”本身。而如果写

```
*pi; // 求 ival 的值
```

等于是操作 pi 所指的对象。

指针的第二个可能令人感到复杂的地方是，指针可能并不指向任何对象。当我们写*pi 时，这种写法可能会（也可能不会）使程序在运行时产生错误。如果 pi 定位到某个对象，则对 pi 进行提领（dereference）操作没有错误。但如果 pi 不指向任何对象，则提领 pi 会导致未知的执行结果。这意味着，在使用指针时，必须在提领之前先确定它的确指向某对象。该怎么做呢？

一个未指向任何对象的指针，其地址值为 0。有时候我们称之为 null 指针。任何指针都可以被初始化，或是令其值为 0。

```
// 初始化每个指针，使它们不指向任何对象

int *pi = 0;
double *pd = 0;
string *ps = 0;
```

为了防止对 null 指针进行提领操作，我们可以检验该指针所持有的地址是否为 0。例如：

```
if ( pi && *pi != 1024 )
     *pi = 1024;
```

以下这个表达式

```
if ( pi && ... )
```

只有在 pi 持有一个非零值时，其求值结果才会是 true。如果求值结果为 false，那么 AND 运算符就不会对其第二表达式求值。欲检验某指针是否为 null，我们通常使用逻辑运算符 NOT：

```
if ( !pi )  // 当pi值为0时，此表达式方为true
```

以下便是我们的六个 vector 对象（代表六种数列）：

```
vector<int> fibonacci, lucas, pell, triangular, square, pentagonal;
```

当我们需要一个指针，指向一个“元素类型为 int”的 vector 时，该指针应该是什么模样呢？通常，指针具有以下形式：

```
type_of_object_pointed_to * name_of_pointer_object
```

由于我们所要的指针系用来指向 vector<int>，因此我把它命名为 pv，并给定初值 0：

```
vector<int> *pv = 0;
```

pv 可以依次指向每一个表示数列的 vector。当然，我们也可以明确地将数列的内存地址赋值给它：

```
pv = &fibonacci;
// ...
pv = &lucas;
```

但这种赋值方式会牺牲程序的透明性。另一种方案是将每个数列的内存地址存入某个 vector 中，这样我们就可以通过索引的方式，透明地访问这些数列：

```
const int seq_cnt = 6;

// 一个指针数组，大小为seq_cnt，
// 每个指针都指向vector<int>对象
vector<int> *seq_addrs[ seq_cnt ] = {
   &fibonacci,  &lucas,  &pell,
   &triangular, &square, &pentagonal
};
```

seq_addrs 是个 array，其元素类型为 vector<int> *。seq_addrs[0]所持有的值是 fibonacci vector 的地址，seq_addrs[1]的值是 lucas vector 的地址，以此类推。我们通过一个索引值而非其名称来访问各个 vector：

```
vector<int> *current_vec = 0;
// ...

for ( int ix = 0; ix < seq_cnt; ++ix )
{
     current_vec = seq_addrs[ ix ];
     // 所有要显示的元素都通过 current_vec 间接访问到
}
```

最后，剩下一个问题悬而未决。在这种实现方式下，程序的执行结果完全可以预测。要给用户猜测的数列，总是按照 Fibonacci、Lucas、Pell……的次序出现。我们希望让数列的出现顺序随机化（*randomize*）。这可以通过 C 语言标准库中的 rand() 和 srand() 两个函数达成：

```
#include <cstdlib>

srand( seq_cnt );
seq_index = rand() % seq_cnt;
current_vec = seq_addrs[ seq_index ];
```

rand()和 srand()都是标准库提供的所谓伪随机数（pseudo-random number）生成器。srand()的参数是所谓随机数生成器种子（seed）。要知道，每次调用 rand()，都会返回一个介于 0 和“int 所能表示的最大整数”间的一个整数。现在我们必须将该值限制在 0~5，以便成为本例的一个有效索引。这两个函数的声明位于 cstdlib 头文件。

使用 class object 的指针，和使用内置类型的指针略有不同。这是因为 class object 关联了一组我们可以调用（*invoke*）的操作（operation）。举例来说，欲检查 fibonacci vector 的第二个元素是否为 1，我们可能会这么写：

```
if ( ! fibonacci.empty() &&
     ( fibonacci[1] == 1 ) )
```

如何才能间接通过 pv 达到同样的效果呢？上例中的 fibonacci 和 empty()之间的句点，称为 dot 成员选择运算符（member selection operator），用来选择我们想要进行的操作。如果要通过指针来选择操作，必须改用 arrow（而非 dot）成员选择运算符：

```
! pv->empty()
```

由于指针可能并未指向任何对象，所以在调用 empty()之前，应该先检验 pv 是否为非零值：

```
pv && ! pv->empty()
```

最后，如果要使用下标运算符（subscript operator），我们必须先提领 pv。由于下标运算符的优先级较高，因此 pv 提领操作的两旁必须加上小括号：

```
if ( pv && ! pv->empty() && ( ( *pv )[1] == 1 ) )
```

我将在第 3 章深入讨论 Standard Template Library（STL），并在第 6 章设计和实现二叉树（binary tree）时，回头讨论指针相关议题。[LIPPMAN98]的 3.3 节对于指针有更深入的讨论。

1.7 文件的读写

Writing and Reading Files

用户可能会一再执行这个程序。我们应该让用户的分数可以在不同的“会话（session）”累计使用。为了达到这个目的，我们必须：(1) 每次执行结束，将用户的姓名及会话的某些数据写入文件，(2) 在程序开启另一个会话时，将数据从文件中读回。让我们看看这要怎么办到。

要对文件进行读写操作，首先得包含 fstream 头文件：

```
#include <fstream>
```

为了打开一个可供输出的文件，我们定义一个 ofstream（供输出用的 file stream）对象，并将文件名传入：

```
// 以输出模式开启 seq_data.txt
ofstream outfile( "seq_data.txt" );
```

声明 outfile 的同时，会发生什么事？如果指定的文件并不存在，便会有一个文件被产生出来并打开供输出使用。如果指定的文件已经存在，这个文件会被打开用于输出，而文件中原有的数据会被丢弃。

如果文件已经存在，但我们并不希望丢弃其原有内容，而是希望将新数据增加到该文件中，那么我们必须以追加模式（append mode）打开这个文件。为此，我们提供第二个参数 `ios_base::app` 给 `ofstream` 对象。（此刻你最好暂时先放手运用它们，不必对于它们的艰深本质过多探究。）

```
// 以追加模式（append mode）打开 seq_data.txt
// 新数据会被加到文件末尾
ofstream outfile( "seq_data.txt", ios_base::app );
```

文件有可能打开失败。在进行写入操作之前，我们必须确定文件的确打开成功。最简单的方法便是检验 class object 的真伪：

```
// 如果 outfile 的求值结果为 false，表示此文件并未成功打开
if ( ! outfile )
```

如果文件未能成功打开，则该 `ofstream` 对象的求值结果为 `false`。本例中我们将信息写入 `cerr`，告知用户这个状况。`cerr` 代表标准错误设备（standard error）。和 `cout` 一样，`cerr` 将其输出结果定向到用户的终端。两者的唯一差别是，`cerr` 的输出结果并无缓冲（*bufferred*）情形——它会立即显示于用户终端中。

```
if ( ! outfile )
     // 因为某种原因，档案无法开启
     cerr << "Oops! Unable to save session data!\n";

else
     // ok: outfile 开启成功，接下来将数据写入
     outfile << usr_name  << ' '
             << num_tries << ' '
             << num_right << endl;
```

如果文件顺利打开，我们便将输出信息定向到该文件，就像将信息写入 `cout` 及 `cerr` 这两个 `ostream` 对象一样。本例中，我们将三个数值写入 `outfile`，并以空格区分后两个数值。`endl` 是事先定义好的所谓操纵符（manipulator），由 iostream library 提供。

操纵符并不会将数据写到 iostream，也不会从中读取数据，其作用是在 iostream 上执行某些操作。`endl` 会插入一个换行符，并清除输出缓冲区（output buffer）的内容。除了 `endl`，另有一些事先定义好的操纵符，例如 `hex`（以十六进制显示整数）、`oct`（以八进制显示整数）、`setprecision(n)`（设定浮点数显示精度为 `n`）。如果你想知道 iostream 提供的所有操纵符，请参考[LIPPMAN98]的 20.9 节。

如果要打开一个可供读取的文件，我们就定义一个 `ifstream`（供输入的 file stream）对象，并将文件名传入。如果文件未能成功打开，该 `ifstream` 对象就为 `false`。如果成功，该文件的写入位置会被设定在起始处。

```
// 以读取模式（input mode）打开 infile
ifstream infile( "seq_data.txt" );
```

```
int num_tries = 0;
int num_cor = 0;

if ( ! infile )
{
    // 由于某种原因，文件无法打开……
    // 我们将假设这是一位新的用户……
}
else
{
    // ok: 读取档案中的每一行
    //     检查这个用户是否曾经玩过
    // 每一行的格式是：
    //     name num_tires num_correct
    // nt: 猜过的总次数（num_tries）
    // nc: 猜对的总次数（num_correct）

    string name;
    int nt;
    int nc;

    while ( infile >> name )
    {
        infile >> nt >> nc;
        if ( name == usr_name )
        {
            // 找到他了
            cout << "Welcome back, " << usr_name
                 << "\nYour current score is " << nc
                 << " out of " << nt << "\nGood Luck!\n";

            num_tries = nt;
            num_cor = nc;
        }
    }
}
```

while 循环的每次迭代都会读取文件的下一行内容。这样的操作会持续到文件末才结束。

```
infile >> name
```

这条语句的返回值就是从 infile 读到的 class object。一旦读到文件末尾，对读入 class object 的求值结果就会是 false。因此我们可以在 while 循环的条件表达式中，以此作为结束条件：

```
while ( infile >> name )
```

文件的每一行都包含一个字符串，其后接着两个整数。形式如下：

```
anna 24 19
```

```
danny 16 12
...
```

下面这一行：

```
infile >> nt >> nc;
```

会先将用户猜过的总次数读到 nt 之中，再将用户猜对的总次数读到 nc 之中。

如果想要同时读写同一个文件，我们得定义一个 fstream 对象。为了以追加模式（append mode）打开，我们得传入第二参数值 ios_base::in|ios_base::app[2]：

```
fstream iofile( "seq_data.txt",
                ios_base::in|ios_base::app );

if ( ! iofile )
     // 由于某种原因，文件无法打开……真糟！
else
{
     // 开始读取之前，将文件重新定位至起始处
     iofile.seekg( 0 );

     // 其他部分都和先前讨论的相同
}
```

当我们以追加模式来打开档案，文件位置会位于末尾。如果我们没有先重新定位，就试着读取文件内容，那么立刻就会遇上“文件结束”的状况。seekg() 可将 iofile 重新定位至文件的起始处。由于此文件是以追加模式开启，因此任何写入操作都会将数据添加在文件末尾。

iostream library 提供的功能相当丰富，许多细节无法在此一一述及。如果想对 iostream library 有更多的了解，请参考[LIPPMAN98]的第 20 章或[STROUSTRUP97]的第 21 章。

练习 1.5

编写一个程序，能够询问用户的姓名，并读取用户所输入的内容。请确保用户输入的名称长度大于两个字符。如果用户的确输入了有效名称，就响应一些信息。请以两种方式实现：第一种使用 C-style 字符串，第二种使用 string 对象。

练习 1.6

编写一个程序，从标准输入设备读取一串整数，并将读入的整数依次放到 array 及 vector，然后遍历这两种容器，求取数值总和。将总和及平均值输出至标准输出设备。

[2] 既然稍早我已决定不对 ios_base::app 加以解释，当然我也不会在这里解释这个更为复杂的东西！请参阅[LIPPMAN98]的 20.6 节，其中有完整的说明及详尽的范例。

练习 1.7

使用你最称手的编辑工具，输入两行（或更多）文字并存盘。然后编写一个程序，打开该文本文件，将其中每个字都读取到一个 vector<string>对象中。遍历该 vector，将内容显示到 cout。然后利用泛型算法 sort()，对所有文字排序：

```
#include <algorithm>
sort( container.begin(), container.end() );
```

再将排序后的结果输出到另一个文件。

练习 1.8

1.4 节的 switch 语句让我们得以根据用户答错的次数提供不同的安慰语句。请以 array 储存四种不同的字符串信息，并以用户答错次数作为 array 的索引值，以此方式来显示安慰语句。

2

面向过程的编程风格

Procedural Programming

第1章中，我们将整个程序写在`main()`函数里头。但除非我们仅仅想编写规模不大的程序，否则这是一种不切实际的做法。通常我们会抽取通用的操作，例如计算 Fibonacci 数列元素、产生随机数，等等，将它们实现为独立函数。将函数独立出来的做法可带来三个主要好处：第一，以一连串函数调用操作，取代重复编写相同的程序代码，可使程序更容易读懂。第二，我们可以在不同的程序中使用这些函数。第三，我们可以更容易地将工作分配给协作开发团队。

本章涵盖了独立函数的众多基本编写原则，并简要讨论了所谓的重载（overloaded）以及 function template，同时也说明了函数指针的运用技巧。

2.1 如何编写函数

How to Write a Function

我将在这一节编写一个函数，该函数返回 Fibonacci 数列中由用户指定的某个位置的元素。例如用户可以询问"Fibonacci 数列的第八个元素是什么？"我们的程序应该回答：21。这个函数应当如何定义呢？

每一个函数必须定义以下四个部分：

1. **返回类型**。本例将返回用户指定位置的元素值，而元素类型是`int`，所以我们的函数返回类型也是`int`。函数如果没有返回值，其返回类型为`void`。例如，用来在终端上打印 Fibonacci 数列的函数，其返回类型就可以声明为`void`。
2. **函数名**。`foo()`是个常见的名称，但却不是个好名称，因为它无法帮助我们理解函数操作的实际内涵。像`fibon_elem()`这样的名称就好多了。当然，你一定可以想到更恰当的名称。

3. **参数列表**（parameter list）。函数参数扮演着占位符（placeholder）的角色，它让用户在每次调用函数时，将要传入的值放在其中，以便函数使用。也就是说，参数所代表的值随每次调用操作而有所不同。我们的函数定义了一个参数：元素在数列中的位置。每次调用这个函数，都必须提供这个位置值。参数的指定包括类型及名称。本函数只定义一个参数，类型为 int。函数的参数列表可以是空的，例如显示欢迎画面的函数，或读取用户名字的函数，都不太需要参数。

4. **函数体**。此即操作本身的工作逻辑的实现内容。通常它会使用函数的参数值。函数体紧接在参数列表之后，由大括号括起来。

函数必须先被声明，然后才能被调用（被使用）。函数的声明让编译器得以检查后续出现的使用方式是否正确——是否有足够的参数、参数类型是否正确，等等。函数声明不必提供函数体，但必须指明返回类型、函数名，以及参数列表。此即所谓的函数原型（function prototype）。

```
// 函数声明
int fibon_elem( int pos);
```

函数的定义则包括函数原型及函数体。调用者指定数列中的元素位置，fibon_elem()必须算出其值。以下是一种可能的实现。（成对的/*、*/是多行注释，/*和*/之间的所有内容都会被视为注释。）

```
/* 注释的第二种形式
 *
 * Fibonacci 数列的第一元素和第二元素
 * 都是 1；接下来的每个元素都是前两个元素的和。
 *
 * elem：持有即将返回的值
 * n_2，n_1：持有前两个元素的值
 * pos：数列中的元素位置（由调用者指定）
 */

int elem = 1; // elem 持有欲返回的值
int n_2 = 1, n_1 = 1;
for ( int ix = 3; ix <= pos; ++ix )
{
    elem = n_2 + n_1;
    n_2 = n_1; n_1 = elem;
}
```

如果用户要求取得第一或第二元素，for 循环的主体部分不会执行。因为 elem 的初值为 1，恰为正确的返回值。如果用户要求取得第三或更后面的元素，循环便会算出每个元素的值，直到 ix 超过 pos。位于 pos 处的元素值会被储存于 elem 变量内。

函数以 return 语句将值返回。本函数像下面这样使用 return 语句：

```
return elem;
```

如果我们愿意相信用户绝不犯错，而且不论位置值有多大，我们都愿意计算出该位置上的 Fibonacci 数列元素，那么我们的工作至此结束。不幸的是，如果我们同时忽略这两点，这个函数有可能在某个时间完蛋。

用户可能犯下什么错误呢？用户可能会输入一个不合理的位置——或许是 0，或许是个负数。如果用户犯下这样的错误，fibon_elem()会返回 1，而这是个错误的答案。所以我们应该针对这种可能性加以检讨：

```
// 检查不合理的位置值
if ( pos <= 0 )
     // ok，现在应该怎么办？
```

如果用户输入了一个不合理的位置值，程序应该怎么处理呢？最极端的做法就是终止整个程序。标准库的 exit()函数可派上用场。我们必须传一个值给 exit()，此值将成为程序结束时的状态值。

```
// 以状态值-1 结束程序
if ( post <= 0 )
     exit( -1 );
```

为了能使用 exit()，必须先包含 cstdlib 头文件：

```
#include <cstdlib>
```

不过，采取这种方式，恐怕是太激烈了。另一个方式是抛出异常（exception），表示 fibon_elem() 收到了错误的位置值。但本书直到第 7 章才开始讨论异常的处理，所以目前不考虑这个方案。

我们还可以返回 0，并相信用户会知道，0 在 Fibonacci 数列中是个不合理的值。不过，广义上讲，“信任”并非良好的工程原则。因此，改变返回值，使其得以表示 fibon_elem()是否能够计算出用户想要的值，才是合理的修正方向：

```
// 重新修正函数原型
bool fibon_elem( int pos, int &elem );
```

函数只能返回一个值。以上例子中，“fibon_elem()能否计算出所指定的元素”关系到其返回值为 true 或 false。剩下的问题便是，如何返回该元素的实际值。做法之一（如上）是加入第二个参数：

一个 reference *to int*。这使我们得以从这个函数中返回两个值。下一节我会解释参数 `pos` 和 `elem` 间的行为差异。其中有点复杂，因此最好是在专门的一节中加以讨论。

如果用户要求计算第 5 000 位置上的元素值，会发生什么事情呢？那将是个很大的数。计算结果是

```
element # 5000 is -1846256875
```

这是不正确的。发生了什么事？这是无可避免的计算机问题。是的，每个值类型都只能表示其值域（domain）[1]中的最小至最大值间的某个值。`int` 是个有符号（*signed*）类型，`fibon_elem()`的运算溢出（*overflow*）了它所能表示的最大正值。如果我将 `elem` 的类型改成 `unsigned int`，答案将变成

```
element # 5000 is 2448710421
```

如果用户想取得第 10 000 个位置上的元素值，会发生什么事？第 100 000 个位置时又如何？Fibonacci 数列是没有止尽的，但我们的实现代码必须设置一个终点。该如何决定这个终点值呢？这和用户的需求有关。以这里的目的而言，我随便设定一个足够大的值，上限为 1 024（于是 `elem` 只要是个普通的 `int` 即可胜任）。

以下便是 `fibon_elem()`的最终版本：

```
bool fibon_elem( int pos, int &elem )
{
    // 检查位置值是否合理
    if ( pos <= 0 || pos > 1024 )
       { elem = 0; return false; }

    // 位置值为 1 和 2 时，elem 的值为 1
    elem = 1;
    int n_2 = 1, n_1 = 1;

    for ( int ix = 3; ix <= pos; ++ix )
    {
        elem = n_2 + n_1;
        n_2 = n_1; n_1 = elem;
    }

    return true;
}
```

---

1 想知道某个类型的最小/最大值，可查询标准库中的 numeric_limits class（详情参见[STROUSTRUP97]）：

```
#include <limits>
int max_int = numeric_limits<int>::max();
double min_dbl = numeric_limits<double>::min();
```

下面这个小程序用来练习 fibon_elem()：

```
#include <iostream>
using namespace std;

// fibon_elem()的前置声明（forward declaration），
// 目的是让编译器知道这个函数的存在……
bool fibon_elem( int, int & );

int main()
{
    int pos;
    cout << "Please enter a position: ";
    cin >> pos;

    int elem;
    if ( fibon_elem( pos, elem ))
         cout << "element # " << pos
              << " is " << elem << endl;
    else cout << "Sorry。Could not calculate element # "
              << pos << endl;
}
```

在此范例程序中，fibon_elem()的声明并未写出其两个参数的名称。这没有问题，因为参数名称只有在函数内使用参数时才是必要的。有些人建议不论如何都指定参数名称，以作为一种文档使用。不过在如此小的程序中，这么做的好处并不多。

程序编译完成后执行，输出结果可能会像下面这样（输入值以粗体表示）：

```
Please enter a position: 12
element # 12 is 144
```

如果函数的返回类型不为 void，那么它必须在每个可能的退出点上将值返回。函数中的每条 return 语句都被用来明确表示该处就是函数的退出点。如果函数体的最后一条语句不是 return，那么最后一条语句之后便是该函数的隐式退出点。下面这个 print_sequence()函数无法正确编译，因为其隐式退出点并未返回任何数值。

```
bool print_sequence( int pos )
{
    if ( pos <= 0 || pos > 1024 )
    {
        cerr << "invalid position: " << pos
             << " -- cannot handle request!\n";

        return false;
    }
```

```
    cout << "The Fibonacci Sequence for "
         << pos << " positions: \n\t";

    // 所有位置都会打印出 1 1，只有 pos == 1 除外
    switch ( pos )
    {
        default:
        case 2:
            cout << "1 ";
            // 注意，此处没有 break;
        case 1:
            cout << "1 ";
            break;
    }

    int elem;
    int n_2 = 1, n_1 = 1;
    for ( int ix = 3; ix <= pos; ++ix )
    {
        elem = n_2 + n_1;
        n_2 = n_1; n_1 = elem;

        // 一行打印 10 个元素
        cout << elem  << ( !( ix % 10 ) ? "\n\t" : " " );
    }
    cout << endl;

    // 这里会产生编译错误。
    // 此处为隐式退出点……没有 return 语句!
}
```

print_sequence()有两个退出点，但我们只指定了一条 return 语句。隐式退出点位于最后一条语句之后。我们的实现代码中，只在位置值不合理时才将数值返回！幸运的是，编译器捕捉了这个问题，并将其标示为错误。我们必须加上 return true;作为最后一条语句。

现在，我在原本的 main()内，在调用过 fibon_elem()之后加上对 print_sequence()的调用。编译并执行后，程序产生如下输出结果：

```
Please enter a position: 12
element # 12 is 144
The Fibonacci Sequence for 12 positions:
        1 1 2 3 5 8 13 21 34 55
        89 144
```

return 语句的第二种形式不返回任何数值。这种形式只在返回值为 void 时才会被使用。它用来提前结束函数的执行。

```
void print_msg( ostream &os, const string &msg )
{
    if ( msg.empty() )
         // 不打印任何信息；结束函数……
         return;

    os << msg;
}
```

本例不需要在最后面加上 `return` 语句。由于不需要返回任何值，所以隐式退出点已经足够。

练习 2.1

先前的 `main()` 只让用户输入一个位置值，然后便结束程序。如果用户想取得两个甚至更多元素值，他必须执行这个程序两次或多次。请改写 `main()`，使它允许用户不断输入位置值，直到用户希望停止为止。

2.2 调用函数

Invoking a Function

本节将实现一个可对 vector 内的整数值加以排序的函数。通过这个例子，我们可以审视两种参数传递方式：传址（by reference）及传值（by value）。这里所用的排序算法是极为简单的冒泡排序法（bubble sort），主要是以两个形成嵌套的 `for` 循环实现。外层的 `for` 循环依次以 `ix` 值遍历 vector 的元素，`ix` 的值由 0 递增至 `size-1`。主要的想法是，当外层的 `for` 循环每次迭代完成，由 `ix` 索引出来的元素便已被放置在适当位置。当 `ix` 为 0 时，vector 中的最小元素会被找到，并被置于位置 0 处。当 `ix` 的值为 1 时，次小的元素会被找到并放在正确位置，以此类推。放置元素的操作由内层的 `for` 循环完成。`jx` 从 `ix+1` 依次递增至 `size-1`；它比较位于 `ix` 处及 `jx` 处的两个元素，如果 `jx` 处的元素比较小，就将两元素互换。注意，我们的第一个实现版本并不正确，本节的目的就在于解释其错误原因。下面让我们开始吧。

```
void display( vector<int> vec )
{
    for ( int ix = 0; ix < vec.size(); ++ix )
          cout << vec[ix] << ' ';
    cout << endl;
}

void swap( int val1, int val2 )
{
    int temp = val1;
    val1 = val2;
    val2 = temp;
}
```

```
void bubble_sort( vector<int> vec )
{
   for ( int ix = 0; ix < vec.size(); ++ix )
         for ( int jx = ix+1; jx < vec.size(); ++jx )
               if ( vec[ ix ] > vec[ jx ] )
                    swap( vec[ix], vec[jx] );
}

int main()
{
   int ia[ 8 ] = { 8, 34, 3, 13, 1, 21, 5, 2 };
   vector<int> vec( ia, ia+8 );

   cout << "vector before sort: ";
   display( vec );

   bubble_sort( vec );

   cout << "vector after sort:  ";
   display( vec );
}
```

编译并执行这个程序，将产生如下的输出结果，显然 main()所定义的 vector 并未被正确地排序：

```
vector before sort:  8 34 3 13 1 21 5 2
vector after sort:   8 34 3 13 1 21 5 2
```

程序第一次执行时结果不正确，本属稀松平常。重点是接下来如何修改?

如果有调试器（debugger），接下来最好是一步一步地执行程序，依次检查程序中各个对象在执行过程中的值，并观察 for 循环和 if 语句的实际流程。但是在当前环境下，更实际的方法是加上打印语句，来跟踪控制流程的逻辑并显示对象的状态。嗯，从哪里开始比较好呢?

嵌套的 for 循环是本程序最关键的部分——特别是测试两元素值是否相等及调用 swap()的部分。如果排序算法不正确，程序中这一部分便可能是错的。我把它调整成下面这个样子：

```
ofstream ofil( "text_out1" );
void bubble_sort( vector<int> vec )
{
   for ( int ix = 0; ix < vec.size(); ++ix )
       for ( int jx = ix+1; jx < vec.size(); ++jx )
           if ( vec[ ix ] > vec[ jx ] ){
              // 调试用的输出信息
              ofil << "about to call swap!"
                   << " ix: " << ix << " jx: " << jx << '\t'
```

```
                    << " swapping: " << vec[ix]
                    << " with " << vec[ jx ] << endl;

                // ok: 交换两个元素...
                swap( vec[ix], vec[jx] );
            }
}
```

编译并执行这个程序，将产生如下的调试信息。有两件事情让我们感到讶异：swap()的确被调用了，但原来的vector仍旧没有改变。谁说程序设计是件有趣的事呢？

```
vector before sort:  8 34 3 13 1 21 5 2
about to call swap! ix: 0 jx: 2 swapping: 8 with 3
about to call swap! ix: 0 jx: 4 swapping: 8 with 1
about to call swap! ix: 0 jx: 6 swapping: 8 with 5
about to call swap! ix: 0 jx: 7 swapping: 8 with 2
about to call swap! ix: 1 jx: 2 swapping: 34 with 3
about to call swap! ix: 1 jx: 3 swapping: 34 with 13
about to call swap! ix: 1 jx: 4 swapping: 34 with 1
about to call swap! ix: 1 jx: 5 swapping: 34 with 21
about to call swap! ix: 1 jx: 6 swapping: 34 with 5
about to call swap! ix: 1 jx: 7 swapping: 34 with 2
about to call swap! ix: 2 jx: 4 swapping: 3 with 1
about to call swap! ix: 2 jx: 7 swapping: 3 with 2
about to call swap! ix: 3 jx: 4 swapping: 13 with 1
about to call swap! ix: 3 jx: 6 swapping: 13 with 5
about to call swap! ix: 3 jx: 7 swapping: 13 with 2
about to call swap! ix: 5 jx: 6 swapping: 21 with 5
about to call swap! ix: 5 jx: 7 swapping: 21 with 2
about to call swap! ix: 6 jx: 7 swapping: 5 with 2
vector after sort:  8 34 3 13 1 21 5 2
```

检查swap()函数内容，我们相信其实现代码完全无误。但既然我们开始怀疑我们的判断，便应该试着改变一下swap()的写法，验证swap()是否正确地将两值交换：

```
void swap( int val1, int val2 )
{
    ofil << "swap( " << val1
         << ", " << val2 << " )\n";

    int temp = val1;
    val1 = val2;
    val2 = temp;

    ofil << "after swap(): val1 " << val1
         << "  val2: " << val2 << "\n";
}
```

此外，在调用过 swap()之后，我又多调用了 display()，借此观察 vector 的状态。输出结果告诉我们两件事情：(1) 程序运行无误，(2) 结果却不正确：

```
vector before sort:  8 34 3 13 1 21 5 2
about to call swap!  ix: 0 jx: 2 swapping: 8 with 3
swap( 8, 3 )
after swap(): val1 3  val2: 8
vector after swap(): 8 34 3 13 1 21 5 2
```

上述跟踪信息显示，bubble_sort()正确辨识出了第一和第三个元素，其值分别为 8 和 3，因此两元素必须交换。swap()被正确调用，而且在 swap()函数中两个值也的确交换了。但是，vector 内的值依然没有改变。

很不幸，这不是我们企图理解的问题所在。如果你和我一样，对于问题非常执拗，你可能会苦思再三，企图杀出一条血路。然而有时候我们需要的不是顽强的气质，而是有人为我们指点迷津。

这个问题和"参数传给 swap()的传递方法"有关。引导我们思考这个问题的方式是，试着在心中问自己：我们在 bubble_sort()内将 vector 的两个元素传给 swap()，其间的关系是什么？swap()中又是如何操作这两个参数的呢？

```
void bubble_sort( vector<int> vec )
{
    // ...
    if ( vec[ ix ] > vec[ jx ] )
        swap( vec[ix], vec[jx] );
    // ...
}

void swap( int val1, int val2 )
{
    // 在 val1 和 val2 这两个形式参数（formal parameter）
    // 以及 vec[ix]和 vec[jx]这两个实际参数（actual parameter）
    // 之间存在什么关系？
}
```

swap()被调用时，传入的 vec[ix]及 vec[jx]与 swap()的两个参数 val1 及 val2 之间有什么样的关系呢？如果这两组数值代表相同的两个对象，那么当 swap()改变了 val1 和 val2 时，也应该同时改变了 vec[ix]和 vec[jx]。但是这种情况并没有发生。换句话说，两者间的唯一关联，不过是拥有相同的值罢了。

这正是实际发生的事。这可以解释为什么虽然我们将两值交换，其结果却没有反映到 vector 内的数值上。是的，其实传给 swap()的对象被复制了一份，原对象和副本之间没有任何关联。

当我们调用一个函数时，会在内存中建立起一块特殊区域，称为“程序堆栈（program stack）”。这块特殊区域提供了每个函数参数的储存空间。它也提供了函数所定义的每个对象的内存空间——我们将这些对象称为 local object（局部对象）。一旦函数完成，这块内存就会被释放掉，或者说是从程序堆栈中被 *pop* 出来。

当我们将 `vec[ix]`这样的对象传入函数，默认情形下其值会被复制一份，成为参数的局部性定义（local definition）。这种方式称为 pass by value（传值）。我们在 `bubble_sort()`内传给 `swap()`的对象，和我们在 `swap()`内操作的对象，其实是没有任何关系的两组对象。这也正是我们的程序一直无法顺利成功的原因。

为了让程序正确工作，我们必须通过某种方法，令 `swap()`的参数和传入的实际对象产生关联。此即所谓的 pass by reference（传址）。要达成这个目的，最简单的做法便是将参数声明为一个 reference：

```
/*
 * OK：以 reference 的方式来声明 val1 和 val2，那么，swap()内对这两个参数的改变，
 *         会反映到传入 swap()的实际对象身上。
 */
void swap3( int & val1, int & val2 )
{
    /*
     * 请注意，swap()的函数代码并没有任何改变——唯一改变的是
     * swap()的参数和传入 swap()的对象之间的关系。
     */
    int temp = val1;
    val1 = val2;
    val2 = temp;
}
```

在解释所谓 reference 之前，让我们证实一下这微小的改变是否解救了原本的程序。以下便是程序重新编译并执行后的部分跟踪信息：

```
vector before sort:  8 34 3 13 1 21 5 2
about to call swap!  ix: 0 jx: 2 swapping: 8 with 3
3 34 8 13 1 21 5 2
about to call swap!  ix: 0 jx: 4 swapping: 3 with 1
1 34 8 13 3 21 5 2
about to call swap!  ix: 1 jx: 2 swapping: 34 with 8
1 8 34 13 3 21 5 2
about to call swap!  ix: 1 jx: 4 swapping: 8 with 3
// ...
about to call swap!  ix: 5 jx: 7 swapping: 21 with 13
1 2 3 5 8 13 34 21
about to call swap!  ix: 6 jx: 7 swapping: 34 with 21
1 2 3 5 8 13 21 34
vector after swap(): 8 34 3 13 1 21 5 2
```

喔欧，除了 main() 传给 bubble_sort() 的 vector 并未改变之外，每样事物都工作正确。现在我们有了经验，首要检查的便是函数参数的传递应该采用传址方式而非传值方式：

```
void bubble_sort( vector<int> vec ) { /* ... */ }
```

将 vec 改为一个 reference，我们的程序便完成了最后的修正。

```
void bubble_sort( vector<int> &vec ) { /* ... */ }
```

现在，重新编译并执行，输出信息如下：

```
vector before sort:  8 34 3 13 1 21 5 2
vector after sort: 1 2 3 5 8 13 21 34
```

哎呀！这真是难啊！但大部分编程工作皆是如此。一般而言，一旦你了解问题的症结，你就会发现解决的方法是多么简单。

Pass by Reference 语义

reference 扮演着外界与对象之间一个间接手柄的角色。只要在类型名称和 reference 名称之间插入 & 符号，便是声明了一个 reference：

```
int ival = 1024;      // 对象，类型为 int
int *pi  = &ival;     // pointer（指针），指向一个 int 对象
int &rval = ival;     // reference（引用），代表一个 int 对象
```

当我们这么写：

```
int jval = 4096;
rval = jval;
```

便是将 jval 赋值给 rval 所代表的对象（也就是 ival）。我们无法令 rval 转而代表 jval，因为 C++ 不允许我们改变 reference 所代表的对象，它们必须从一而终。当我们写：

```
pi = &rval;
```

其实是将 ival（此为 rval 所代表的对象）的地址赋值给 pi。我们并未令 pi 指向 rval。注意，重点是，面对 reference 的所有操作都和面对“reference 所代表的对象”所进行的操作一般无二。当我们以 reference 作为函数参数，亦复如此。

当 swap() 函数将 val2 赋值给 val1：

```
void swap( int &val1, int &val2 )
{
    // 实际参数的值会因而改变
    int temp = val1;
    val1 = val2;
    val2 = temp;
}
```

的确是将 vec[jx] 赋值给 vec[ix]——前者是 val2 所代表的对象，后者是 val1 所代表的对象：

```
swap( vec[ix], vec[jx] );
```

同样情况，当 swap()内的 temp 值被赋值给 val2，的确是将 vec[ix]的原值赋值给了 vec[jx]。

当我们以 by reference 方式将对象作为函数参数传入时，对象本身并不会复制出另一份——复制的是对象的地址。函数中对该对象进行的任何操作，都相当于是对传入的对象进行间接操作。

将参数声明为 reference 的理由之一是，希望得以直接对所传入的对象进行修改。这个理由极为重要，因为就像我们在前面的例子中所见，不这么做的话，程序无法正确工作。

将参数声明为 reference 的第二个理由是，降低复制大型对象的额外负担。这个理由相比较起来不是那么重要，因为对程序而言不过是效率问题罢了。

举个例子，现在我将打算显示的 vector 以传值方式传入 display()之中。这意味着每当我想进行显示操作时，vector 内的所有元素都会被复制。这并不会造成错误。但是如果直接传入 vector 的地址，速度会更快。将 vector 的参数声明为 reference，便可达到这个目的：

```
void display( const vector<int> &vec )
{
   for ( int ix = 0; ix < vec.size(); ++ix )
   {
         cout << vec[ix] << ' ';
         cout << endl;
   }
}
```

我们声明了一个 reference *to const vector*，因为函数之中并不会更改 vector 的内容。少了 const 并不会造成错误。但加上 const 可以让阅读程序的人了解，我们以传址的方式来传递 vector，为的是避免复制操作，而不是为了要在函数之中对它进行修改。

如果我们愿意，也可以将 vector 以 pointer 形式传递。这和以 reference 传递的效果相同：传递的是对象地址，而不是整个对象的副本。唯一差别在于 reference 和 pointer 的用法不同。例如：

```
void display( const vector<int> *vec )
{
    if ( ! vec ){
         cout << "display(): the vector pointer is 0\n";
         return;
    }
    for ( int ix = 0; ix < vec->size(); ++ix )
          cout << (*vec)[ix] << ' ';

    cout << endl;
}

int main()
{
   int ia[ 8 ] = { 8, 32, 3, 13, 1, 21, 5, 2 };
```

```
    vector<int> vec( ia, ia+8 );

    cout << "vector before sort: ";
    display( &vec ); // 传入地址

    // ...
}
```

pointer 参数和 reference 参数之间更重要的差异是，pointer 可能（也可能不）指向某个实际对象。当我们提领 pointer 时，一定要先确定其值并非 0。至于 reference，则必定会代表某个对象，所以不需要做此检查。

一般来说，除非你希望在函数内更改参数值，就像前一节的 fibon_elem()那样：

```
bool fibon_elem( int pos, int &elem );
```

否则我建议在传递内置类型时，不要使用传址方式。传址机制主要用于传递 class object。

作用域及范围

除了一个必要的例外（意指 static，见 2.4 节），函数内定义的对象，只存在于函数执行期间。如果将这些所谓局部对象（local object）的地址返回，会导致运行时错误。还记得吗，函数是暂时位于程序堆栈（内存内的一块特殊区域）之上。局部对象就放在这块区域中。当函数执行完毕，这块区域的内容便会被弃置。于是局部对象不复存在。一般而言，对根本不存在的对象进行寻址操作，是很不好的习惯。举个例子，fibon_seq()将 Fibonacci 数列（元素个数由用户指定）以 vector 返回：

```
vector<int> fibon_seq( int size )
{
    if ( size <= 0 || size > 1024 )
    {
        cerr << "Warning: fibon_seq(): "
             << size << " not supported -- resetting to 8\n";
        size = 8;
    }

    vector<int> elems( size );
    for ( int ix = 0; ix < size; ++ix )
         if ( ix == 0 || ix == 1 )
              elems[ ix ] =  1;
         else elems[ ix ] =  elems[ix-1] + elems[ix-2];

    return elems;
}
```

不论以 pointer 或 reference 形式将 `elems` 返回，都不正确，因为 `elems` 在 `fibon_seq()` 执行完毕时已不复存在。如果将 `elems` 以传值方式返回，便不会产生任何问题；因为返回的乃是对象的副本，它在函数之外依然存在[2]。

为对象分配的内存，其存活时间称为储存期（storage duration）或范围（extent）。每次 `fibon_seq()` 执行，都会为 `elems` 分配内存，每当 `fibon_seq()` 结束便会加以释放。我们称此对象具有局部性范围（local extent）。函数参数（如上例的 `size`）便具有局部性范围。

对象在程序内的存活区域称为该对象的 scope（作用域）。我们说 `size` 和 `elems` 在 `fibon_seq()` 函数内拥有 local scope。如果某个对象仅具有 local scope（局部作用域），其名称在 local scope 之外便不可见。

对象如果在函数以外声明，具有所谓的 file scope。对象如果拥有 file scope，从其声明点至文件末尾都是可见的。file scope 内的对象也具备所谓的 static extent，意即该对象的内存在 `main()` 开始执行之前便已经分配好了，可以一直存在至程序结束。

内置类型的对象，如果定义在 file scope 之内，必定被初始化为 0。但如果它们被定义于 local scope 之内，那么除非程序员指定其初值，否则不会被初始化。

动态内存管理

不论 local scope 或 file scope，对我们而言，都是由系统自动管理。第三种储存期形式称为 dynamic extent（动态范围）。其内存系由程序的空闲空间（free store）分配而来，有时也称为 heap memory（堆内存）。这种内存必须由程序员自行管理，其分配系通过 `new` 表达式来完成，而其释放则通过 `delete` 表达式完成。

`new` 表达式的形式如下：

```
new Type:
```

此处的 `Type` 可为任意内置类型，也可以是程序知道的 class 类型。`new` 表达式亦可写成：

```
new Type( initial_value );
```

例如，

```
int *pi;
pi = new int;
```

便是先由 heap 分配出一个类型为 `int` 的对象，再将其地址赋值给 `pi`。默认情形下，由 heap 分配而来的对象，皆未经过初始化。`new` 表达式的另一种形式允许我们指定初值，例如：

---

2 大多数 C++编译器对于“以传值方式返回的 class object”，都会通过优化程序，加上额外的 reference 参数。如果想更进一步了解所谓的 name return value（NRV）优化操作，请参考[LIPPMAN98]的 14.8 节。

```
pi = new int( 1024 );
```

同样是先由 heap 分配出一个类型为 `int` 的对象，再将其地址赋值给 `pi`，但这个对象的值会被初始化为 1 024。

如果要从 heap 中分配数组，可以这么写：

```
int *pia = new int[ 24 ];
```

上述程序代码会从 heap 分配一个数组，拥有 24 个整数。`pia` 会被初始化为数组第一个元素的地址。数组中的每个元素都未经初始化。C++没有提供任何语法让我们得以从 heap 分配数组的同时为其元素设定初值。

从 heap 分配而来的对象，被称为具有 dynamic extent，因为它们是在运行时通过 `new` 表达式分配来的，因此可以持续存活，直到以 `delete` 表达式加以释放为止。下面的 `delete` 表达式会释放 `pi` 所指的对象：

```
delete pi;
```

如果要删除数组中的所有对象，必须在数组指针和 `delete` 表达式之间，加上一个空的下标运算符：

```
delete [] pia;
```

注意，无须检验 `pi` 是否非零：

```
if( pi != 0 ) // 多此一举——编译器会替我们检查
    delete pi;
```

编译器会自动进行这项检查。如果因为某种原因，程序员不想使用 `delete` 表达式，由 heap 分配而来的对象就永远不会被释放。这称为 memory leak（内存泄漏）。第 6 章我们会查看程序设计过程中什么时机应该采用动态内存分配。第 7 章讨论异常处理时，也会谈到如何预防 memory leak 的发生。

2.3 提供默认参数值

Providing Default Parameter Values

在我们的冒泡排序程序中，为了将跟踪信息打印到 ofil，我必须让我希望加以调试的函数都能够使用 ofil。我选择的快速方案是让许多函数都可以看到这个对象：换句话说，我在 file scope 中定义 ofil。这是一个不受欢迎的举动。

一般的程序编写法则是，以"参数传递"作为函数间的沟通方式，比"直接将对象定义于 file scope"更适当。理由之一是，函数如果过度依赖定义于 file scope 内的对象，就比较难以在其他环境中重用，也比较难以修改——我们不仅需要了解该函数的工作逻辑，也必须了解定义于 file scope 中的那些对象的工作逻辑。

让我看看，应该对 `bubble_sort()` 做怎样的修改，才能使它摆脱对 file scope 内 `ofil` 的依赖：

```
void bubble_sort( vector<int> &vec, ofstream &ofil )
{
    for ( int ix = 0; ix < vec.size(); ++ix )
        for ( int jx = ix+1; jx < vec.size(); ++jx )
            if ( vec[ ix ] > vec[ jx ] )
            {
                ofil << "about to call swap! ix: " << ix
                     << " jx: " << jx << "\tswapping: "
                     << vec[ix] << " with " << vec[ jx ] << endl;

                swap( vec[ix], vec[jx], ofil );
            }
}
```

虽然这使我们得以摆脱对 file scope 内 ofil 的依赖，但它同时也带来了许多可能令人困扰的问题。现在，每次调用 `bubble_sort()`都必须传入一个 `ofstream` 对象，而且用户无法关闭我们所产生的信息。通常，当一切都上了轨道，再没有人会想看到这些信息。

我们希望用户不但不必指定输出用的 stream，而且有能力把输出信息关闭。默认情形下我们不想产生这些信息，但是我们又希望让那些想看到这些信息的用户可以产生它们，甚至指定其输出文件。该如何是好呢？

C++允许我们为全部或部分参数设定默认值。本例中，我们其中的 `ofstream` 指针参数默认值为 0：

```
void bubble_sort( vector<int> &vec, ofstream *ofil = 0 )
{
    for ( int ix = 0; ix < vec.size(); ++ix )
        for ( int jx = ix+1; jx < vec.size(); ++jx )
            if ( vec[ ix ] > vec[ jx ] )
            {
                if ( ofil != 0 )
                     (*ofil) << "about to call swap! ix: " << ix
                             << " jx: " << jx << "\tswapping: "
                             << vec[ix] << " with " << vec[ jx ] << endl;

                swap( vec[ix], vec[jx], ofil );
            }
}
```

这个 `bubble_sort()`将其第二参数声明为 `ofstream` 对象的一个 pointer 而非 reference。我们必须做这样的改变，才可以为它设定默认值 0，表示并未指向任何 `ofstream` 对象。reference 不同于 pointer，无法被设置为 0。因此，reference 一定得代表某个对象。

有了这样的改变后，当用户以单一参数调用 `bubble_sort()`时，不会产生任何调试信息。如果调用时带有第二参数，指向某个 `ofstream` 对象，那么这个函数便会产生调试信息：

```
int main()
{
    int ia[ 8 ] = { 8, 32, 3, 13, 1, 21, 5, 2 };
    vector<int> vec( ia, ia+8 );

    // 以下就像调用 bubble_sort( vec, 0 );一样
    // 不会产生任何调试信息
    bubble_sort( vec );
    display( vec );

    // ok: 这样便会产生调试信息
    ofstream ofil( "data.txt" );
    bubble_sort( vec, &ofil );
    display( vec, ofil );
}
```

display()的实现呈现出另一种情况。到目前为止，display()仍然将输出写死到 cout 身上。一般情形下输出至 cout 当然很好，但是有时候用户可能会希望提供一个不同的目的地，例如文件。我们必须能够在 main()之中同时支持这两种使用方式。解决之道就是让 cout 成为默认的 ostream 参数：

```
void display( const vector<int> &vec, ostream &os = cout )
{
    for ( int ix = 0; ix < vec.size(); ++ix )
          os << vec[ix] << ' ';
    os << endl;
}
```

关于默认参数值的提供，有两个不很直观的规则。第一个规则是，默认值的解析（resolve）操作由最右边开始进行。如果我们为某个参数提供了默认值，那么这一参数右侧的所有参数都必须也具有默认参数值才行。下面这样实属非法：

```
// 错误：没有为 vec 提供默认值
void display( ostream &os = cout, const vector<int> &vec );
```

第二个规则是，默认值只能够指定一次，可以在函数声明处，亦可以在函数定义处，但不能够在两个地方都指定。那么，我们应该在何处指定参数的默认值呢？

通常，函数声明会被放在头文件，每个打算使用该函数的文件，都会包含对应的头文件。还记得吗，我们之所以包含 cstdlib 头文件，正是为了要包含 exit()函数声明。函数的定义通常被放在程序代码文件，该文件只被编译一次，当我们想要使用该函数时，会将它链接（link）到我们的程序来。也就是说，头文件可为函数带来更高的可见性（visiblity）。2.9 节对于头文件有更详尽的讨论。

为了更高的可见性，我们决定将默认值放在函数声明处而非定义处。因此，display()的声明和定义通常会是下面这样：

```
// 头文件声明，其中指定了参数默认值。
// 让我们称此头文件为 NumericSeq.h

void display( const vector<int>&, ostream&=cout );

// 程序代码包含上述头文件，
// 至于函数定义处，并没有指定参数的默认值。
#include "NumericSeq.h"

void display( const vector<int> &vec, ostream &os )
{
    for ( int ix = 0; ix < vec.size(); ++ix )
          os << vec[ix] << ' ';
    os << endl;
}
```

2.4 使用局部静态对象

Using Local Static Objects

2.2 节的 fibon_seq()函数每次被调用时，便计算出 Fibonacci 数列（元素个数由用户指定），并以一个 vector 储存计算出来的元素，然后返回。这里花费了一些不必要的工夫。

事实上，我们只需要一个储存 Fibonacci 数列的 vector。毕竟其中的元素是不会改变的。从 fibon_seq()的某次调用到下一次调用，这中间唯一会改变的只是用户指定的元素个数而已。请看以下对 fibon_seq()进行的三次调用：

```
fibon_seq( 24 );
fibon_seq( 8 );
fibon_seq( 18 );
```

第一次调用便已计算出第二次、第三次调用所需要计算的值。倘若第四次调用需要计算 32 个元素，而我们有能力将每次调用所计算出来的元素值储存起来，那么在第四次调用中我们实际上也只需要再计算#25~#32 这些元素值。这要如何办到呢？

在函数内声明局部（local）vector 对象并不能解决上述问题。因为局部对象会在每次调用函数时建立，并在函数结束的同时被弃置。如果将 vector 对象定义于 file scope 之中，又过于冒险。是的，为了节省函数间的通信问题而将对象定义于 file scope 内，永远都是一种冒险。通常，file scope 对象会打乱不同函数间的独立性，使它们难以理解。

本例的另一个解法便是使用局部静态对象（local static object）。例如：

```
const vector<int>*
fibon_seq( int size )
{
    static vector< int > elems;
    // 函数的工作逻辑放在此处

    return &elems;
}
```

此刻的 elems 被定义为 fibon_seq() 中的局部静态对象。这意味着什么呢？和局部非静态对象不同的是，局部静态对象所处的内存空间，即使在不同的函数调用过程中，依然持续存在。elems 的内容不再像以前一样地在 fibon_seq() 每次被调用时就被破坏又被重新建立。这也就是现在我们可以安全地将 elems 的地址返回的原因。

局部静态对象使我们可以定义一个持有 Fibonacci 数列的 vector。每当调用 fibon_seq() 时，我们只需计算那些尚未被放入 elems 的元素即可。以下是一种可能的实现方式：

```
const vector<int>*
fibon_seq( int size )
{
    const int max_size = 1024;
    static vector< int > elems;

    if ( size <= 0 || size > max_size ){
         cerr << "fibon_seq(): oops: invalid size: "
              << size << " -- can't fulfill request.\n";
         return 0;
    }

    // 如果 size 等于或小于 elems.size(),
    // 就不必重新计算了……
    for ( int ix = elems.size(); ix < size; ++ix ){
          if ( ix == 0 || ix == 1 )
               elems.push_back( 1 );
          else elems.push_back( elems[ix-1]+elems[ix-2] );
    }
    return &elems;
}
```

先前我们定义过的 vector，其元素个数皆固定，并且其事先已存在的元素也进行了赋值。这个版本的 fibon_seq() 无法事先预测需要多大容量的 vector。我将 elems 定义为一个空的 vector，并按需插入必要的元素。push_back() 会将数值放在 vector 末端。vector class 提供有内存自动管理机制。我会在第 3 章讨论 vector 及标准库的其他容器的种种细节。

2.5 声明 inline 函数

Declaring a Function Inline

回想一下，fibon_elem()返回一个 Fibonacci 数列元素，其位置由用户指定。在最初的版本中，每次调用，它都会重新一一计算每一个数列元素，直到用户所指定的位置为止。它也会检验用户所指定的位置是否合理。我们可以将各个小工作分解为独立函数，以求更简化：

```
bool is_size_ok( int size )
{
    const int max_size = 1024;
    if ( size <= 0 || size > max_size )
    {
        cerr << "Oops: requested size is not supported : "
             << size << " -- can't fulfill request.\n";
        return false;
    }
    return true;
}

// 计算 Fibonacci 数列中的 size 个元素，
// 并返回持有这些元素的静态容器的地址
const vector<int>*
fibon_seq( int size )
{
   const int max_size = 1024;
   static vector< int > elems;

   if ( ! is_size_ok( size ))
        return 0;

   for ( int ix = elems.size(); ix < size; ++ix ) {
         if ( ix == 0 || ix == 1 )
              elems.push_back( 1 );
         else elems.push_back( elems[ix-1]+elems[ix-2] );
   }
   return &elems;
}

// 返回 Fibonacci 数列中位置为 pos 的元素。
// （我们必须将该位置做减一调整，因为第一个元素位于位置 0）
// 如果程序无法支持该位置上的元素，便返回 false。
bool fibon_elem( int pos, int &elem )
{
    const vector<int> *pseq = fibon_seq( pos );

    if ( ! pseq )
       {  elem = 0; return false; }
```

```
        elem = (*pseq)[ pos-1 ];
        return true;
    }
```

将有效位置的检验操作抽取为 is_size_ok()，再将计算 Fibonacci 数列的程序抽取为 fibon_seq()，从此 fibon_elem()的实现变得更单纯、更易理解。这两个函数也可以为其他应用程序所用。

但是，先前的做法中，fibon_elem()只需调用一个函数便可完成所有运算，如今必须使用三个函数。这成了它的缺点。这项负担是否很重要呢？这和应用时的情形有关。如果其执行性能不够理想，只好再将三个函数重新组合为一个。然而 C++还提供了另一个解决办法，就是将这些函数声明为 inline。

将函数声明为 inline，表示要求编译器在每个函数调用点上，将函数的内容展开。面对一个 inline 函数，编译器可将该函数的调用操作改为以一份函数代码副本代替。这将使我们获得性能改善，其结果等于是把三个函数写入 fibon_elem()内，但依然维持三个独立的运算单元。

只要在函数前面加上关键字 inline，便可将该函数声明为 inline：

```
// ok: 现在 fibon_elem()成了 inline 函数
inline bool fibon_elem( int pos, int &elem )
     { /* 函数定义与先前版本相同 */ }
```

将函数指定为 inline，只是对编译器提出的一种要求。编译器是否执行这项请求，需视编译器而定。（如果你想了解为什么 inline 仅仅是一种请求而没有强制性，请参考[STROUSTRUP97]的 7.1.1 节。）

一般而言，最适合声明为 inline 的函数，和 fibon_elem()以及 is_size_ok()一样：体积小，常被调用，所从事的计算并不复杂。

inline 函数的定义，常常被放在头文件中。由于编译器必须在它被调用的时候加以展开，所以这个时候其定义必须是有效的。2.9 节对此有更深入的讨论。

2.6 提供重载函数

Providing Overloaded Functions

现在，我来提供一个通用的 display_message()函数，取代原先让每个函数自行产生调试信息的方式。我们可以像下面这样使用这个函数：

```
bool is_size_ok( int size )
{
     const int max_size = 1024;
     const string msg( "Requested size is not supported" );

     if ( size <= 0 || size > max_size ){
          display_message( msg, size );
          return false;
     }
     return true;
}
```

第 1 章的程序也可以利用它来显示欢迎信息：

```
const string
      greeting( "Hello。Welcome to Guess the Numeric Sequence" );

display_message( greeting );
```

并利用它来显示数列的两个元素值：

```
const string seq( "The two elements of the sequence are " );
display_message( seq, elem1, elem2 );
```

或者仅仅以 display_message() 输出换行符（newline）或制表符（tab）：

```
display_message( '\n' );
display_message( '\t' );
```

我们是否可以传入不同类型甚至不同数量的参数给 display_message() 呢？可以。如何办到？这必须通过所谓的函数重载（function overloading）机制。

参数列表（parameter list）不相同（可能是参数类型不同，可能是参数个数不同）的两个或多个函数，可以拥有相同的函数名称。以下便是上述我们希望的四个 display_message() 函数的重载声明：

```
void display_message( char ch );
void display_message( const string& );
void display_message( const string&, int );
void display_message( const string&, int, int );
```

既然名称相同，编译器如何知道应该调用哪一个函数呢？它会将调用者提供的实际参数拿来和每个重载函数的参数比对，找出其中最适合的。这也就是每个重载函数的参数列表必须和其他重载函数的不同的原因。

编译器无法根据函数返回类型来区分两个具有相同名称的函数。以下便是不正确的写法，会产生编译错误：

```
// 错误：参数列表（而非返回类型）必须不同
ostream& display_message( char ch );
bool display_message( char ch );
```

为什么返回类型不足以将函数重载呢？因为返回类型无法保证提供给我们一个足以区分不同重载函数的语境。例如，编译器无法判断以下的函数调用操作究竟想要调用哪个函数：

```
display_message( '\t' );  // 到底是哪一个呢？
```

将一组实现代码不同但工作内容相似的函数加以重载，可以让函数用户更容易使用这些函数。如果没有重载机制，我们就得为每个函数提供不同的名称。

2.7 定义并使用模板函数

Defining and Using Template Functions

假设我的一个同事要求我增加三个 display_message() 函数，分别用以处理元素类型为 int、double 和 string 的三种 vector：

```
void display_message( const string&, const vector<int>& );
void display_message( const string&, const vector<double>& );
void display_message( const string&, const vector<string>& );
```

完成这三个函数之后，我们注意到，每个函数的函数体都颇为相像。唯一的差别仅在于第二参数的类型[3]：

```
void display_message( const string &msg, const vector<int> &vec )
{
    cout << msg;
    for ( int ix = 0; ix < vec.size(); ++ix )
          cout << vec[ ix ] << ' ';
}

void display_message( const string &msg, const vector<string> &vec )
{
    cout << msg;
    for ( int ix = 0; ix < vec.size(); ++ix )
          cout << vec[ ix ] << ' ';
    cout << '\n';
}

void display_message( const string &, const vector<string>& );
```

我们没有理由以为其他同事不会跑来要求我们再写一些类似的函数来支持其他类型。如果我们能够只定义一份函数内容，而不是将同样的程序代码复制多份然后再针对每一份做点小修改，那么应当可以省下不少工夫。为达到此目的，需要一种机制，让我们得以将单一函数的内容与希望显示的各种 vector 类型绑定（*bind*）起来。所谓 function template（函数模板）便提供了这样的机制。

function template 将参数列表中指定的全部（或部分）参数的类型信息抽离了出来。在 display_message() 例子中，我们希望将 vector 所持元素的类型抽离出来，这样就可以定义出一份不需要再有任何更改的模板（template）。不过，这样还不完整，因为我们遗漏了抽离出来的类型信息。这份类型信息系由用户提供——当他决定采用 function template 的某个实例时提供。

---

3 加入类型为 ostream 的第三参数，并将其默认参数值设为 cout，是更具有弹性的一种做法：

```
void display_message( const string &, const vector<string>&,
                      ostream& = cout );
```

function template 以关键字 template 开场，其后紧接着以成对尖括号（< >）包围起来的一个或多个标识符。这些标识符用以表示我们希望推迟决定的数据类型。用户每次利用这一模板（template）产生函数，都必须提供确实的类型信息。这些标识符事实上扮演着占位符的角色，用来放置函数参数列表及函数体中的某些实际数据类型。例如：

```
template <typename elemType>
void display_message( const string &msg,
                      const vector<elemType> &vec )
{
    cout << msg;
    for ( int ix = 0; ix < vec.size(); ++ix )
    {
        elemType t = vec[ ix ];
        cout << t << ' ';
    }
}
```

关键字 typename 表示，elemType 在 display_message() 函数中是一个暂时放置类型的占位符。elemType 只是个任意名称，我们也可以选用 foobar 或 T 之类的名称。由于在这个例子中我们希望推迟指定要显示的 vector 的元素类型，因此把 elemType 放在 vector 的尖括号内。

那么，函数的第一个参数呢？每次调用 display_message() 时，msg 的类型都不会改变，它一直都是一个 const reference *to string object*，所以没有必要将其类型抽离出来。function template 的参数列表通常都由两种类型构成，一类是明确的类型，另一类是暂缓决定的类型。

我们应当如何使用 function template？使用方式看起来和普通函数极为相似。举个例子，当我们写：

```
vector< int > ivec;
string msg;
// ...
display_message( msg, ivec );
```

编译器会将 elemType 绑定（*bind*）为 int 类型，然后产生一份 display_message() 函数实例，于是其第二参数的类型即变成 vector<int>。函数体内的局部对象的类型同样也变成了 int。同样道理，当我们写：

```
vector< string > svec;
// ...
display_message( msg, svec );
```

elemType 会被绑定（*bind*）为 string 类型，然后产生一份 display_message() 函数实例，于是其第二参数的类型即变成 vector<string>。以此类推。

function template 扮演的角色如同处方一般，我们可以通过它产生无数函数，其 `elemType` 可以被绑定为内置类型或用户自定义类型。

一般而言，如果函数具备多种实现方式，我们可将它重载（*overload*），其每份实例提供的是相同的通用服务。如果我们希望让程序代码的主体不变，仅仅改变其中用到的数据类型，可以通过 function template 达到目的。

当然，function template 同时也可以是重载函数。举个例子，让我们提供两个 `display_message()` 函数实例，其中一个的第二参数类型为 vector，另一个的第二参数类型为 list——list 是 C++标准库提供的另一种标准容器，第 3 章对此有所讨论。

```
// function template 再经重载（overloaded）
template <typename elemType>
void display_message( const string &msg, const vector<elemType> &vec );

template <typename elemType>
void display_message( const string &msg, const list<elemType> &lt );
```

2.8 函数指针带来更大的弹性

Pointers to Functions Add Flexibility

我们必须提供一个“类似于 `fibon_seq()`，可以通过 vector 返回另五种数列”的函数。做法之一是定义以下一整组函数：

```
const vector<int> *fibon_seq( int size );
const vector<int> *lucas_seq( int size );
const vector<int> *pell_seq( int size );
const vector<int> *triang_seq( int size );
const vector<int> *square_seq( int size );
const vector<int> *pent_seq( int size );
```

那么 `fibon_elem()`呢？难道我们也必须针对所有数列提供六个不同的函数吗？`fibon_elem()`定义如下：

```
bool fibon_elem( int pos, int &elem )
{
    const vector<int> *pseq = fibon_seq( pos );   // (A)

    if ( ! pseq )
       { elem = 0; return false; }

    elem = (*pseq)[ pos-1 ];
    return true;
}
```

在 fibon_elem()的定义中，唯一和数列相关的部分，只有(A)。如果我们可以消除这个关联，便可以不必提供多个类似的 fibon_elem()函数了。我们可以使用指针来达到这一目的，具体说是函数指针（pointer *to function*）。

所谓函数指针（pointer *to function*），其形式相当复杂。它必须指明其所指函数的返回类型及参数列表——本例的参数列表内容为 int，返回类型为 const vector<int>*。此外，函数指针的定义必须将*放在某个位置，表示这份定义所表现的是一个指针。当然，最后还必须给予一个名称。本例姑且称之为 seq_ptr 好了。和过去一样，我们第一次出手，就颇为接近正确答案了：

```
const vector<int>* *seq_ptr( int );  // 几乎是对的了
```

但这其实不是我们所要的。上述这行将 seq_ptr 定义为一个函数，参数列表中仅有一个 int 类型，返回类型是个指针，这个指针指向另一个指针，后者指向一个 const vector，其元素类型为 int！为了让 seq_ptr 被视为一个指针，我们必须以小括号改变运算优先级：

```
const vector<int>* (*seq_ptr)( int );      // ok
```

现在，seq_ptr 可以指向“具有所列返回类型及参数列表”的任何一个函数。这意味着它可以分别指向前述六个数列函数。让我们将 fibon_elem()重新写过，使它蜕变成更为通用的 seq_elem()：

```
bool seq_elem( int pos, int &elem,
               const vector<int>* (*seq_ptr)(int))
{
    // 调用 seq_ptr 所指的函数

    const vector<int> *pseq = seq_ptr( pos );

    if ( ! pseq )
       {  elem = 0; return false; }

    elem = (*pseq)[ pos-1 ];
    return true;
}
```

由函数指针指向的函数，其调用方式和一般函数相同。也就是说，

```
const vector<int> *pseq = seq_ptr( pos );
```

会间接调用 seq_ptr 所指向的函数。我们不知道（或者不在乎）它所指向的函数是哪一个。更明智的做法是，多付出一些检验操作，确定它是否真的指到某个函数：

```
if ( ! seq_ptr )
     display_message( "Internal Error: seq_ptr is set to null!" );
```

我们可以给予函数指针初值。如果初值为 0，表示并未指向任何函数：

```
const vector<int>* (*seq_ptr)( int ) = 0;
```

也可以拿某个函数的地址作为函数指针的初值。问题是，如何取得函数的地址呢？这是 C++中最不复杂的操作了，只要提供函数名称即可：

```
// 将pell_seq()的地址赋值给seq_ptr
seq_ptr = pell_seq;
```

如果我希望编写一个显示循环，在每次迭代过程中将 seq_ptr 设置为各个不同的数列函数（而非一一写出数列函数的名称），该如何办到呢？为解决这个问题，我们再次利用数组的索引技巧。首先定义一个数组，内放函数指针：

```
// seq_array是个数组，内放函数指针
const vector<int>* (*seq_array[])( int ) = {
      fibon_seq,  lucas_seq,  pell_seq,
      triang_seq, square_seq, pent_seq
};
```

seq_array 是个可以持有六个函数指针的数组。第一个元素指向 fibon_seq()，第二个指向 lucas_seq()，以此类推。当用户想继续猜另一个数列时，我们可以在 while 循环的迭代（iteration）中设定 seq_ptr 的值：

```
int seq_index = 0;
while ( next_seq == true )
{
   seq_ptr = seq_array[ ++seq_index ];
   // ...
}
```

如果我们想要以明确指定函数的方式来产生 Pell 数列，又该怎么办呢？如果我们必须记住"Pell 数列是由数组第三个元素指出"，然后借此加以指定，那便显得有点笨拙。更直接的方式是通过一组辅助记忆的常量来进行索引操作，例如：

```
enum ns_type {
   ns_fibon, ns_lucas, ns_pell,
   ns_triang, ns_square, ns_pent
};
```

关键字 enum 之后是一个可有可无的标识符，如本例的 ns_type。借此便定义出所谓枚举类型（enumerated type）。大括号里头是以逗号分隔的列表，其中的每个项称为枚举项（enumerator）。默认情形下，第一个枚举项的值为 0，接下来的每个枚举项都比前一个多 1。以 ns_type 为例，ns_fis 的值为 0，ns_lucas 的值为 1，ns_pell 的值为 2，以此类推，ns_pent 的值为 5。

为了以明确指定的方式取用函数指针，我们使用对应的枚举项作为数组索引值：

```
seq_ptr = seq_array[ ns_pell ];
```

2.9 设定头文件

Setting Up a Header File

调用 seq_elem()之前，必须先声明它，以使程序知道它的存在。如果它被五个程序文件调用，就必须进行五次声明操作。为了不用分别在五个文件中声明 seq_elem()，我们把函数声明放在头文件中，并在每个程序代码文件内包含（*include*）这些函数声明。

使用这种编写习惯，我们只需为函数维护一份声明即可。如果其参数列表或返回类型需要改变，也只需更改这份声明即可——函数用户会包含更新后的函数声明。

头文件的扩展名，习惯上是.h。标准库例外，它们没有扩展名。我把我们的头文件命名为 NumSeq.h，并将与数列处理有关的所有函数的声明都放在该文件中：

```
// NumSeq.h
bool                 seq_elem( int pos, int &elem );
const vector<int> *fibon_seq( int size );
const vector<int> *lucas_seq( int size );
const vector<int> *pell_seq( int size );
const vector<int> *triang_seq( int size );
const vector<int> *square_seq( int size );
const vector<int> *pent_seq( int size );
// ...
```

函数的定义只能有一份。不过倒是可以有许多份声明。我们不把函数的定义放入头文件，因为同一个程序的多个代码文件可能都会包含这个头文件。

“只定义一份”的规则有个例外：inline 函数的定义。为了能够扩展 inline 函数的内容，在每个调用点上，编译器都得取得其定义。这意味着我们必须将 inline 函数的定义放在头文件中，而不是把它放在各个不同的程序代码文件中。

在 file scope 内定义的对象，如果可能被多个文件访问，就应该被声明于头文件中。因为如果我们没有在程序中声明某个对象，便无法加以访问。举个例子，如果 seq_array 被定义于 file scope，我们可能会想要在 NumSeq.h 内提供它的声明。啊，以下的首次尝试还是没有完全正确：

```
// 这并不十分正确
const int seq_cnt = 6;
const vector<int>* (*seq_array[seq_cnt])( int );
```

这并不正确，因为它会被解读为 seq_array 的定义而非声明。就像函数一样，一个对象只能在程序中被定义一次。对象的定义，就像函数定义一样，必须放在程序代码文件中。只要在上述 seq_array 定义前加上关键字 extern，它便成为一个声明：

```
// OK：以下是一个声明
extern const vector<int>* (*seq_array[seq_cnt])( int );
```

好啦，你可能会说，这和“把函数声明放到头文件中，把函数定义放在程序代码文件中”类似。但是——如果你的说法正确，为什么 seq_cnt 不需要加上关键字 extern 呢？

很显然，这个问题困惑着你，也困惑着我，困惑着我们每一个人。

让我告诉你，const object 就和 inline 函数一样，是“一次定义”规则下的例外。const object 的定义只要一出文件之外便不可见。这意味着我们可以在多个程序代码文件中加以定义，不会导致任何错误。（读者可能会疑惑：刚才讨论的 seq_array 不也是一个 const object 吗？不，它不是，它是一个“指向 const object”的指针，它本身并不是 const object。）

为什么我们会想要那么做呢？因为我们希望编译器在我们的数组声明中使用这一 const object，并且在其他需要用到常量表达式（constant expression）的场合中（那可能会跨文件）也能够使用。

任何需要用到 seq_elem() 或 seq_array 的文件，在它们第一次使用这两个名称时，都必须包含对应的头文件：

```
#include "NumSeq.h"
void test_it()
{
    int elem = 0;
    if ( seq_elem( 1, elem ) && elem == 1 ) // ...
}
```

为什么我们使用双引号而非尖括号（< >）将 NumSeq.h 括起来呢？下面是个简略的回答：如果头文件和包含此文件的程序代码文件位于同一个磁盘目录下，我们便使用双引号。如果在不同的磁盘目录下，我们便使用尖括号。更有技术含量的回答是，如果此文件被认定为标准的或项目专属的头文件，我们便以尖括号将文件名括住；编译器搜索此文件时，会先在某些默认的磁盘目录中寻找。如果文件名由成对的双引号括住，此文件便被认为是一个用户提供的头文件；搜索此文件时，会由要包含此文件的文件所在的磁盘目录开始找起。

练习 2.2

Pentagonal 数列的求值公式是 $P(n) = n(3n - 1)/2$，借此产生 1, 5, 12, 22, 35 等元素值。试定义一个函数，利用上述公式，将产生的元素放到用户传入的 vector 之中，元素个数由用户指定。请检查元素个数的有效性（太大则可能引发 *overflow* 问题）。接下来编写第二个函数，能够将给定的 vector 的所有元素一一打印出来。此函数的第二参数接受一个字符串，表示存放在 vector 内的数列的类型。最后再写一个 main()，测试上述两个函数。

练习 2.3

将练习 2.2 的 Pentagonal 数列求值函数拆分为两个函数，其中之一为 inline，用来检验元素个数是否合理。如果的确合理，而且尚未被计算，便执行第二个函数，执行实际的求值工作。

练习 2.4

写一个函数，以局部静态（local static）的 vector 储存 Pentagonal 数列元素。此函数返回一个 `const` 指针，指向该 vector。如果 vector 的大小小于指定的元素个数，就扩充 vector 的大小。接下来再实现第二个函数，接受一个位置值，返回该位置上的元素。最后，编写 `main()` 测试这些函数。

练习 2.5

实现一个重载的 `max()` 函数，让它接受以下参数：(a) 两个整数，(b) 两个浮点数，(c) 两个字符串，(d) 一个整数 vector，(e) 一个浮点数 vector，(f) 一个字符串 vector，(g) 一个整数数组，以及一个表示数组大小的整数值，(h) 一个浮点数数组，以及一个表示数组大小的整数值，(i) 一个字符串数组，以及一个表示数组大小的整数值。最后，编写 `main()` 测试这些函数。

练习 2.6

以 template 重新完成练习 2.5，并对 `main()` 函数做适度的修改。

3

泛型编程风格

Generic Programming

Standard Template Library（STL）主要由两种组件构成：一是容器（container），包括 vector、list、set、map 等类；另一种组件是用以操作这些容器的所谓泛型算法（generic algorithm），包括 `find()`、`sort()`、`replace()`、`merge()`等。

vector 和 list 这两种容器是所谓的顺序性容器（sequential container）。顺序性容器会依次维护第一个、第二个……直到最后一个元素。我们在顺序性容器身上主要进行所谓的迭代（*iterate*）操作。map 和 set 这两种容器属于关联容器（associative container）。关联容器可以让我们快速查找容器中的元素值。

所谓 map 乃是一对对的 *key/value* 组合。*key* 用于查找，*value* 用来表示我们要储存或取出的数据。举例来说，电话号码即可以 map 轻松表示，电话用户名便是 *key*，而 *value* 与电话号码产生关联。

所谓 set，其中仅含有 *key*。我们对它进行查询操作，为的是判断某值是否存在于其中。如果我们想要建立一组索引表，用来记录出现于新闻、故事中的字眼，我们可能会希望将一些中性字眼如 *the*、*an*、*but* 排除掉。在让某个字眼进入索引表之前，我们要先查询 `excluded_word` 这么一个 set，如果这个字眼在里面，我们便忽略它不再计较；反之则将它加入索引表。

泛型算法提供了许多可作用于容器类及数组类型上的操作。这些算法之所以被称为泛型（*generic*），是因为它们和它们想要操作的元素类型无关。举个例子，它们和元素类型究竟是 `int`、`double` 或 `string` 全然无关。它们同样也和容器类彼此独立（不论容器是 vector、list 或 array）。

泛型算法系通过 function template 技术，达到"与操作对象的类型相互独立"的目的。而实现"与容器无关"的诀窍，就是不要直接在容器身上进行操作。而是借由一对 iterator（`first` 和 `last`），标示我们要进行迭代的元素范围。如果 `first` 等于 `last`，算法便只作用于 `first` 所指元素。如果 `first` 不等于 `last`，算法便会首先作用于 `first` 所指元素身上，并将 `first` 递增，指向下一个位置，然后再比较 `first` 和 `last` 是否相等，如此持续进行，直到 `first` 等于 `last` 为止。那么 iterator 究竟是什么东西呢？这是个好问题，接下来的两节内容，会试着回答这个问题。

3.1 指针的算术运算

The Arithmetic of Pointers

假设我们需要完成以下工作。给定一个储存整数的 vector，以及一个整数值。如果此值存在于 vector 内，我们必须返回一个指针指向该值；反之则返回 0，表示此值并不在 vector 内。以下便是我的做法：

```
int* find( const vector<int> &vec, int value )
{
    for ( int ix = 0; ix < vec.size(); ++ix )
          if ( vec[ ix ] == value )
               return &vec[ ix ];
    return 0;
}
```

测试这个函数，发现其结果的确满足我们的需求。接下来我们又获得一个新任务：想办法让这个函数不仅可以处理整数，更可以处理任何类型——前提是该类型定义有 equality（相等）运算符。如果你已读过 2.7 节，想必你知道，这个任务其实就是要求我们将泛型算法 `find()` 以 function template 的形式呈现：

```
template <typename elemType>
elemType* find( const vector<elemType> &vec,
                const elemType &value )
{
    for ( int ix = 0; ix < vec.size(); ++ix )
          if ( vec[ ix ] == value )
               return &vec[ ix ];
    return 0;
}
```

再次测试这个函数，其执行结果同样符合我们的需求。下一个任务，便是要让这个函数同时可以处理 vector 与 array 内的任意类型元素——当然该类型的 equality 运算符皆已定义。首先映入脑海的想法便是将此函数重载（*overload*），一份用来处理 vector，另一份用以处理 array。

本例我们并不建议使用重载方式来解决。稍经思考之后我们发现，只要写一份函数，就可以同时处理 vector 和 array 的元素。天啊！这真的不容易办到。

有一种存在已久的难题对策，就是将问题分割为数个较小、相对而言较简单的子问题。本例之中我们的大问题可切割为：(1) 将 array 的元素传入 `find()`，而非指明该 array，(2) 将 vector 的元素传入 `find()` 而不指明该 vector。理想情况下，这两个问题的解法之中会包含我们最初问题的共通解法。

首先解决 array 的处理问题。如何才能够在不指定 array 的情形之下将其元素传入 `find()` 呢？

如果我们能够完全理解我们企图解决的问题，那么编写程序便有如探囊取物。本例中如果能够清楚了解 array 如何被传入函数，以及 array 如何被函数返回，将非常有助于解答。当我写下：

```
int min( int array[ 24 ] ) { ... }
```

min()似乎仅能接受某个拥有 24 个元素的 array，并且以传值方式传入。事实上这两个假设都是错的：array 并不会以传值方式复制一份，而且我们可以传递任意大小的 array 给 min()。我知道你一定在想，怎么会这样呢？

当数组被传给函数，或是由函数中返回，仅有第一个元素的地址会被传递。以下的 min()函数声明就精确多了：

```
int min( int *array ) { ... }
```

min()可接受任意大小：1, 32, 1024，等等。局势的瞬息变化真是令人困惑，因为这迫使我们必须为不同大小的 array 编写其专属的 min()函数。

指向 array 开头的指针，使我们得以开始对 array 进行读取操作。接下来我们必须设法告诉 min()，应该在何处停止对 array 的读取。解法之一是：增加一个参数，用来表示 array 的大小。以下便是采用此法完成的 find()，声明如下：

```
template <typename elemType>
elemType* find( const elemType *array, int size,
                const elemType &value );
```

解法之二则是传入另一个地址，指示 array 读取操作的终点。（我们将此值称为“标兵”。）

```
template <typename elemType>
elemType* find( const elemType *array, const elemType *sentinel,
                  const elemType &value );
```

这种解法最让人感兴趣的地方便是，array 从参数列表中彻底消失了——这形同解决了我们的第一个小问题。

现在让我们查看每个版本的 find()要如何实现。在第一版本中，我们从 0 开始访问每个元素，依次处理至第 size-1 个元素。此处的第一个问题是：由于传递给 find()的 array 是以其第一个元素的指针传入，我们应该如何通过特定位置来进行元素的访问呢？啊呀，虽然我们是通过指针来访问 array 的元素，但也可以改用 subscript（下标）运算符：

```
template <typename elemType>
elemType* find( const elemType *array, int size,
                  const elemType &value )
{
   if ( ! array || size < 1 )
        return 0;

   for ( int ix = 0; ix < size; ++ix )
```

```
        // 我们可以对指针使用 subscript（下标）运算符
        if ( array[ ix ] == value )
             return &array[ ix ];

    return 0;  // 并未在 array 中搜索到特定数值
}
```

虽然 array 是以第一个元素的指针传入 find()中，但我们看到，仍然可以通过 subscript（下标）运算符访问 array 的每个元素，就如同此 array 是个对象（而非指针形式）一般。为什么呢？因为事实上所谓下标操作就是将 array 的起始地址加上索引值，产生出某个元素的地址，然后该地址再被提领（*dereference*）以返回元素值。例如：

```
array[ 2 ];
```

会返回 array 的第三个元素（千万不要忘了，索引由 0 开始）。下面这行同样返回第三个元素值：

```
*(array + 2)
```

如果 array 的第一个元素的地址为 1000,那么 array+2 会产生什么地址呢？1002 是个合理答案，但并不是正确答案。1002 是整数算术运算的结果；然而 array+2 所表达的是指针的算术运算。在指针算术运算中，会把“指针所指的类型”的大小考虑进去。

假设 array 所储存的元素类型为 int。array+2 便是 array 的地址加上两个整数元素的大小。有些机器的 int 长度是 4 byte，那么这个指针算术运算的答案便是 1008。

取得元素的地址后，还必须提领（*dereference*）该地址，以得到元素值。当我们写下 array[2]，指针的算术运算以及提领操作都会自动进行。

以下是 find()的另一种实现，其中通过指针来进行每个元素的定位。为了能够依次定位 array 的每个元素，我们在循环的每次迭代中，都会将 array 的值递增 1。为了读取它所指出的元素，我们必须提领指针。也就是说，程序代码中如果出现 array，获得的是元素地址，如果出现*array，则获得的是元素值。

```
template <typename elemType>
elemType* find( const elemType *array, int size,
                const elemType &value )
{
    if ( ! array || size < 1 ) return 0;

    // ++array 会令 array 指向下一个元素
    for ( int ix = 0; ix < size; ++ix, ++array )
          // *array 会提领其值
          if ( *array == value )
               return array;
    return 0;
}
```

下一个版本，我们使用第二个指针来取代参数 `size`。此指针扮演着标兵的角色。这个版本可以让我们将 array 的声明从参数列表中完全移除：

```
template <typename elemType>
elemType* find( const elemType *first,
                const elemType *last, const elemType &value )
{
    if ( ! first || ! last )
         return 0;

    // 当first不等于last，就把value拿来和first所指的元素比较，
    // 如果两者相等，便返回first，否则将first递增1，令它指向下一个元素

    for ( ; first != last; ++first )
          if ( *first == value )
               return first;

    return 0;
}
```

上述函数完成了我们所设定的两个子任务中的第一个：我们已经完成 `find()` 的实现，而且不论数组元素的类型是什么，我们都可以访问数组中的每个元素。接下来，我们该如何调用 `find()` 呢？下列程序代码会用到先前所说的指针算术运算：

```
int    ia[8] = { 1, 1, 2, 3, 5, 8, 13, 21 };
double da[6] = { 1.5, 2.0, 2.5, 3.0, 3.5, 4.0 };
string sa[4] = { "pooh", "piglet", "eeyore", "tigger" };

int    *pi = find( ia, ia+8, ia[3] );
double *pd = find( da, da+6, da[3] );
string *ps = find( sa, sa+4, sa[3] );
```

我们传入第二个地址，标示出数组最后一个元素的下一个地址。这合法吗？是的，不过倘若我们企图对此地址进行读取或写入操作，那就不合法。如果我们仅仅是将该地址拿来和其他元素的地址进行比较，那就完全不会有任何问题。数组最后一个元素的下一个地址，扮演着我们所说的标兵角色，用以指示我们的迭代操作何时完成。

应该如何完成第二个子任务呢？这个任务是说，不论 vector 的元素类型是什么，都能一一访问 vector 内的每个元素。要知道，vector 和 array 相同，都是以一块连续内存储存其所有元素，所以我们可以使用和 array 一样的处理方式，将一组用来表示“启始地址/结束地址”的参数传入 `find()`。但是，切记，vector 可以是空的，array 则不然。例如以下写法：

```
vector<string> svec;
```

定义了一个空的、可用来储存 string 元素的 vector。下述对 find() 的调用操作，如果 svec 为空，便会产生一个运行时错误：

```
find( &svec[0], &svec[svec.size()], search_value );
```

比较保险的方法是，先确定 svec 不为空：

```
if( ! svec.empty() )    // ...ok，可以调用 find()了
```

虽然这样比较安全，但对用户来说过于累赘。通常我们会将“取用第一个元素的地址”的操作包装为函数，像下面这样：

```
template <typename elemType>
inline elemType* begin( const vector<elemType> &vec )
    { return vec.empty() ? 0 : &vec[0]; }
```

其对应函数 end()，会返回 0 或是 vector 最后元素的下一个地址。采用这种方式，我们便有了安全的、放之四海而皆准的方式，使 find() 应用于任意 vector 之上：

```
find( begin( svec ), end( svec ), search_value );
```

这同时也解决了我们最原始的任务。我们已实现出 find()，只需这一份 find()，便可同时处理 vector 或 array。经过测试，证明这个 find() 工作无误。

开始有人击节叫好了。现在让我们扩展 find() 的功能，令它也能支持标准库所提供的 list 类别。说实在的，这又是一个难题。

list 也是一个容器。不同的是，list 的元素以一组指针相互链接（*linked*）：前向（*forward*）指针指向下一个（*next*）元素，后向（*backward*）指针指向上一个（*preceding*）元素。

因此，指针的算术运算并不适用于 list，因为指针的算术运算必须首先假设所有元素都储存在连续空间里，然后才能根据当前的指针，加上元素大小之后，指向下一个元素。这是先前 find() 的实现之中最基本的假设。不幸的是，当我们想要取得 list 的下一个元素时，这一假设并不成立。

首先浮起的念头，便是再写一份 find() 函数，使其有能力处理 list 对象。于是我们宣布，array、vector、list 的指针行为大相径庭，以致于无法以一个共通的语法来取得其下一元素。

这样的说法对错参半。对的部分是，它们的底层指针工作方式，就标准语法而言的确是大不相同。错的部分则是，我们不需要提供另一个 find() 函数来支持 list。事实上，除了参数列表之外，find() 的实现内容一点也不需要改变。

解决这个问题的办法是，在底层指针的行为之上提供一层抽象，取代程序原本的“指针直接操作”方式。我们把底层指针的处理通通放在此抽象层中，让用户无须直接面对指针操作。这个技巧使得我们只需提供一份 find() 函数，便可以处理标准库所提供的所有容器类。

3.2 了解 Iterator（泛型指针）

Making Sense of Iterators

很显然，我们一定会问，这个抽象层如何实现？是的，我们需要一组对象，可提供有如内置运算符（++，*，==，!=）一般的运算符，并允许我们只为这些运算符提供一份实现代码即可。我们可以利用 C++的类机制来达到目的。接下来我要设计一组 iterator class，让我们得以使用“和指针相同的语法”来进行程序的编写。举个例子，如果 first 和 last 都是 list 的 iterator，我们可以这样写：

```
// first 和 last 皆为 iterator class object

while ( first != last )
{
        cout << *first << ' ';
        ++first;
}
```

这就好像把 first 和 last 当作指针一样。唯一的差别在于其 dereference（提领，*）运算符、inequality（不等，!=）运算符、increment（递增，++）运算符乃是由 iterator class 内相关的 inline 函数提供。对 list iterator 而言，其递增函数会沿着 list 的指针前进到下一个元素，对 vector iterator 而言，其递增函数前进至下一个元素的方式，是将目前的地址加上一个元素的大小。

第 4 章中我们会查看如何实现 iterator class，包括如何为特定的运算符提供实现内容。本节我们先看看如何定义并使用标准容器的 iterator。

如何取得 iterator 呢？每个标准容器都提供有一个名为 begin()的操作函数，可返回一个 iterator，指向第一个元素。另一个名为 end()的操作函数会返回一个 iterator，指向最后一个元素的下一位置。因此，不论此刻如何定义 iterator 对象，以下都是对 iterator 进行赋值（*assign*）、比较（*compare*）、递增（*increment*）、提领（*dereference*）操作：

```
for ( iter = svec.begin();
      iter != svec.end(); ++iter )
          cout << *iter << ' ';
```

在我开始解说如何定义 iterator 之前，让我们思考一下，哪些信息是这份定义应该提供的：(1) 迭代对象（某个容器）的类型，这可用来决定如何访问下一元素；(2) iterator 所指的元素类型，这可决定 iterator 提领操作的返回值。

iterator 的一个可能的定义形式，便是将上述两个类型作为参数，传给 iterator class：

```
// iterator 的一个可能的定义形式
// 请注意：这并非 STL 的做法。
iterator< vector, string> iter;
```

实际语法看起来更复杂些（至少第一眼是如此），并提供了更优雅的解法。虽然后者可能不十分明显，但是当我们在第 4 章中实现并运用 iterator class 之后，你就会有所体会。

```
vector<string> svec;

// 以下是标准库中的 iterator 语法。
// iter 指向一个 vector，后者的元素类型为 string。
// iter 一开始指向 svec 的第一个元素。

vector<string>::iterator iter = svec.begin();
```

此处 iter 被定义为一个 iterator，指向一个 vector，后者的元素类型为 string。其初值指向 svec 的第一个元素。（双冒号〔::〕表示此 iterator 乃是位于 string vector 定义内的嵌套〔*nested*〕类型。如果你读了第 4 章，并实现过自己的 iterator class，当更有体会。目前我们还只停留在 iterator 的运用上。）至于面对 const vector：

```
const vector<string> cs_vec;
```

我们使用 const_iterator 来进行遍历操作：

```
vector<string>::const_iterator iter = cs_vec.begin();
```

const_iterator 允许我们读取 vector 的元素，但不允许任何写入操作。

欲通过 iterator 取得元素值，我们可以采用一般指针的提领方式：

```
cout << "string value of element: " << *iter;
```

同样道理，如果要通过 iter 调用底部的 string 元素所提供的操作，我们可以使用 arrow（箭头）运算符：

```
cout << "( " << iter->size() << " ): " << *iter << endl;
```

以下便是 display() 函数重新实现后的面貌。其中以 iterator 取代了原先使用的 subscript（下标）运算符：

```
template <typename elemType>
void display( const vector<elemType> &vec, ostream &os )
{
    vector<elemType>::const_iterator iter = vec.begin();
    vector<elemType>::const_iterator end_it = vec.end();

    // 如果 vec 是空的，iter 便等于 end_it，
    // 于是 for 循环不会被执行。
    for ( ; iter != end_it; ++iter )
          os << *iter << ' ';
    os << endl;
}
```

现在我要重新实现 find()，让它同时支持两种形式：一对指针，或是一对指向某种容器的 iterator。

```
template <typename IteratorType, typename elemType >
IteratorType
find( IteratorType first, IteratorType last,
      const elemType &value )
{
   for ( ; first != last; ++first )
         if ( value == *first )
              return first;

   return last;
}
```

让我们瞧瞧，如何使用翻修过的 find()来处理 array、vector 和 list：

```
const int asize = 8;
int ia[ asize ] = { 1, 1, 2, 3, 5, 8, 13, 21 };

// 以 ia 的 8 个元素作为 list 和 vector 的初值
vector<int> ivec( ia, ia+asize );
list<int>  ilist( ia, ia+asize );

int *pia = find( ia, ia+asize, 1024 );
if ( pia != ia+asize )
     // 找到了……

vector< int >::iterator it;
it = find( ivec.begin(), ivec.end(), 1024 );
if ( it != ivec.end() )
     // 找到了……

list< int >::iterator iter;
iter = find( ilist.begin(), ilist.end(), 1024 );
if ( iter != ilist.end() )
     // 找到了……
```

还不错。我们让 find()有了更大的通用性——远超过我们先前所能想象的境界。即使就此戛然而止，也已经收获颇丰。但是故事尚未结束。

find()的实现使用了底部元素所属类型的 equality（相等）运算符。如果底部元素所属类型并未提供这个运算符，或如果用户希望赋予 equality 运算符不同的意义，这个 find()的弹性便嫌不足了。如何才能增加其弹性？解法之一便是传入一个函数指针，取代原本固定使用的 equality 运算符。第二种解法则是运用所谓的 function object（这是一种特殊的 class）。我们会在第 4 章看到如何设计 function objects。

下一个要努力的目标，是将现有的 find()版本演化为泛型算法。（标准库提供的 find_if()，能够接受函数指针或 function object，取代底部元素的 equality 运算符，大大提升弹性。）

总共有超过60个的泛型算法（事实上几近75个）。以下列出一部分。完整列表以及每个算法的使用范例，可于附录B找到。

- **搜索算法(search algorithm)**: `find()`, `count()`, `adjacent_find()`, `find_if()`, `count_if()`, `binary_search()`, `find_first_of()`。
- **排序（sorting）及次序整理（ordering）算法**: `merge()`, `partial_sort()`, `partition()`, `random_shuffle()`, `reverse()`, `rotate()`, `sort()`。
- **复制(copy)、删除(deletion)、替换(substitution)算法**: `copy()`, `remove()`, `remove_if()`, `replace()`, `replace_if()`, `swap()`, `unique()`。
- **关系（relational）算法**: `equal()`, `includes()`, `mismatch()`。
- **生成(generation)与质变(mutation)算法**: `fill()`, `for_each()`, `generate()`, `transform()`。
- **数值（numeric）算法**: `accmulate()`, `adjacent_difference()`, `partial_sum()`, `inner_product()`。
- **集合（set）算法**: `set_union()`, `set_difference()`。

3.3 所有容器的共通操作

Operations Common to All Containers

下列为所有容器类（以及 `string` 类）的共通操作：

- equality（`==`）和inequality（`!=`）运算符，返回 `true` 或 `false`。
- assignment（`=`）运算符，将某个容器复制给另一个容器。
- `empty()`会在容器无任何元素时返回 `true`，否则返回 `false`。
- `size()`返回容器内目前持有的元素个数。
- `clear()`删除所有元素。

以下函数实际演练了上述操作：

```
void comp( vector<int> &v1, vector<int> &v2 )
{
    // 两个vector是否相等
    if ( v1 == v2 )
        return;
```

```
    // 两个 vector 之中是否有一个为空
    if ( v1.empty() || v2.empty() ) return;

    // 当我们要使用变量（对象）时，才加以定义
    vector<int> t;

    // 将较大的 vector 赋值给 t
    t = v1.size() > v2.size() ? v1 : v2;

    // ... 使用 t...

    // 清除 t 的元素，让 t 变成空。此后 t.empty()会返回 true,
    // t.size()会返回 0。
    t.clear();

    // ...填充 t，继续使用 t...
}
```

每个容器都提供了 begin()和 end()两个函数，分别返回指向容器的第一个元素和最后一个元素的下一位置的 iterator：

- begin()返回一个 iterator，指向容器的第一个元素。
- end()返回一个 iterator，指向容器的最后一个元素的下一位置。

通常我们在容器身上进行的迭代操作都是始于 begin()而终于 end()。所有容器都提供 insert()用以插入元素，以及 erase()用以删除元素。

- insert()将单一或某个范围内的元素插入容器内。
- erase()将容器内的单一元素或某个范围内的元素删除。

insert()和 erase()的行为视容器本身为顺序性（sequential）容器或关联（associative）容器而有所不同。它们在顺序性容器上的行为，将于下一节讨论。

3.4 使用顺序性容器

Using the Sequential Containers

顺序性容器用来维护一组排列有序、类型相同的元素，其中有第一、第二……以此类推，乃至最后一个元素。vector 和 list 是两个最主要的顺序性容器。vector 以一块连续内存来存放元素。对 vector 进行随机访问（random access）——例如先取其第 5 个元素，再取其第 17 个元素，然后取其第 9 个元素——颇有效率；vector 内的每个元素都被储存在距离起始点的固定偏移位置上。如果将元素插入任意位置，而此位置不是 vector 的末端，那么效率将很低，因为插入位置右端的每个元素，都必须被复制一份，依次向右移动。同样道理，删除 vector 内最后一个元素以外的任意元素，同样缺乏效率。

list 系以双向链接（*double-linked*）而非连续内存来储存内容，因此可以执行前进或后退操作。list 中的每个元素都包含三个字段：*value*、*back* 指针（指向前一个元素）、*front* 指针（指向下一个元素）。在 list 的任意位置进行元素的插入或删除操作，都颇具效率，因为 list 本身只需适当设定 *back* 指针和 *front* 指针即可。但是如果要对 list 进行随机访问操作，则效率不彰。例如，要依次访问其第 5 个元素、第 17 个元素、第 9 个元素，都必须遍历介于其中的所有元素。不妨想想光盘唱片和卡式录音带，当我们想要从某个音轨移至另一个音轨时，两者行为有巨大的不同。

vector 比较适合表示数列。为什么这么说呢？因为我们会有许多随机访问的机会。例如，`fibon_elem()`会根据用户传入的位置，对容器加以索引。此外，我们并不需要删除其中元素，只需要将元素插入 vector 末尾。

什么时候使用 list 较为恰当呢？如果我们想要从档案中读取分数，并希望由低而高地加以排序储存，那么，每当我们读入一个分数，便可能需要将它随机插入到容器内。这种情况下 list 比较适当。

第三种顺序性容器是所谓的 deque（读作 deck）。deque 的行为和 vector 颇为相似——都以连续内存储存元素。和 vector 不同的是，deque 对于最前端元素的插入和删除操作，效率更高；末端元素亦同。如果我们需要在容器最前端插入元素，并执行末端删除操作，那么 deque 便很理想。（标准库的 queue 便是以 deque 实现，也就是说，以 deque 作为底部储存元素。）

要使用顺序性容器，首先必须包含相关的头文件，也就是以下三者之一：

```
#include <vector>
#include <list>
#include <deque>
```

定义顺序性容器对象的方式有五种。

1. 产生空的容器：

```
list< string > slist;
vector< int > ivec;
```

2. 产生特定大小的容器。每个元素都以其默认值作为初值（还记得吗，`int` 和 `double` 这类语言内置的算术类型，其默认值为 0）。

```
list< int >        ilist( 1024 );
vector< string > svec( 32 );
```

3. 产生特定大小的容器，并为每个元素指定初值：

```
vector< int >  ivec( 10, -1 );
list< string > slist( 16, "unassigned" );
```

4. 通过一对 iterator 产生容器。这对 iterator 用来标示一整组作为初值的元素的范围：

```
int ia[ 8 ] =
    { 1, 1, 2, 3, 5, 8, 13, 21 };

vector< int > fib( ia, ia+8 );
```

5. 根据某个容器产生出新容器。复制原容器内的元素，作为新容器的初值：

```
list< string > slist;    // 空容器
// 填充 slist...
list< string > slist2( slist ); // 将 slist 复制给 slist2
```

有两个特别的操作函数，允许我们在容器末尾进行插入和删除操作：push_back()和 pop_back()。push_back()会在末端插入一个元素，pop_back()会删除最后一个元素。除此之外，list 和 deque（但不包括 vector）还提供了 push_front()和 pop_front()。pop_back()和 pop_front()这两个操作函数并不会返回被删除的元素值。因此，如果要读取最前端元素的值，应该采用 front()。如果要读取末端元素的值，应该采用 back()。下面是个例子：

```
#include <deque>
deque<int> a_line;
int ival;
while ( cin >> ival )
{
        // 将 ival 插入 a_line 末端
        a_line.push_back( ival );

        // 读取 a_line 最前端元素的值
        int curr_value = a_line.front();

        // ... 进行一些操作

        // 删去 a_line 最前端元素
        a_line.pop_front();
}
```

push_front()和 push_back()都属于特殊化的插入（insertion）操作。每个容器除了拥有通用的插入函数 insert()，还支持四种变形。

- iterator insert(iterator position, elemType value)可将 value 插入 position 之前。它会返回一个 iterator，指向被插入的元素。以下程序代码会将 ival 插入 ilist 内，并维持其递增次序：

```
list<int> ilist;
// ...填充 ilist


list<int>::iterator it = ilist.begin();
```

```
while ( it != ilist.end() ) {
    if ( *it >= ival ) {
          ilist.insert( it, ival );
          break; // 跳出循环
    }
    ++it;
}

if ( it == ilist.end() )
      ilist.push_back( ival );
```

- void insert(iterator position, int count, elemType value)可在position之前插入count个元素，这些元素的值都和value相同。下面是个例子：

```
string sval( "Part Two" );
list<string> slist;
// ... 填充slist...

list<string>::iterator
      it = find( slist.begin(), slist.end(), sval );

slist.insert( it, 8, string( "dummy" ));
```

- void insert(iterator1 position, iterator2 first, iterator2 last)可在position之前插入[first, last)所标示的各个元素：

```
int ia1[7] = { 1, 1, 2, 3, 5, 55, 89 };
int ia2[4] = { 8, 13, 21, 34 };
list<int> elems( ia1, ia1+7 );

list<int>::iterator
    it = find( elems.begin(), elems.end(), 55 );

elems.insert( it, ia2, ia2+4 );
```

- iterator insert(iterator position)可在position之前插入元素。元素的初值为其所属类型的默认值。

pop_front()和pop_back()都属于特殊化的删除（erase）操作。每个容器除了拥有通用的删除函数erase()，还支持两种变形。

- iterator erase(iterator posit)可删除posit所指的元素。例如，面对先前定义的slist，我删除其中第一个“元素值为str”的元素：

```
list<string>::iterator
    it = find( slist.begin(), slist.end(), str );

slist.erase( it );
```

- iterator erase(iterator first, iterator last)可删除[first, last)范围内的元素。

例如，面对先前定义的 slist，我将其中“元素值为 str”和“元素值为 sval”两元素间的所有元素删除掉：

```
list<string>::iterator
    first = slist.begin(),
    last = slist.end();

// it1：其所指元素将是第一个被删除的元素
// it2：其所指元素将是最后一个被删除元素的下一位置
list<string>::iterator it1 = find( first, last, str );
list<string>::iterator it2 = find( first, last, sval );

slist.erase( it1, it2 );
```

上述两个 erase() 函数返回的 iterator，皆指向被删除之最后一个元素的下一位置。

list 并不支持 iterator 的偏移运算。这也就是我们不能写

```
// 错误：list 并不支持 iterator 的偏移运算
slist.erase( it1, it1+num_tries );
```

而必须将 it1 和 it2 传入 erase() 的原因。

3.5 使用泛型算法

Using the Generic Algorithms

欲使用泛型算法，首先得包含对应的 algorithm 头文件：

```
#include <algorithm>
```

让我们以 vector 来储存数列，以此练习泛型算法的运用。如果给定的值已存在于数列之中，is_elem() 必须返回 true；否则返回 false。下面为四种可能被我们采用的泛型搜索算法：

1. find() 用于搜索无序（*unordered*）集合中是否存在某值。搜索范围由 iterator [first, last) 标出。如果找到目标，find() 会返回一个 iterator 指向该值，否则返回一个 iterator 指向 last。
2. binary_search() 用于有序（*sorted*）集合的搜索。如果搜索到目标，就返回 true；否则返回 false。binary_search() 比 find() 更有效率。（因为 find() 属于 linear search，效率较 binary search 差。）
3. count() 返回数值相符的元素数目。
4. search() 比对某个容器内是否存在某个子序列。例如给定序列{1, 3, 5, 7, 2, 9}，如果搜索子序列{5, 7, 2}，则 search() 会返回一个 iterator 指向子序列起始处。如果子序列不存在，就返回一个 iterator 指向容器末尾。

由于我们的 vector 必定以递增顺序储存其值，因此 binary_search() 是我们的最佳选择：

```
#include <algorithm>
bool is_elem( vector<int> &vec, int elem )
{
    // 如果 elem 为 34，意指 Fibonacci 数列的第 9 个元素，
    // 而我们的 vector 仅储存前 6 个元素：1, 1, 2, 3, 5, 8，那么
    // 搜索操作不会成功。
    // 调用 binary_search()之前，必须先检查是否需要扩展 vector。

    return binary_search( vec.begin(), vec.end(), elem );
}
```

正如注释所言，调用 binary_search()之前，必须确定数列中存有足够数量的元素。也就是说，elem 必须在此数列之内。方法之一就是拿 elem 和数列最大元素做比较。如果 elem 比较大，我们就扩展数列，直到其最大元素值大于或等于 elem。

有个方法可以帮助我们取得数列最大元素值——泛型算法 max_element()。将一对 iterator 传给 max_element()，它会返回该范围内的最大值。以下便是修订后的 is_elem()：

```
#include <algorithm>

// 前置声明（forward declaration）
extern bool grow_vec( vector<int>&, int );

bool is_elem( vector<int> &vec, int elem )
{
     int max_value = max_element( vec.begin(), vec.end() );
     if ( max_value < elem )
          return grow_vec( vec, elem );

     if ( max_value == elem )
          return true;

     return binary_search( vec.begin(), vec.end(), elem );
}
```

grow_vec()会持续地将数列元素一一加入 vector，直到加入的数值大于或等于 elem。如果加入的最后一个元素值等于 elem，就返回 true；否则返回 false。

由于我们的 vector 元素系递增排列，所以不需要真的使用 max_element()找出最大元素；最大元素保证一定位于 vector 的 vec.size()-1 位置上（除非是个空的 vector）：

```
int max_value = vec.empty() ? 0 : vec[vec.size()-1];
```

binary_search()要求，其作用对象必须经过排序（*sorted*），这一责任由程序员承担。如果我们不确定是否已排序，可以将容器先复制一份：

```
vector<int> temp( vec.size() );
copy( vec.begin(), vec.end(), temp.begin() );
```

然后，先对新容器执行排序操作，再调用binary_search()：

```
sort( temp.begin(), temp.end() );
return binary_search( temp.begin(), temp.end(), elem );
```

copy()接受两个 iterator，标示出复制范围。第三个 iterator 指向复制行为的目的地（也是个容器）的第一元素，后续元素会被依次填入。确保"目标容器"拥有足够空间以放置每个即将到来的元素，这是程序员的责任。如果我们不确定这件事，可以使用所谓的 inserter，以插入模式（insertion）取代默认的 assignment 行为。3.9 节对此另有讨论。

附录 B 有每一个泛型算法的运用范例。

3.6 如何设计一个泛型算法

How to Design a Generic Algorithm

下面是我们的新任务。用户给予一个整数 vector，我们必须返回一个新的 vector，其中内含原 vector 之中小于 10 的所有数值。一个快速但缺乏弹性的解法是：

```
vector<int> less_than_10( const vector<int> &vec )
{
    vector<int> nvec;
    for ( int ix = 0; ix < vec.size(); ++ix )
          if ( vec[ ix ] < 10 )
               nvec.push_back( vec[ ix ] );
    return nvec;
}
```

如果用户想找到所有小于 11 的元素，我们要么得建立一个新函数，要么就得将此函数通用化，让用户得以指定某个上限值，像下面这样：

```
vector<int> less_than( const vector<int> &vec, int less_than_val );
```

下一个任务难度颇高。我们必须允许用户指定不同的比较操作，像是大于、小于，等等。如何才能将"比较操作"参数化呢？

有一个解法：以函数调用来取代 less-than 运算符。加入第三个参数 pred，用它来指定一个函数指针，其参数列表有两个整数，返回值为 bool。至此，less_than()的名称已不再适当，让我们称它为 filter()吧：

```
vector<int> filter( const vector<int> &vec,
                    int filter_value,
                    bool (*pred)( int, int ));
```

站在用户的角度来考虑，为方便起见，我们同时定义了许多可传给 filter()的关系（*relational*）比较函数：

```
bool less_than( int v1, int v2 )
     { return v1 < v2 ? true : false; }

bool greater_than( int v1, int v2 )
     { return v1 > v2 ? true : false; }
```

调用 filter()时，用户亦可传入上述函数，或其他自定义的关系比较函数。唯一一个限制就是，这些函数必须返回 bool，而且参数列表中只接受两个整数。以下是 filter()的使用方式：

```
vector<int> big_vec;
int value;
// ... 填充 big_vec 和 value
vector<int> lt_10 = filter( big_vec, value, less_than );
```

接下来的最后工作，便是实现出 filter()：

```
vector<int> filter_ver1( const vector<int> &vec,
                         int filter_value,
                         bool (*pred)( int, int ))
{
    vector<int> nvec;

    for ( int ix = 0; ix < vec.size(); ++ix )
          // 调用 pred 所指函数，
          // 比较 vec[ix]和 filter_value。
          if ( pred( vec[ ix ], filter_value ))
               nvec.push_back( vec[ ix ] );

    return nvec;
}
```

这个 filter()使用 for 循环遍历每个元素。现在让我们以泛型算法 find_if()来取代 for 循环的使用。我将 find_if()反复作用于数列身上，找出符合条件的每一个元素——所谓“条件”则由用户指定的函数指针定义。这要怎么做到呢？

让我们从“找出每个等于 10 的元素”开始吧。泛型算法 find()接受三个参数：两个 iterator 标示出检测范围，第三个参数是我们想要寻找的数值。以下程序代码中，count_occurs()说明如何在“不对任一元素进行两次以上的查看”前提下，反复地在容器身上进行 find()：

```
int count_occurs( const vector<int> &vec, int val )
{
    vector<int>::const_iterator iter = vec.begin();
    int occurs_count = 0;
    while (( iter = find( iter, vec.end(), val )) != vec.end() )
    {
          ++occurs_count;
          ++iter;  // 指向下一个元素
    }
    return occurs_count;
}
```

我们在 `while` 循环之内将 `find()`的返回值设给 `iter`。`find()`返回一个 iterator，指向元素值为 `val` 的元素。如果没有找到任何符合条件的元素，就返回一个等同于 `vec.end()`的 iterator。一旦 `iter` 等同于 `vec.end()`，循环即终止。

`while` 循环之所以运行正确，是因为我们在每次循环迭代中，找到符合条件的元素后便将 `iter` 加 1。假设 `vec` 内含下列元素：{6, 10, 8, 4, 10, 7, 10}，则以下声明

```
vector<int>::const_iterator iter = vec.begin();
```

会将 `iter` 设定指向 `vector` 的第一元素，其值为 6。`find()`则返回一个 iterator，指向第二元素。再次调用 `find()`之前，我们必须先将 `iter` 的值加 1。于是 `find()`便在 `iter` 指向第三元素的情形下再次被调用。然后 `find()`返回一个 iterator，指向第五个元素……

Function Object

重新实现 `filter()`以便支持 `find_if()`之前，让我们先看看标准库预先定义好的许多 function object。所谓 **function object**，是某种 class 的实例对象，这类 class 对 function call 运算符做了重载操作，如此一来可使 function object 被当成一般函数来使用。

function object 实现了我们原本可能以独立函数加以定义的事物。但又何必如此呢？主要是为了效率。我们可以令 call 运算符成为 inline，从而消除“通过函数指针来调用函数”时需付出的额外代价。

标准库事先定义了一组 function object，分为算术运算（*arithmetic*）、关系运算（*relational*）和逻辑运算（*logical*）三大类。以下列表中的 `type` 在实际使用时会被替换为内置类型或 class 类型：

- 六个算术运算：`plus<type>`，`minus<type>`，`negate<type>`，`multiplies<type>`，`divides<type>`，`modules<type>`。
- 六个关系运算：`less<type>`，`less_equal<type>`，`greater<type>`，`greater_equal<type>`，`equal_to<type>`，`not_equal_to<type>`。
- 三个逻辑运算，分别对应于`&&`、`||`、`!`运算符：`logical_and<type>`，`logical_or<type>`，`logical_not<type>`。

欲使用事先定义的 function object，首先得包含相关头文件：

```
#include <functional>
```

举个例子，默认情形下，`sort()`会使用底部元素的类型所提供的 less-than 运算符，将元素升序排序。如果我们传入 greater_than function object，元素就会以降序排序：

```
sort( vec.begin(), vec.end(), greater<int>() );
```

其中的

```
greater<int>()
```

会产生一个未命名的 class template object，传给 sort()。

`binary_search()`期望其搜索对象先经过 less-than 运算符排序。为了正确搜索 vector，我们现在必须传给它某个 function object object，供 vector 排序使用：

```
binary_search( vec.begin(), vec.end(), elem, greater<int>() );
```

现在，我以另外数种略加变化的方式来显示 Fibonacci 数列：每个元素和自身相加、和自身相乘、被加到对应的 Pell 数列，等等。做法之一是使用泛型算法 `transform()`并搭配 `plus<int>`和 `multiplies<int>`。

我们必须传给 `transform()`：(1) 一对 iterator，标示出欲转换的元素范围，(2) 一个 iterator，所指元素将应用于转换操作上，(3) 一个 iterator，所指位置（及其后面的空间）用来存放转换结果，(4) 一个 function object，表现出我们想要应用的转换操作。以下便是将 Pell 数列加到 Fibonacci 数列的写法：

```
transform( fib.begin(), fib.end(),    // (1) 欲转换的元素范围
           pell.begin(),              // (2) 所指元素将应用于转换操作上
           fib_plus_pell.begin(),     // (3) 所指位置（及后续空间）用来存放转换结果
           plus< int >() );           // (4) 想要应用的转换操作
```

Function Object Adapter

上述的 function object 并不那么恰好符合 `find_if()`的需求。举个例子，function object `less<type>`期望外界传入两个值，如果第一个值小于第二个值就返回 `true`。本例中，每个元素都必须和用户所指

定的数值进行比较。理想情形下，我们需要做的就是将 less<type>转化为一个一元（*unary*）运算符。这可通过“将其第二个参数绑定（*bind*）至用户指定的数值”完成。这么一来 less<type>便会将每个元素拿出来一一与用户指定的数值比较。真的可以做到这样吗？是的。标准库提供的所谓 **adapter**（适配器）便应此而生。

function object adapter 会对 function object 进行修改操作。所谓 **binder adapter**（绑定适配器）会将 function object 的参数绑定至某特定值，使 binary（二元）function object 转化为 unary（一元）function object。这正是我们需要的。标准库提供了两个 binder adapter：bind1st 会将指定值绑定至第一操作数，bind2nd 则将指定值绑定至第二操作数。以下是修改后的 filter()，使用了 bind2nd adapter：

```
vector<int> filter( const vector<int> &vec,
                    int val, less<int> &lt )
{
    vector<int> nvec;
    vector<int>::const_iterator iter = vec.begin();

    // bind2nd( less<int>, val );
    // 会把 val 绑定于 less<int>的第二个参数身上。
    // 于是，less<int>会将每个元素拿来和 val 比较。

    while (( iter =
             find_if( iter, vec.end(),
                      bind2nd( lt, val ))) != vec.end() )
    {
             // 每当 iter != vec.end()，
             // iter 便指向某个小于 val 的元素
             nvec.push_back( *iter );
             iter++;
    }
    return nvec;
}
```

接下来如何消除 filter()与 vector 元素类型，以及 filter()与 vector 容器类型的依赖关系，以使 filter()更加泛型化呢？为了消除它和元素类型间的依赖性，我们将 filter()改为 function template，并将元素类型加入 template 的声明中。为了消除它和容器类型间的依赖性，我们传入一对 iteartor [first, last)，并在参数列表中增加另一个 iterator，用以指定从何处开始复制元素。以下便是新的实现内容：

```
template <typename InputIterator, typename OutputIterator,
          typename ElemType,      typename Comp>
OutputIterator
filter( InputIterator first, InputIterator last,
        OutputIterator at,   const ElemType &val, Comp pred )
{
    while (( first =
             find_if( first, last,
```

```
                bind2nd( pred, val ))) != last )
    {
            // 观察进行情形
            cout << "found value: " << *first << endl;

            // 执行assign操作，然后令两个iterator前进
            *at++ = *first++;
    }
    return at;
}
```

你知道实际上该如何调用 `filter()` 吗？让我写一段小程序，测试其在 array 和 vector 上的使用。我们各需两种容器的两份实例：其中之一储存即将被过滤（*filter*）的元素，另一个用来储存过滤后的元素。我们令后者的容量与前者相同。3.9 节有另一种解决方法：利用了所谓的 **insert iterator adapter**。

```
int main()
{
    const int elem_size = 8;

    int ia[ elem_size ] = { 12, 8, 43, 0, 6, 21, 3, 7 };
    vector<int> ivec( ia, ia+elem_size );

    // 下面这个容器用来储存过滤结果
    int ia2[ elem_size ];
    vector<int> ivec2( elem_size );

    cout << "filtering integer array for values less than 8\n";
    filter( ia, ia+elem_size, ia2, elem_size, less<int>() );

    cout << "filtering integer vector for values greater than 8\n";
    filter( ivec.begin(), ivec.end(), ivec2.begin(),
            elem_size, greater<int>() );
}
```

编译并执行，程序产生以下输出结果：

```
filtering integer array for values less than 8
found value: 0
found value: 6
found value: 3
found value: 7

filtering integer vector for values greater than 8
found value: 12
found value: 43
found value: 21
```

另一种 adapter 是所谓的 **negator**，它会对 function object 的真伪值取反。`not1` 可对 unary function object 的真伪值取反，`not2` 可对 binary function object 的真伪值取反。举个例子，要找出所有大于或等

于 10 的元素，我们可以将 function object less<int>()的运算结果取反：

```
while (( iter =
          find_if( iter, vec.end(),
                   not1( bind2nd( less<int>, 10 ))))
               != vec.end() )
```

问题的解答通常不会只有一个。我们也可以依次查看每个元素，一旦发现元素值小于指定值，就复制该元素，以此方式找出小于某值的所有元素。这确实可以解决问题，但却不是唯一的解法。

另一种截然不同的方法是，先对 vector 排序，再以 find_if()找出第一个大于指定值的元素位置，然后再删除该位置之后至 vector 末尾的所有元素。通常我们会在 vector 的副本上进行排序，因为用户可能不愿意我们改变 vector。以下是这个解法的 non-template 版本：

```
vector<int> sub_vec( const vector<int> &vec, int val )
{
    vector<int> local_vec( vec );
    sort( local_vec.begin(), local_vec.end() );

    vector<int>::iterator iter =
         find_if( local_vec.begin(),
                  local_vec.end(),
                  bind2nd( greater<int>(), val ));

    local_vec.erase( iter, local_vec.end() );
    return local_vec;
}
```

好啦，这一节真是充实。如果要扎实地理解它们，可能还需要反复阅读，并亲自编写一些程序代码。如想你想试一下身手，依照 filter()的写法将 sub_vec()改为一个 template function，会是个不错的练习。现在我简短地为本节内容做一简要整理。

一开始我写了一个函数，它可以找出 vector 内小于 10 的所有元素。然而函数过于死板，没有弹性。

接下来，我为函数加上了一个数值参数，让用户得以指定某个数值，以此和 vector 中的元素做比较。

接着，我又加上了一个新参数：一个函数指针，让用户得以指定比较方式。

然后，我引入 function object 的概念，使我们得以将某组行为传给函数，此法比函数指针的做法效率更高。我也带领各位简短地检阅了标准库提供的 function object。（第 4 章会告诉各位如何编写自己的 function object。）

最后，我将函数以 function template 的方式重新实现。为了支持多种容器，我传入了一对 iterator，标示出一组元素范围；为了支持多种元素类型，我将元素类型参数化，也将应用于元素上的“比较操作”参数化，以便得以同时支持函数指针和 function object 两种方式。

现在，我们的函数和元素类型无关，也和比较操作无关，更和容器类型无关。简单的说，我们已经将最初的函数转化为一个泛型算法了。

3.7 使用 Map

Using a Map

map 被定义为一对（pair）数值，其中的 *key* 通常是个字符串，扮演索引的角色，另一个数值是 *value*。字典便是 map 的一个不错实例。如果要编写一个能对文章内每个字眼的出现次数加以分析的程序，可以建立一份 map，带有 `string` *key* 和 `int` *value*（前者表现单字，后者表示出现次数）：

```
#include <map>
#include <string>
map<string,int> words;
```

输入 *key/value* 的最简单方式是：

```
words[ "vermeer" ] = 1;
```

对字数统计程序而言，我们可以采用以下方式：

```
string tword;
while ( cin >> tword )
        words[tword]++;
```

其中的表达式

```
words[tword]
```

会取出与 `tword` 相应的 *value*。如果 `tword` 不在 map 内，它便会因此被放到 map 内，并获得默认值 0。稍后出现的 increment 运算符会将其值递增 1。

以下的 `for` 循环会打印出所有单字及其出现次数：

```
map<string,int>::iterator it = words.begin();
for ( ; it != words.end(); ++it )
      cout << "key: "   << it->first
            << "value: " << it->second << endl;
```

map 对象有一个名为 `first` 的 member，对应于 *key*，本例中便是单字字符串。另有一个名为 `second` 的 member，对应于 *value*，本例中便是单字的出现次数。

欲查询 map 内是否存在某个 *key*，有三种方法。最直觉的做法就是把 *key* 当成索引使用：

```
int count = 0;
if ( !( count = words[ "vermeer" ] ))
        // vermeer并不存于words map内
```

这种写法的缺点是，如果我们用来索引的 *key* 并不存在于 map 内，这个 *key* 会自动被加入 map 中，而其相应的 *value* 会被设置为所属类型的默认值。例如，假设"vermeer"不在 words map 内，上述搜索方式会将它放到 map 内，而其 *value* 将是 0。

第二种 map 查询法是利用 map 的 find()函数（不要和泛型算法 find()搞混了）。我们将 *key* 传入 find()并调用：

```
words.find( "vermeer" );
```

如果 *key* 已放在其中，find()会返回一个 iterator，指向 *key/value* 形成的一个 pair（pair class 是标准库的一员）。反之则返回 end()：

```
int count = 0;
map<string,int>::iterator it;

it = words.find( "vermeer" );
if ( it != words.end() )
     count = it->second;
```

第三种 map 查询法是利用 map 的 count()函数。count()会返回某特定项在 map 内的个数：

```
int count = 0;
string search_word( "vermeer" );

if ( words.count( search_word ))   // ok，它存在
     count = words[ search_word ];
```

任何一个 *key* 值在 map 内最多只会有一份。如果我们需要储存多份相同的 *key* 值，就必须使用 multimap。本书并不讨论 multimap，请参阅[LIPPMAN98]的 6.15 节，其中有详尽的讨论和范例。

3.8 使用 Set

Using a Set

Set 由一群 *key* 组合而成。如果我们想知道某值是否存在于某个集合内，就可以使用 set。例如，在 graph traversal（图形遍历）算法中，我们可以使用 set 储存每个遍历过的节点（*node*）。在移至下一节点前，我们可以先查询 set，判断该节点是否已经遍历过。

以前一节的字数统计程序为例，它可能不想统计一般中性词汇的出现次数。为实现此目的，我们定义一个用来记录“排除字眼”的 set，元素类型为 string：

```
#include <set>
#include <string>
set<string> word_exclusion;
```

程序将某个单字放进 map 之前，应该先检查它是否存在于 word_exclusion set 中：

```
while ( cin >> tword )
{
    if ( word_exclusion.count( tword ))
        // 如果 tword 涵盖于“排除字集”内，
        // 就跳过此次迭代的剩余部分。
        continue;

    // ok: 一旦抵达此处，表示 tword 并不属于“排除字集”。
    words[ tword ]++;
}
```

其中的 continue 语句会跳出当前迭代。本例中，如果 tword 位于 word_exclusion set 内，那么以下语句

```
words[ tword ]++;
```

就不会被执行。而 while 循环会重新对执行条件求值并开始另一次迭代：

```
while ( cin >> tword )
```

对于任何 *key* 值，set 只能储存一份。（如果要储存多份相同的 *key* 值，必须使用 multiset。本书并不讨论 multiset，请参阅[LIPPMAN98]的 6.15 节，其中有详尽的讨论和范例。）

默认情形下，set 元素皆依据其所属类型默认的 less-than 运算符进行排列。例如，如果给定

```
int ia[ 10 ] = { 1, 3, 5, 8, 5, 3, 1, 5, 8, 1 } ;

vector< int > vec( ia, ia+10 );
set<int>      iset( vec.begin(), vec.end() );
```

iset 的元素将是{1, 3, 5, 8}。

如果要为 set 加入单一元素，可使用单一参数的 insert()：

```
iset.insert( ival );
```

如果要为 set 加入某个范围的元素，可使用双参数的 insert()：

```
iset.insert( vec.begin(), vec.end() );
```

在 set 身上进行迭代，其形式和你所预期的一致：

```
set<int>::iterator it = iset.begin();
for ( ; it != iset.end(); ++it )
    cout << *it << ' ';

cout << endl;
```

泛型算法中有不少和 set 相关的算法：set_intersection()，set_union()，set_difference() 和 set_symmetric_difference()。

3.9 如何使用 Iterator Inserter

How to Use Iterator Inserters

回到先前3.6节对 filter()的实现，我们将源端（容器）中每一个符合条件的元素一一赋值（assign）至目的端（容器）：

```
while (( first =
         find_if( first, last, bind2nd( pred, val ))) != last )
             *at++ = *first++;
```

这种形式下，目的端的容器必须够大，以储存被赋值进来的每个元素。filter()没有办法知道每次对 at 递增之后，at 是否仍指向一个有效的容器位置。"确保 at 所指目的端容器的空间够大"，这是程序员的责任。在3.6节的测试程序中，我们设定了目的端容器的大小，使它等于源端容器的大小，借此方式来确保以上条件：

```
int ia[ elem_size ] = { 12, 8, 43, 0, 6, 21, 3, 7 };
vector<int> ivec( ia, ia+elem_size );

int ia2[ elem_size ];
vector<int> ivec2( elem_size );
```

这个解法的问题在于，大部分情形下，目的端容器的大小显然太大了。另一种解法是先定义一个空容器，而后每当有元素被插入进来，再加以扩展。不幸的是，filter()目前的实现是将元素赋值至某个已存在的容器位置上，如果我们重新以插入方式实现 filter()，那对我们目前已有的应用程序会产生什么影响呢？此外，我们又应该提供什么样的插入操作呢？

所有"会对元素进行复制行为"的泛型算法，例如 copy()、copy_backwards()、remove_copy()、replace_copy()、unique_copy()，等等，都和 filter()的实现极为相似。每个算法都接受一个 iterator，标示出复制的起始位置。每复制一个元素，都会被赋值（*assigned*），iterator 则会递增至下个位置。我们必须保证在每一次复制操作中，目的端容器都足够大，可以储存这些被赋值进来的元素。既然有了这些算法，我们实在不需要重新写一个。

这意味着我们必须总是传入某个固定大小的容器至上述算法吗？这绝对不符合 STL 的精神。标准库提供了三个所谓的 **insertion adapter**，这些 adapter 让我们得以避免使用容器的 assignment 运算符：

- back_inserter()会以容器的 push_back()函数取代 assignment 运算符。对 vector 来说，这是比较适合的 inserter。传入 back_inserter 的参数，应该就是容器本身：

```
vector<int> result_vec;
unique_copy( ivec.begin(), ivec.end(),
             back_inserter( result_vec ));
```

- inserter()会以容器的 insert()函数取代 assignment 运算符。inserter()接受两个参数：一个是容器，另一个是 iterator，指向容器内的插入操作起点。以 vector 而言，我们会这么写：

```
vector<string> svec_res;
unique_copy( svec.begin(), svec.end(),
             inserter( svec_res, svec_res.end() ));
```

- front_inserter()会以容器的 push_front()函数取代 assignment 运算符。这个 inserter 只适用于 list 和 deque：

```
list<int> ilist_clone;
copy( ilist.begin(), ilist.end(),
      front_inserter( ilist_clone ));
```

欲使用上述三种 adapter，首先必须包含 iterator 头文件：

```
#include <iterator>
```

然而这些 adapter 并不能用在 array 上。array 并不支持元素插入操作。以下是我对 3.6 节的程序重新实现后的结果，其中调用 filter()时系采用 vector 的 back_inserter：

```
int main()
{
   const int elem_size = 8;

   int ia[ elem_size ] = { 12, 8, 43, 0, 6, 21, 3, 7 };
   vector<int> ivec( ia, ia+elem_size );

   // 内置的数组并不支持插入操作
   int ia2[ elem_size ];
   vector<int> ivec2;

   cout << "filtering integer array for values less than 8\n";
   filter( ia, ia+elem_size, ia2,
           elem_size, less<int>() );

   cout << "filtering integer vector for values greater than 8\n";
   filter( ivec.begin(), ivec.end(),
           back_inserter( ivec2 ),
           elem_size, greater<int>() );
}
```

filter()会依次将每个元素赋值（*assign*）给目的端 vector——本例为 ivec2。由于本例并未设定 ivec2 的大小，所以赋值操作会产生运行时错误。但是一旦将 ivec2 传给 inserter adapter，元素的赋值操作（assignment）即被替换为插入操作。如果只在 vector 的末端插入元素，效率会比较高，因此我们选用 back_inserter。

3.10 使用 iostream Iterator

Using the iostream Iterators

想象我们的新任务如下：从标准输入设备读取一串 string 元素，将它们存到 vector 内，并进行排序，最后再将这些字符串写回标准输出设备。一般的解法看起来像下面这样：

```
#include <iostream>
#include <string>
#include <vector>
#include <algorithm>
using namespace std;

int main()
{
    string word;
    vector<string> text;

    // ok: 让我们依次读入每个单字，直至完成
    while ( cin >> word )
            text.push_back( word );

    // ok: 加以排序
    sort( text.begin(), text.end() );

    // ok: 输出到标准输出设备上
    for ( int ix = 0; ix < text.size(); ++ix )
          cout << text[ ix ] << ' ';
}
```

标准库定义有供输入及输出使用的 iostream iterator 类，称为 istream_iterator 和 ostream_iterator，分别支持单一类型的元素读取和写入。使用这两个 iterator class 之前，先得包含 iterator 头文件：

```
#include <iterator>
```

现在让我们看看如何利用 istream_iterator 从标准输入设备读取字符串。就像所有的 iterator 一样，我们需要一对 iterator：first 和 last，用来标示元素范围。以下定义

```
istream_iterator<string> is( cin );
```

为我们提供了一个 first iterator，它将 is 定义为一个"绑至标准输入设备"的 istream_iterator。我们还需要一个 last iterator，表示"要读取的最后一个元素的下一位置"。对标准输入设备而言，end-of-file 即代表 last。这该如何表示呢？噢，只要在定义 istream_iterator 时不为它指定 istream 对象，它便代表了 end-of-file。例如：

```
istream_iterator<string> eof;
```

我们应该如何使用这对 iterator 呢？下面的例子中，我将它们和储存字符串元素的 vector，一起传给泛型算法 copy()。由于不知道该为 vector 保留多少空间，所以我选用了 back_inserter：

```
copy( is, eof, back_inserter( text ));
```

现在我还需要一个 ostream_iterator，标示字符串元素的输出位置。一旦不再有任何元素需要输出，我就停止输出操作。以下程序代码将 os 定义为一个"绑至标准输出设备"的 ostream_iterator。此标准输出设备供我们输出类型为 string 的元素。

```
ostream_iterator<string> os( cout, " " );
```

上述第二个参数可以是 C-style 字符串，也可以是字符串常量。它用来表示各个元素被输出时的分隔符。默认情形下，输出的各个元素之间并无任何分隔符。本例我选择在各输出字符串之间以空格加以分隔。以下便是可能的使用方式：

```
copy( text.begin(), text.end(), os );
```

copy() 会将储存在 text 中的每个元素一一写到由 os 所表示的 ostream 上。每个元素皆以空格分隔开来。以下是完整的程序：

```
#include <iostream>
#include <iterator>
#include <algorithm>
#include <vector>
#include <string>
using namespace std;

int main()
{
    istream_iterator< string > is( cin );
    istream_iterator< string > eof;

    vector< string > text;
    copy( is, eof, back_inserter( text ));

    sort( text.begin(), text.end() );

    ostream_iterator<string> os( cout, " " );
    copy( text.begin(), text.end(), os );
}
```

然而，我们常常并不是要从标准输入设备读数据，也不是要写到标准输出设备去，而是希望从文件中读取，写到文件去。这该如何办到？啊，只需将 istream_iterator 绑定至 ifstream object，将 ostream_iterator 绑定至 ofstream object 即可：

```
#include <iostream>
#include <fstream>
#include <iterator>
```

```
#include <algorithm>
#include <vector>
#include <string>
using namespace std;

int main()
{
   ifstream in_file( "input_file.txt" );
   ofstream out_file( "output_file.txt" );

   if ( ! in_file || ! out_file )
   {
        cerr << "!! unable to open the necessary files.\n";
        return -1;
   }

   istream_iterator< string > is( in_file );
   istream_iterator< string > eof;

   vector< string > text;
   copy( is, eof, back_inserter( text ));

   sort( text.begin(), text.end() );

   ostream_iterator<string> os( out_file, " " );
   copy( text.begin(), text.end(), os );
}
```

练习 3.1

写一个读取文本文件的程序，将文件中的每个单字存入 map。map 的 *key* 便是刚才所说的单字，map 的 *value* 则是该单字在文本文件中的出现次数。再定义一份由“排除字眼”组成的 set，其中包含诸如 `a`、`an`、`or`、`the`、`and` 和 `but` 之类的单字。将某单字放入 map 之前，先确定该单字并不在“排除字集”中。一旦文本文件读取完毕，请显示一份单字清单，并显示各单字的出现次数。你甚至可以再加以扩展，在显示单字之前，允许用户查询某个单字是否出现于文本文件中。

练习 3.2

读取文本文件内容——和练习 3.1 一样——并将内容储存于 vector。以字符串长度为依据，对 vector 排序。定义一个 function object 并传给 `sort()`；这一 function object 接受两个字符串，当第一字符串的长度小于第二字符串的长度时，就返回 `true`。最后，打印排序后的 vector 内容。

练习 3.3

定义一个 map，以家庭姓氏为 *key*，*value* 则是家庭所有小孩的名字。令此 map 至少容纳六笔数据。

允许用户根据姓氏来查询，并得以打印 map 内的每一笔数据。

练习 3.4

编写一个程序，利用 `istream_iterator` 从标准输入设备读取一连串整数。利用 `ostream_iterator` 将其中的奇数写至某个文件，每个数值皆以空格分隔。再利用 `ostream_iterator` 将偶数写到另一个文件，每个数值单独放在一行中。

4

基于对象的编程风格

Object-Based Programming

虽然我们尚未撰写自己的 class，但是自第 1 章起，我们已经广泛运用了许多 class：string、vector、提供输入及输出功能的各种 iostream class……。这一章，我们会设计并实现属于我们自己的 class。

根据过去的种种使用经验，我们明白了 class 的哪些相关事务呢？首先，在使用 class 之前，由于它并非程序语言本身内置，所以我们必须先让程序知道它。通常我们会包含某个头文件来完成这件事：

```
#include <string>
string pooh[ 4 ] =
    { "winnie", "robin", "eeyore", "piglet" };
```

class 名称被视为一个类型（type）名称，就像内置类型 `int`、`double` 一样。Class object 的初始化做法有很多种：

```
#include <vector>

string dummy( "dummy" );
vector< string > svec1( 4 );
vector< string > svec2( 4, dummy );
vector< string > svec3( pooh, pooh+4 );
```

每个 class 都会提供一组操作函数，让我们作用于其 object 上。这些操作函数包括具名函数，如 `size()`和 `empty()`，以及重载运算符，如 equality 和 assignment 运算符，等等：

```
if ( svec2 != svec3 && ! svec3.empty() )
    svec2 = svec3;

if ( svec2.size() == 4 )
    // ...
```

通常我们并不知道 class 的实现内容。例如，`string` 是在每次我们要求计算其大小时才去计算呢？还是它将自己的大小储存在每个 object 之中呢？vector 的元素究竟是储存在 vector 对象内呢？还是存在其他地方，再通过 vector 对象中的指针加以定位呢？这些我们都不知道。

一般而言，class 由两部分组成：一组公开的（**public**）操作函数和运算符，以及一组私有的（**private**）实现细节。这些操作函数和运算符称为 class 的 **member function**（成员函数），并代表这个 class 的公开接口。身为 class 的用户，只能访问其公开接口。这也就是我们使用 string、vector 的方式。例如，针对 `string` 的 member function `size()`，我们只知其原型声明（prototype），亦即：参数列表为 `void`，返回整数值。

Class 的 private 实现细节可由 member function 的定义以及与此 class 相关的任何数据组成。例如，假设 `string` class object 的 `size()` 每次被调用，都会重新计算其字符串长度，那么就不需要任何相关数据来储存这份信息——`size()` 定义中可能利用 `for` 循环之类的遍历方式，取得字符串长度。但如果 `string` class object 欲储存其字符串长度，就必须在每个 class object 中定义 private **data member**（私有的数据成员），并在 `size()` 定义中将该值返回。每当字符串长度有所变动，这份 data member 都必须同步更新。

Class 用户通常不会关心此等实现细节。身为一个用户，我们只利用其公开接口来进行编程。这种情形下，只要接口没有更改，即使实现细节重新打造，所有的应用程序代码也不需要变动。

这一章，我们的境界将从 class 的使用提升至 class 的设计与实现。这正是 C++程序员的主要工作。

4.1 如何实现一个 Class

How to Implement a Class

好的，该从哪里着手呢？一般来说，我们会从所谓的抽象（abstraction）开始。想想 stack 这个例子。stack 是计算机科学中十分基础的一个抽象概念，它允许我们叠放许多数值，并以后进先出（last-in, first-out，LIFO）的顺序取出。我们以 *pushing* 方式将新数值叠放到堆栈内，并以 *popping* 方式取出 stack 内最后一个被 pushed 的数值。用户通常还会要求其他操作行为，像是询问 stack 的空间是否已满（*full*），或是否为空（*empty*），或询问 stack 的元素个数（*size*）。stack 也可能提供查看（*peeking*）能力，观察 stack 内最后一个被 pushed 的数值。

以上描述，斜体字表示用户希望作用于 stack class object 之上的操作行为。

我们应该让 stack 存放哪一类型的元素呢？通用型 stack 应该可以存放各种类型元素。如果把 stack 定义为 class template，便可以达到这个目的。不过，class template 是第 6 章讨论的课题，而现在才第 4 章而已，所以本章只定义 stack 的 non-template 版本，其中存放 `string` 元素。

Class 的声明以关键字 `class` 开始，其后接一个 class 名称（可任意命名）：

```
class Stack;
```

此句只是作为 Stack class 的前置声明（forward declaration），将 class 名称告诉编译器，并未提供此 class 的任何其他信息（像是 class 支持的操作行为及所包含的 data member 等）。前置声明使我们得以进行类指针（class pointer）的定义，或以此 class 作为数据类型：

```
// ok：以下这种写法，必须先有 class 的前置声明才行。
Stack *pt = 0;                       // 定义一个类指针（class pointer）
void process( const Stack& );      // 以 Stack 作为数据类型：
```

接下来，在定义实际的 Stack class object 或访问 Stack 的任何一个 member 之前，必须先定义 class 本身。class 定义的骨干看起来是下面这个样子：

```
class Stack {
public:
    // ...public 接口
private:
    // ...private 的实现部分
};
```

Class 定义由两部分组成：class 的声明，以及紧接在声明之后的主体。主体部分由一对大括号括住，并以分号结尾。主体内的两个关键字 public 和 private，用来标示每个块的“member 访问权限”。Public member 可以在程序的任何地方被访问，private member 只能在 member function 或是 class friend 内被访问。稍后我会解释 **friend** 在 C++语言中的意义。以下是 Stack class 的起始定义：

```
class Stack {
public:
    // 任何操作函数如果执行成功，就返回 true
    // pop 和 peek 会将字符串内容置于 elem 内
    bool    push( const string& );
    bool    pop(  string &elem );
    bool    peek( string &elem );

    bool    empty();
    bool    full();

    // size()定义于 class 本身中，
    // 其他 member 则仅仅只是声明。
    int     size() { return _stack.size(); }

private:
    vector<string> _stack;
};
```

这一份 Stack 提供了本节一开始找出的六个操作行为。其元素被储存于名为_stack 的 string vector 内。我的编码习惯是在 data member 之前加上下画线。以下说明如何定义并使用 Stack class object：

```
void fill_stack( Stack &stack, istream &is = cin )
{
    string str;
    while ( is >> str && ! stack.full() )
            stack.push( str );

    cout << "Read in " << stack.size() << " elements\n";
}
```

所有 member function 都必须在 class 主体内进行声明。至于是否要同时进行定义，可自由决定。如果要在 class 主体内定义，这个 member function 会自动地被视为 **inline** 函数。例如，`size()`即是 `Stack` 的一个 inline member。要在 class 主体之外定义 member function，必须使用特殊的语法，目的在于分辨该函数究竟属于哪一个 class。如果希望该函数为 inline，应该在最前面指定关键字 `inline`：

```
inline bool
Stack::empty()
{
    return _stack.empty();
}

bool
Stack::pop( string &elem )
{
    if ( empty() )
         return false;

     elem = _stack.back();
     _stack.pop_back();
     return true;
}
```

上述的

```
Stack::empty()
```

告诉编译器（或程序读者）说，`empty()`是 `Stack` class（而非 `vector` 或 `string`）的一个 member。class 名称之后的两个冒号（`Stack::`）即所谓的 class scope resolution（类作用域解析）运算符。

对 inline 函数而言，定义于 class 主体内或主体外，并没有什么分别。然而就像 non-member inline function 一样，它也应该被放在头文件中。class 定义及其 inline member function 通常都会被放在与 class 同名的头文件中。例如 `Stack` class 的定义和其 `empty()` 函数定义都应该放在 `Stack.h` 头文件中。此即用户想要使用 `Stack` 时应该包含的文件。

non-inline member function 应该在程序代码文件中定义，该文件通常和 class 同名，其后接着扩展名.c、.cc、.cpp 或.cxx（x 代表横放的+）。以 Microsoft Visual C++为例，它使用扩展名.cpp。Disney Feature Animation 这家公司的惯例则是使用扩展名.C。另一家公司 Dreamworks Animation 习惯使用扩展名.cc。

以下便是 Stack member function 的定义。full()会将目前的元素个数拿来和底层 vector 的 max_size()数值（此即 vector 的大小）做比较。push()则是在_stack 未满的前提下将元素插入。

```
inline bool Stack::full()
     { return _stack.size() == _stack.max_size(); }

bool Stack::peek( string &elem )
{
    if ( empty() )
         return false;

    elem = _stack.back();
    return true;
}

bool Stack::push( const string &elem )
{
    if( full() )
        return false;

    _stack.push_back( elem );
    return true;
}
```

虽然我们已经提供给用户一整组操作行为，但还未能完成 Stack 的完整定义。下一节我们会看到如何提供极为特殊的所谓初始化函数和终止函数，它们分别被称为 constructor（构造函数）和 destructor（析构函数）。

练习 4.1

建立 Stack.h 和 Stack.suffix，此处的 suffix 是你的编译器所能接受的扩展名，或是你的项目所使用的扩展名。编写 main()函数，练习操作 Stack 的所有公开接口，并加以编译执行。程序代码文件和 main()都必须包含 Stack.h:

```
#include "Stack.h"
```

练习 4.2

扩展 Stack 的功能，以支持 find()和 count()两个操作。find()会查看某值是否存在而返回 true 或 false。count()返回某字符串的出现次数。重新实现练习 4.1 的 main()，让它调用这两个函数。

4.2 什么是构造函数和析构函数

What Are Class Constructors and the Class Destructor?

每个数列都很适合设计为 class。一个数列的 class object 可以表现出该数列在某范围内的元素。默认情形下，起始位置为 1。例如：

```
Fibonacci fib1( 7, 3 );
```

便定义了拥有 7 个元素的 `Fibonacci` object，起始位置为 3；

```
Pell pel( 10 );
```

则定义了具有 10 个元素的 `Pell` object，起始位置为默认值 1；

```
Fibonacci fib2( fib1 );
```

定义了一个 `Fibonacci` object `fib2`，并以 `fib1` 作为 `fib2` 的初值。换句话说，`fib2` 是 `fib1` 的副本。

每个 class 都必须记住它自己的长度——数列的元素个数——和起始位置。但起始位置不得为零值或负值。所以，我以整数储存长度及起始位置。此刻我再定义第三个 member `_next`，用来记录迭代（*iterate*）操作的下一个元素：

```
class Triangular {
public:
   // ...
private:
   int _length;  // 元素个数
   int _beg_pos; // 起始位置
   int _next;    // 下一个迭代目标
};
```

每个 `Triangular` class object 内都拥有这些 data member。当我写下：

```
Triangular tri( 8, 3 );
```

`tri` 内含一份 `_length`（初值 8），一份 `_beg_pos`（初值 3），一份 `_next`（初值 2，因为 vector 的第三个元素的索引值为 2）。注意，它没有包含实际上用来储存 triangular 数列元素的 vector。为什么？因为我们不希望在每个 class object 中都复制一份这个 vector；所有 class object 共享一份 vector 便已足够。我们会在 4.5 节看到如何达到这个目的。

这些 data member 如何被初始化呢？噢，魔法不会自动产生；编译器不会自动为我们处理。如果我们提供一个或多个特别的初始化函数，编译器就会在每次 class object 被定义出来时，调用适当的函数加以处理。这些特别的初始化函数称为 constructor（构造函数）。

Constructor 的函数名称必须与 class 名称相同。语法规定，constructor 不应指定返回类型，亦不用返回任何值。它可以被重载（*overloaded*）。例如，`Triangular` class 可能有三个 constructor：

```
class Triangular {
public:
    // 一组重载的 constructor
    Triangular( ); // default constructors
    Triangular( int len );
    Triangular( int len, int beg_pos );

    // ...
};
```

class object 定义出来后，编译器便自动根据获得的参数，挑选出应被调用的 constructor。例如：

```
Triangular t;
```

会对 t 应用 default constructor（无须任何参数的 constructor）。而

```
Triangular t2( 10, 3 );
```

会调用带有两个参数的 constructor。括号内的值会被视为传给 constructor 的参数。同样，

```
Triangular t3 = 8;  // 请注意，这究竟是调用 constructor 抑或
                    // assignment operator 呢？答案是 constructor。
```

会调用带有单一参数的 constructor。

出人意料的是，以下程序代码无法成功定义一个 Triangular object：

```
Triangular t5(); // 实际的结果出人意料
```

此行将 t5 定义为一个函数，其参数列表是空的，返回 Triangular object。很显然这是个奇怪的解释。为什么它会被这样解释呢？因为 C++必须兼容于 C。对 C 而言，t5 之后带有小括号，会使 t5 被视为函数。正确（符合我们意图）的 t5 声明方式，应该和先前的 t 一样：

```
Triangular t5; // ok
```

最简单的 constructor 是所谓的 default constructor。它不需要任何参数（argument）。这意味着两种情况。第一，它不接受任何参数：

```
Triangular::Triangular()
{   // default constructor
    _length = 1;
    _beg_pos = 1;
    _next = 0;
}
```

第二，这种情况更常见，它为每个参数提供了默认值：

```
class Triangular {
public:
    // 也是 default constructor
    Triangular( int len = 1, int bp = 1 );
    // ...
};
```

```
Triangular::Triangular( int len, int bp )
{
    // _length 和_beg_pos 都必须>=1。
    // 最好不要相信“用户永远是对的”这句话 :)
    _length = len > 0 ? len : 1;
    _beg_pos = bp > 0 ? bp : 1;
    _next = _beg_pos-1;
}
```

由于我们为两个整数提供了默认值，所以这个 default constructor 同时支持原本的三个 constructor：

```
Triangular tri1;           // Triangular::Triangular( 1, 1 );
Triangular tri2( 12 );     // Triangular::Triangular( 12, 1 );
Triangular tri3( 8, 3 );   // Triangular::Triangular( 8, 3 );
```

Member Initialization List（成员初始化列表）

Constructor 定义的第二种初始化语法，是所谓的 member initialization list（成员初始化列表）：

```
Triangular::Triangular( const Triangular &rhs )
   : _length ( rhs. length  ),
     _beg_pos( rhs._beg_pos ), _next( rhs._beg_pos-1 )
{ } // 是的，空的。
```

Member initialization list 紧接在参数列表最后的冒号后面，是个以逗号分隔的列表。其中，欲赋值给 member 的数值被放在 member 名称后面的小括号中；这使它们看起来像是在调用 constructor。

就本例而言（本例没有 member object），第一种和第二种 constructor 定义方式是等价的，并没有谁优于谁的问题。

Member initialization list 主要用于将参数传给 member class object 的 constructor。假设我们重新定义 `Triangular`，令它包含一个 `string` member：

```
class Triangular {
public:
   // ...
private:
   string _name;
   int    _next, _length, _beg_pos;
};
```

为了将 `_name` 的初值传给 `string` constructor，我们必须以 member initialization list 完成，比如：

```
Triangular::Triangular( int len, int bp )
    : _name( "Triangular" )
{
    _length = len > 0 ? len : 1;
```

```
    _beg_pos = bp > 0 ? bp  : 1;
    _next = _beg_pos-1;
}
```

和 constructor 对立的是 destructor。所谓 **destructor** 乃是用户自定义的一个 class member。一旦某个 class 提供有 destructor，当其 object 结束生命时，便会自动调用 destructor 处理善后。Destructor 主要用来释放在 constructor 中或对象生命周期中分配的资源。

Destructor 的名称有严格规定:class 名称再加上'~'前缀。它绝对不会有返回值,也没有任何参数。由于其参数列表是空的，所以也绝不可能被重载（*overloaded*）。

考虑以下的 `Matrix` class。其 constructor 使用 `new` 表达式从 heap 中分配 `double` 数组所需空间。其 destructor 则负责释放这些内存：

```
class Matrix {
public:
   Matrix( int row, int col )
         : _row( row ), _col( col )
   {
          // constructor 进行资源的分配。
          // 注意：此处未检查成功与否。
          _pmat = new double[ row * col ];
   }

   ~Matrix()
   {
          // destructor 进行资源的释放。
          delete [] _pmat;
   }

private:
   int     _row, _col;
   double* _pmat;
};
```

于是，我们通过 `Matrix` 本身的 constructor 和 destructor，完成了 heap 内存的自动管理。例如下面这个语句块：

```
{
    Matrix mat( 4, 4 );
    // 此处应用 constructor

    // ...
    // 此处应用 destructor
}
```

编译器会在 mat 被定义出来的下一刻，暗暗应用 Matrix constructor。于是_pmat 被初始化为一个指针，指向程序空闲空间（free store）中的一块内存，代表一个具有 16 个 double 元素的数组。语句块结束之前，编译器又会暗暗应用 Matrix destructor，于是释放_pmat 所指向的那块具有 16 个 double 元素的数组。Matrix 的用户不需要知道内存管理细节。这种写法有点类似标准库的容器（container）设计。

Destructor 并非绝对必要。以我们的 Triangular 为例，三个 data member 皆以储值（by value）方式来存放，这些 member 在 class object 被定义之后便已存在，并在 class object 结束其生命时被释放。因此，Triangular destructor 没有什么事好做。我们没有义务非得提供 destructor。事实上，C++编程的最难部分之一，便是了解何时需要定义 destructor 而何时不需要。

Memberwise Initialization（成员逐一初始化）

默认情形下，当我们以某个 class object 作为另一个 object 的初值，例如：

```
Triangular tri1( 8 );
Triangular tri2 = tri1;
```

class data member 会被依次复制。本例中的_length、_beg_pos、_next 都会依次从 tri1 复制到 tri2。此即所谓的 default memberwise initialization（默认的成员逐一初始化操作）。

在 Triangular 例中，default memberwise initialization 会正确复制所有的 data member，我们不必特意做其他事。但对先前介绍的 Matrix class 而言，default memberwise initialization 并不适当。看看下面这段程序代码：

```
{
    Matrix mat( 4, 4 );
    // 此处，constructor 发生作用
    {
        Matrix mat2 = mat;
        // 此处，进行 default memberwise initialization
        // ...在这里使用 mat2
        // 此处，mat2 的 destructor 发生作用
    }
    // ... 在这里使用 mat
    // 此处，mat 的 destructor 发生作用
}
```

其中，default memberwise initialization 会将 mat2 的_pmat 设为 mat 的_pmat 值：

```
mat2._pmat = mat._pmat;
```

这会使得两个对象的_pmat 都指到 heap 内的同一个数组。当 Matrix destructor 应用于 mat2 上，该数组空间便被释放。不幸的是，此时 mat 的_pmat 仍指向那个数组，而你知道，对空间已被释放的数组进行操作，是非常严重的错误行为。

这个问题应该如何修正呢？本例中我们必须改变这种“成员逐一初始化”的行为模式。我们可以通过“为 Matrix 提供另一个 copy constructor”达到目的。（这里的“我们”指的是 Matrix 设计者；至于 Matrix 的用户，应该完全不知道这些问题的存在。）

如果 Matrix 设计者提供了一个 copy constructor，它就可以改变“成员逐一初始化”的默认行为模式。客户端虽然需要重新编译，但至少其源代码不必有任何更改。

这个 copy constructor 看起来会像什么样子呢？其唯一参数是一个 const reference，指向（代表）一个 Matrix object：

```
Matrix::Matrix( const Matrix &rhs ){
    // 这里应该写些什么呢?
}
```

其内容又该如何实现呢？我们可以产生一个独立的数组复本，这样便可以使某个对象的析构操作不致于影响到另一个对象：

```
Matrix::Matrix( const Matrix &rhs)
    : _row( rhs._row ), _col( rhs._col )
{   // 对 rhs._pmat 所指的数组产生一份完全复本
    int elem_cnt = _row * _col;
    _pmat = new double[ elem_cnt ];

    for ( int ix = 0; ix < elem_cnt; ++ix )
          _pmat[ ix ] = rhs._pmat[ ix ];
}
```

当我们设计 class 时，必须问问自己，在此 class 之上进行“成员逐一初始化”的行为模式是否适当？如果答案肯定，我们就不需要另外提供 copy constructor。但如果答案是否定的，我们就必须另行定义 copy constructor，并在其中编写正确的初始化操作。

如果有必要为某个 class 编写 copy constructor，那么同样有必要为它编写 copy assignment operator（参阅 4.8 节）。欲更进一步了解 constructor 和 destructor 的特性，请参阅[LIPPMAN98]的第 14 章，以及[LIPPMAN96a]的第 2 章与第 5 章。

4.3 何谓 mutable（可变）和 const（不变）

What Are mutable and const?

看看下面这个小函数：

```
int sum( const Triangular &trian )
{
    int beg_pos = trian.beg_pos();
    int length  = trian.length();
    int sum = 0;
```

```
    for ( int ix = 0; ix < length; ++ix )
          sum += trian.elem( beg_pos+ix );
    return sum;
}
```

trian 是个 const reference 参数，因此编译器必须保证 trian 在 sum() 之中不会被修改。但是，sum() 所调用的任何一个 member function 都有可能更改 trian 的值。为了确保 trian 的值不被更改，编译器必须确保 beg_pos()、length()、elem() 都不会更改其调用者。编译器如何得知这项信息呢？是的，class 设计者必须在 member function 身上标注 const，以此告诉编译器：这个 member function 不会更改 class object 的内容：

```
class Triangular {
public:
   // 以下是 const member function
   int length()         const { return _length;  }
   int beg_pos()        const { return _beg_pos; }
   int elem( int pos )  const;

   // 以下是 non-const member function
   bool next( int &val );
   void next_reset() { _next = _beg_pos - 1; }

   // ...
private:
   int _length;    // 元素个数
   int _beg_pos;   // 起始位置
   int _next;      // 下一个迭代目标

   // static data member 将于 4.5 节说明
   static vector<int> _elems;
};
```

const 修饰符紧接于函数参数列表之后。凡是在 class 主体以外定义者，如果它是一个 const member function，那就必须同时在声明与定义中指定 const。例如：

```
int Triangular::elem( int pos ) const
    { return _elems[ pos-1 ]; }
```

虽然编译器不会为每个函数进行分析，决定它究竟是 const 还是 non-const，但它会检查每个声明为 const 的 member function，看看它们是否真的没有更改 class object 内容。例如，假设我们将以下的 next() 声明为 const member function，就会产生编译错误，因为很显然它会更改其调用者的值。

```
bool Triangular::next( int &value ) const
{
   if ( _next < _beg_pos + _length - 1 )
   {
```

```
            // 错误：更改了_next之值
            value = _elems[ _next++ ];
            return true;
        }
        return false;
    }
```

下面这个 class，val()并不直接修改_val，但它却会返回一个 non-const reference 指向_val。那么，val()可被声明为 const 吗？

```
class val_class {
public:
    val_class( const BigClass &v )
        : _val( v ) { }

    // 这样没有问题吗？
    BigClass& val() const { return _val; }

private:
    BigClass _val;
};
```

不，这会产生问题（但语法层面正确），返回一个 non-const reference 指向_val，实际上等于将_val 开放出去，允许程序在其他地方加以修改。由于 member function 可以根据 const 与否而重载，因此有个方法可以解决这个问题：提供两份定义，一为 const 版本，一为 non-const 版本。例如：

```
class val_class {
public:
    const BigClass& val() const { return _val; }
    BigClass& val() { return _val; }
    // ...
};
```

Non-const class object 会调用 non-const 版的 val()（于是对象内容被改变也没有关系），const class object 则会调用 const 版的 val()（那就不可能改变对象的内容）。这样就完全没有问题了。举个例子：

```
void example( const BigClass *pbc, BigClass &rbc )
{
    pbc->val(); // 这会调用 const 版本
    rbc.val();  // 这会调用 non-const 版本
}
```

设计 class 时，鉴定其 const member function 是一件很重要的事。如果你忘了这么做，要知道，没有一个 const reference class 参数可以调用公开接口中的 non-const 成分（但目前许多编译器对此情况都只给警告）。用户也许会因此大声咒骂。将 const 加到 class 内并非易事，特别是如果某个 member function 被广泛使用之后。

Mutable Data Member（可变的数据成员）

以下是 sum() 的另一种做法，借由 next() 和 next_reset() 两个 member function 对 trian 元素进行迭代：

```
int sum( const Triangular &trian )
{
    if( ! trian.length() )
        return 0;

    int val, sum = 0;
    trian.next_reset();
    while ( trian.next( val ))
            sum += val;

    return sum;
}
```

这段程序会通过编译吗？不，至少现在不行。trian 是个 const object，而 next_reset() 和 next() 都会更改 _next 值，它们都不是 const member function。但它们却被 trian 调用，于是造成错误。

如果我们很希望采用 sum() 的这份实现，则 next() 和 next_reset() 势必得改为 const。但它们真的改变了 _next 的值呀！唔，我们可以做一个很好的区别。

检讨一下，_length 和 _beg_pos 提供了数列的抽象属性。如果我们改变 trian 的长度或起始位置，形同改变其性质，将和未改变前的状态不再相同。然而 _next 只是用来让我们得以实现出 iterator 机制，它本身不属于数列抽象概念的一环。改变 _next 的值，从意义上来说，不能视为改变 class object 的状态，或者说不算是破坏了对象的常量性（constness）。关键字 mutable 可以让我们做出这样的声明。只要将 _next 标示为 mutable，我们就可以宣称：对 _next 所做的改变并不会破坏 class object 的常量性。

```
class Triangular {
public:
    bool next( int &val ) const;
    void next_reset() const { _next = _beg_pos - 1; }
    // ...

private:
    mutable int _next;
    int _beg_pos;
    int _length;
};
```

现在，next() 和 next_reset() 既可以修改 _next 的值，又可以被声明为 const member function。这么一来，前述的 sum() 实现就没有问题了。以下便是以三个 Triangular object 实地演练 sum()：

```
int main()
{
      Triangular tri( 4 );
      cout << tri << " -- sum of elements: "
           << sum( tri ) << endl;

      Triangular tri2( 4, 3 );
      cout << tri2 << " -- sum of elements: "
           << sum( tri2 ) << endl;

      Triangular tri3( 4, 8 );
      cout << tri3 << " -- sum of elements: "
           << sum( tri3 ) << endl;
}
```

编译并执行，产生如下的输出结果：

```
( 1 , 4 ) 1 3 6 10  -- sum of elements: 20
( 3 , 4 ) 6 10 15 21  -- sum of elements: 52
( 8 , 4 ) 36 45 55 66  -- sum of elements: 202
```

4.4 什么是 this 指针

What Is the this Pointer?

我们得设计一个 copy() 成员函数，才能够以 Triangular class object 作为另一个 Triangular class object 的初值。假设有以下两个对象：

```
Triangular tr1( 8 );
Triangular tr2( 8, 9 );
```

调用

```
tr1.copy( tr2 );
```

会将 tr2 的长度及起始位置赋值给 tr1。copy() 必须返回被复制出来的对象。本例中，tr1 不仅是复制的目标，也用来接收复制的结果。这该如何完成呢？以下是 copy() 的一份实现：

```
Triangular& Triangular::
copy( const Triangular &rhs )
{
   _length = rhs._length;
   _beg_pos = rhs._beg_pos;
   _next = rhs._beg_pos-1;

   return ???   // 应该返回什么呢
};
```

其中 rhs（right hand side 的缩写）被绑定至 tr2。而以下这个赋值操作：

```
_length = rhs._length;
```

_length 指向 tr1 内的相应成员。我们还需要一种可以指向 tr1 整个对象的方法。所谓 this 指针便扮演了这样的角色。

this 指针系在 member function 内用来指向其调用者（一个对象）。本例中，this 指向 tr1。这是怎么办到的呢？内部工作过程是，编译器自动将 this 指针加到每一个 member function 的参数列表，于是 copy() 被转换为以下形式：

```
// 伪码（Pseudo Code）：member function 被转换后的结果

Triangular& Triangular::
copy( Triangular *this, const Triangular &rhs )
{
   this->_length  = rhs._length;
   this->_beg_pos = rhs._beg_pos;
   this->_next = rhs._beg_pos-1;
};
```

整个转换过程还需要另一个配合：每次调用 copy() 都需要提供两个参数。为此，原始调用方式

```
tr1.copy( tr2 );
```

会被转换为

```
// 内部的程序代码转换
// tr1 变成由 this 指针所指的对象
copy( &tr1, tr2 );
```

在 member function 内，this 指针可以让我们访问其调用者的一切。如果想在 copy() 中返回 tr1，只要简单地提领 this 指针即可，像这样：

```
// 返回由 this 指针所指的对象
return *this;
```

欲以一个对象复制出另一个对象，先确定两个对象是否相同是个好习惯。这必须再次运用 this 指针：

```
Triangular& Triangular::
copy(  const Triangular &rhs )
{
   // 检查两个对象是否相同
   if ( this != &rhs )
   {
      _length = rhs._length;
      _beg_pos = rhs._beg_pos;
      _next = _rhs._beg_pos-1;
   }
   return *this;
}
```

4.5 静态类成员

Static Class Members

第 2 章曾经利用一个容器（container）来储存 Fibonacci 数列元素。这个容器是以局部静态（local static）vector 实现。现在，我们的 class 也只需要唯一的容器来储存数列元素。关键字 `static` 再次为我们解决了问题——虽然，它用于 class 内时的意义颇有不同。

static（静态）data member 用来表示唯一的、可共享的 member。它可以在同一类的所有对象中被访问。例如以下这份定义，我们声明 `_elems` 是 `Triangular` class 的一个 static data member：

```
class Triangular {
public:
   // ...
private:
   static vector<int> _elems;
};
```

对 class 而言，static data member 只有唯一的一份实体，因此我们必须在程序代码文件中提供其清楚的定义。这种定义看起来很像全局对象（global object）的定义。唯一的差别是，其名称必须附上 class scope 运算符：

```
// 以下放在程序代码文件中，例如 Triangular.cpp
vector<int> Triangular::_elems;
```

也可以为它指定初值：

```
int Triangular::_initial_size = 8;
```

如果要在 class member function 内访问 static data member，其方式有如访问一般（non-static）数据成员：

```
Triangular::Triangular( int len, int beg_pos )
    : _length( len > 0 ? len : 1 ),
      _beg_pos( beg_pos > 0 ? beg_pos : 1 )
{
    _next = _beg_pos - 1;
    int elem_cnt = _beg_pos + _length - 1;

    if ( _elems.size() < elem_cnt )
         gen_elements( elem_cnt );
}
```

像 `buf_size` 这类的 `const static int` data member，可以在声明时为其明确指定初值：

```
class intBuffer {
public:
   // ...
```

```
private:
   static const int _buf_size = 1024;    // ok
   int _buffer[ _buf_size ];             // ok
};
```

Static Member Function（静态成员函数）

考虑以下的 `is_elem()`。给定某值，它会依据该值是否在 Triangular 数列内而返回 `true` 或 `false`：

```
bool Triangular::
is_elem( int value )
{
   if ( ! _elems.size() ||
         _elems[ _elems.size()-1 ] < value )
            gen_elems_to_value( value );

   vector<int>::iterator found_it;
   vector<int>::iterator end_it = _elems.end();

   found_it = find( _elems.begin(), end_it, value );
   return found_it != end_it;
}
```

一般情形下，member function 必须通过其类的某个对象来调用。这个对象会被绑定至该 member function 的 `this` 指针。通过储存于每个对象中的 `this` 指针，member function 才能够访问储存于每个对象中的 non-static data member。

然而，上述的 `is_elem()` 并未访问任何 non-static data member。它的工作和任何对象都没有任何关联，因而应该可以很方便地以一般 non-member function 的方式来调用。但是我们不能这样写：

```
if ( is_elem( 8 )) ...
```

因为这样一来就没有办法让编译器或程序阅读者知道我们想调用的究竟是哪一个 `is_elem()`。class scope 运算符可以解决这种令人混淆的问题：

```
if ( Triangular::is_elem( 8 )) ...
```

于是 static member function 便可以在这种“与任何对象都无瓜葛”的情形之下被调用。注意，member function 只有在“不访问任何 non-static member”的条件下才能够被声明为 static，声明方式是在声明之前加上关键字 `static`：

```
class Triangular {
public:
   static bool is_elem( int );
   static void gen_elements( int length );
   static void gen_elems_to_value( int value );
   static void display( int length, int beg_pos, ostream &os = cout );
   // ...
```

```
private:
    static const int   _max_elems = 1024; // Visual C++不允许在此直接指定初值
    static vector<int> _elems;
};
```

当我们在 class 主体外部进行 member function 的定义时，无须重复加上关键字 `static`（这个规则也适用于 static data member）：

```
void Triangular::   // 最前方无须再加关键字 static
gen_elems_to_value( int value )
{
    int ix = _elems.size();
    if ( !ix ){
            _elems.push_back( 1 );
            ix = 1;
    }
    while ( _elems[ ix-1 ] < value && ix < _max_elems )
    {
            // cout << "elems to value: " << ix*(ix+1)/2 << endl;
            ++ix;
            _elems.push_back( ix*(ix+1)/2 );
    }
    if ( ix == _max_elems )
            cerr << "Triangular Sequence: oops: value too large "
                 << value << " --  exceeds max size of "
                 << _max_elems << endl;
}
```

以下说明我们应该如何独立使用 `is_elem()`（所谓独立，意指不靠任何对象）：

```
#include <iostream>
#include "Triangular.h"
using namespace std;

int main()
{
    char ch;
    bool more = true;

    while ( more )
    {
        cout << "Enter value: ";
        int ival;
        cin >> ival;

        bool is_elem = Triangular::is_elem( ival );
```

```
            cout << ival
                 << ( is_elem ? " is " : " is not " )
                 << "an element in the Triangular series.\n"
                 << "Another value?(y/n)";

            cin >> ch;
            if ( ch == 'n' || ch == 'N' )
                 more = false;
      }
  }
```

程序编译并执行后，产生如下输出结果（输入部分以粗体表示）：

```
Enter value: 1024
1024 is not an element is the Triangular series.
Another value? (y/n) y
Enter value: 0
0 is not an element is the Triangular series.
Another value? (y/n) y
Enter value: 36
36 is an element is the Triangular series.
Another value? (y/n) y
Enter value: 55
55 is an element is the Triangular series.
Another value? (y/n) n
```

为求完整，我再列出 gen_elements()的定义：

```
void Triangular::
gen_elements( int length )
{
    if ( length < 0 || length > _max_elems ){
         // 发出错误信息，然后 return
    }

    if ( _elems.size() < length )
    {
         int ix = _elems.size() ? _elems.size()+1 : 1;
         for( ; ix <= length; ++ix )
              _elems.push_back( ix*( ix+1 )/2 );
    }
}
```

4.6 打造一个 Iterator Class

Building an Iterator Class

为了说明如何对 class 进行运算符重载操作，让我们体验一下如何实现一个 iterator class。我们必须提供以下操作方式：

```
Triangular trian( 1, 8 );
Triangular::iterator
            it = trian.begin(),
            end_it = trian.end();

while ( it != end_it )
{
    cout << *it << ' ';
    ++it;
}
```

为了让上述程序代码得以工作，我们必须为此 iterator class 定义 `!=`、`*`、`++`等运算符。这应如何办到呢？我们可以像定义 member function 那样来定义运算符。运算符函数看起来很像普通函数，唯一差别是它不用指定名称，只需在运算符前加上关键字 `operator` 即可。例如：

```
class Triangular_iterator
{
public:
// 为了不要在每次访问元素时都执行-1 操作，
// 此处将_index 的值设为 index-1。
    Triangular_iterator( int index ) : _index( index-1 ){}
    bool operator==( const Triangular_iterator& ) const;
    bool operator!=( const Triangular_iterator& ) const;
    int  operator*() const;
    Triangular_iterator& operator++();          // 前置（prefix）版
    Triangular_iterator  operator++( int );     // 后置（postfix）版
private:
    void check_integrity() const;
    int _index;
};
```

`Triangular_iterator` 维护一个索引值，用以索引 `Triangular` 中用来储存数列元素的那个 static data member，也就是`_elems`。为了达到这个目的，`Triangular` 必须赋予 `Triangular_iterator` 的 member function 特殊的访问权限。我们会在 4.7 节看到如何通过 friend 机制给予这种特殊权限。如果两个 `Triangular_iterator` 对象的`_index` 相等，我们便说这两个对象相等：

```
inline bool Triangular_iterator::
operator==( const Triangular_iterator &rhs ) const
            { return _index == rhs._index; }
```

所谓运算符，可以直接作用于其 class object：

```
if ( trian1 == trian2 ) ...
```

如果我们希望将运算符作用于指针所指的对象，就得先提领该指针，取出其所指对象：

```
if( *ptri1 == *ptri2 ) ...
```

任何运算符如果和另一个运算符性质相反，我们通常会以后者实现出前者，例如：

```
inline bool Triangular_iterator::
operator!=( const Triangular_iterator &rhs ) const
        { return !( *this == rhs ); }
```

以下是运算符重载的规则：

- 不可以引入新的运算符。除了 .、.*、::、?: 四个运算符，其他的运算符皆可被重载。
- 运算符的操作数（operand）个数不可改变。每个二元运算符都需要两个操作数，每个一元运算符都需要恰好一个操作数。因此，我们无法定义出一个 equality 运算符，并令它接受两个以上或两个以下的操作数。
- 运算符的优先级（precedence）不可改变。例如，除法的运算优先级永远高于加法。
- 运算符函数的参数列表中，必须至少有一个参数为 class 类型。也就是说，我们无法为诸如指针之类的 non-class 类型，重新定义其原已存在的运算符，当然更无法为它引进新运算符。

运算符的定义方式，就像 member function 一样：

```
inline int Triangular_iterator::
operator*() const
{
    check_integrity();
    return Triangular::_elems[ _index ];
}
```

但也可以像 non-member function 一样：

```
inline int
operator*( const Triangular_iterator &rhs )
{
    rhs.check_integrity();

    // 注意：如果这是一个 non-member function，就不具有
    // 访问 non-public member 的权力
    return Triangular::_elems[ _index ];
}
```

Non-member 运算符的参数列表中，一定会比相应的 member 运算符多出一个参数，也就是 this 指针。对 member 运算符而言，这个 this 指针隐式代表左操作数。

下面这个 check_integrity() member function 可以确保 _index 不大于 _max_elems，并确保 _elems 储存了必要的元素。

```
inline void Triangular_iterator::
check_integrity() const
{
    // 第 7 章会介绍 throw 表达式
    if ( _index >= Triangular::_max_elems )
         throw iterator_overflow();

    // 必要时扩展 vector 的容量
    if ( _index >= Triangular::_elems.size() )
         Triangular::gen_elements( _index + 1 );
}
```

接下来我们必须提供 increment（递增）运算符的前置（`++trian`）和后置（`trian++`）两个版本。前置版的参数列表是空的：

```
inline Triangular_iterator& Triangular_iterator::
operator++()
{   // 前置版本
    ++_index;
    check_integrity();
    return *this;
}
```

后置版的参数列表原本也应该是空的，然而重载规则要求，参数列表必须独一无二。因此，C++语言想出一个变通办法，要求后置版得有一个 `int` 参数：

```
inline Triangular_iterator Triangular_iterator::
operator++( int )
{   // 后置版本
    Triangular_iterator tmp = *this;
    ++_index;
    check_integrity();
    return tmp;
}
```

increment（递增）或 decrement（递减）运算符的前置及后置版本都可直接作用于其 class object：

```
++it;    // 前置版
it++;    // 后置版
```

令人生疑的是，对后置版而言，其唯一的那个 `int` 参数从何发生，又到哪里去了呢？事实的真相是，编译器会自动为后置版产生一个 `int` 参数（其值必为 0）。用户不必为此烦恼。

接下来我们要做的，便是为 `Triangular` 提供一组 `begin()/end()` member function，并支持前述 iterator 定义。这需要用到稍后才讨论到的所谓嵌套类型（nested type）。

首先看看我们必须对 `Triangular` 做的修正：

```
#include "Triangular_iterator.h"

class Triangular {
public:
   // 以下这么做，可以让用户不必知晓 iterator class 的实际名称
   typedef Triangular_iterator iterator;

   Triangular_iterator begin() const
   {
        return Triangular_iterator( _beg_pos );
   }

   Triangular_iterator end() const
   {
        return Triangular_iterator( _beg_pos+_length );
   }
   // ...

 private:
   int _beg_pos;
   int _length;
   // ...
};
```

嵌套类型（Nested Type）

typedef 可以为某个类型设定另一个不同的名称。其通用形式为

```
typedef existing_type new_name;
```

其中的 existing_type 可以是任何一个内置类型、复合类型或 class 类型。在我们的例子中，我令 iterator 等同于 Triangular_iterator，以简化其使用形式。以下是定义一个 iterator object 的语法：

```
Triangular::iterator it = trian.begin();
```

我们得使用 class scope 运算符来指引编译器，让它在面对 iterator 这个字眼时，查看 Triangular 内部提供的定义。如果我们只是写

```
iterator it = trian.begin();  // 错误
```

编译器就不知道在面对 iterator 这个字时该查看 Triangular 的内容，于是以上声明出现错误。

如果将 iterator 嵌套放在每个"提供 iterator 抽象概念"的 class 内，我们就可以提供有着相同名称的多个定义。但是这样的声明语法有些复杂：

```
Fibonacci::iterator   fit = fib.begin();
Pell::iterator        pit = pel.begin();
vector<int>::iterator vit = _elems.begin();
string::iterator      sit = file_name.begin();
```

4.7 合作关系必须建立在友谊的基础上

Collaboration Sometimes Requires Friendship

以下的 non-member operator*()会直接访问 Triangular 的 private _elems 以及 Triangular_iterator 的 private check_integrity():

```
inline int operator*( const Triangular_iterator &rhs )
{
    rhs.check_integrity();                          // 直接访问 private member
    return Triangular::_elems[ rhs.index() ];  // 直接访问 private member
}
```

为什么上述程序直接访问 private member 却可以通过编译呢？因为任何 class 都可以将其他 function 或 class 指定为朋友（friend）。而所谓 **friend**，具备了与 class member function 相同的访问权限，可以访问 class 的 private member。为了让 operator*()通过编译，不论 Triangular 或 Triangular_iterator 都必须将 operator*()声明为“朋友”：

```
class Triangular {
   friend int operator*( const Triangular_iterator &rhs );
   // ...
};

class Triangular_iterator {
   friend int operator*( const Triangular_iterator &rhs );
   // ...
};
```

只要在某个函数的原型（prototype）前加上关键字 friend，就可以将它声明为某个 class 的 friend。这份声明可以出现在 class 定义的任意位置上，不受 private 或 public 的影响。如果你希望将数个重载函数都声明为某个 class 的 friend，你必须明确地为每个函数加上关键字 friend。

Triangular_iterator 内的 operator*()和 check_integrity()都需要直接访问 Triangular 的 private member，因此我们将两者都声明为 Triangular 的 friend：

```
class Triangular {
   friend int Triangular_iterator::operator*();
   friend void Triangular_iterator::check_integrity();
   // ...
};
```

为了让上述定义成功通过编译，我们必须在上述两行之前，先提供 Triangular_iterator 的定义让 Triangular 知道。否则编译器就没有足够的信息可以确定上述两个函数原型是否正确，也无法确定它们是否的确是 Triangular_iterator 的 member function。

我们也可以令 class A 与 class B 建立 friend 关系，借此让 class A 的所有 member function 都成为 class B 的 friend。例如：

```
class Triangular {
  // 以下造成 Triangular_iterator 的所有 member function
  // 都成为 Triangular 的 friend
  friend class Triangular_iterator;

  // ...
};
```

如果以这种形式来声明 class 间的友谊，就不需要在友谊声明之前先显现 class 的定义。

不过，我们也并非一定得以 friend 方式达到目的。举个例子，仔细看看以下的 check_integrity() 定义：

```
inline void Triangular_iterator::
check_integrity()
{
    if ( _index >= Triangular::_max_elems )
         throw iterator_overflow();

    if ( _index >= Triangular::_elems.size() )
         Triangular::gen_elements( _index + 1 );
}
```

如果 Triangular 提供一个 public member function 来访问_max_elems，以及另一个 public member function 来返回_elems 的当前大小，那么 check_integrity()就不再需要主动建立友谊。像这样：

```
class Triangular {
public:
    static int elem_size() { return _elems.size(); }
    static int max_elems() { return _max_elems; }
    // ...
};

// 友谊不再必要
inline void Triangular_iterator::
check_integrity()
{
    if ( _index >= Triangular::max_elems() )
         throw iterator_overflow();

    if ( _index >= Triangular::elems_size() )
         Triangular::gen_elements( _index + 1 );
}
```

友谊的建立，通常是为了效率考虑。例如在某个 non-member 运算符函数中进行 Point 和 Matrix 的乘法运算。如果我们只是希望进行某个 data member 的读取和写入，那么，为它提供具有 public 访问权限的 inline 函数，就是建立友谊之外的一个替代方案。

以下程序用来练习先前的 iterator class：

```
int main()
{
    Triangular tri( 20 );
    Triangular::iterator it = tri.begin();
    Triangular::iterator end_it = tri.end();

    cout << "Triangular Series of " << tri.length() << " elements\n";
    cout << tri << endl;
    while ( it != end_it )
    {
        cout << *it << ' ';
        ++it;
    }

    cout << endl;
}
```

编译并执行，程序将产生如下输出：

```
Triangular Series of 20 elements
1 3 6 10 15 21 28 36 45 55 66 78 91 105 120 136 153 171 190 210
```

4.8 实现一个 copy assignment operator

Implementing a Copy Assignment Operator

默认情况下，当我们将某个 class object 赋值给另一个，像下面这样：

```
Triangular tri1( 8 ), tri2( 8, 9 );
tri1 = tri2;
```

class data member 会被依次复制过去。在我们的例子中，`_length`、`_beg_pos`、`_next` 都会从 `tri2` 被复制到 `tri1` 去。这称为 default memberwise copy（默认的成员逐一复制操作）。

以 `Triangular` 为例，default memberwise copy 即已足够，我们不需要另做其他事情。但是面对 4.2 节的 `Matrix` class，这种 default memberwise copy 行为便不正确，其原因已在 4.2 节的 default memberwise initialization（默认的成员逐一初始化操作）主题中探讨过。

`Matrix` 需要一个 copy constructor 和一个 copy assignment operator。以下便是我们为 `Matrix` 的 copy assignment operator 所做的定义：

```
Matrix& Matrix::
operator=( const Matrix &rhs )
{
    if ( this != &rhs )
    {
        _row = rhs._row; _col = rhs._col;
        int elem_cnt = _row * _col;
```

```
            delete [] _pmat;
            _pmat = new double[ elem_cnt ];
            for ( int ix = 0; ix < elem_cnt; ++ix )
                  _pmat[ ix ] = rhs._pmat[ ix ];
      }
      return *this;
  }
```

只要 class 设计者明确提供了 copy assignment operator（像上面那样），它就会被用来取代 default memberwise copy 行为。客户端的源代码不必有任何更改——噢，当然，重新编译是难免的。

严格说来，这种做法并非 exception-safe（异常发生时保持安全）。[SUTTER99]中对于 exception-safe 有详尽的讨论。

4.9 实现一个 function object

Implementing a Function Object

我们已经在 3.6 节看到了标准库事先定义的 function object。本节教你如何实现自己的 function object。所谓 **function object** 乃是一种"提供有 function call 运算符"的 class。

当编译器在编译过程中遇到函数调用，例如：

```
lt ( ival );
```

`lt` 可能是函数名称，可能是函数指针，也可能是一个提供了 function call 运算符的 function object。如果 `lt` 是个 class object，编译器便会在内部将此语句转换为

```
lt.operator( ival );  // 内部转换结果
```

function call 运算符可接受任意个数的参数：零个、一个、两个或更多。举个例子，它可被用来支持 `Matrix` 的多维度下标（*subscripting*）操作，因为语言所提供的 subscript 运算符仅能接受一个参数。

下面就来实现一个 function call 运算符，测试传入值是否小于某指定值。将此 class 命名为 `LessThan`，其每个对象都必须被初始化为某基值。此外，也提供该基值的读取及写入操作。实现如下：

```
class LessThan
{
public:
    LessThan( int val ) : _val( val ) { }
    int  comp_val() const     { return _val;  }  // 基值的读取
    void comp_val( int nval ){ _val = nval; }    // 基值的写入

    bool operator()( int _value ) const;

private:
    int _val;
};
```

其中的 function call 运算符实现如下：

```
inline bool LessThan::
operator()( int value ) const { return value < _val; }
```

定义 LessThan object 的方式和定义一般对象并没有两样：

```
LessThan lt10( 10 );
```

将 function call 运算符应用于对象身上，便可以调用 function call 运算符：

```
int count_less_than( const vector<int> &vec, int comp )
{
   LessThan lt( comp );

   int count = 0;
   for ( int ix = 0; ix < vec.size(); ++ix )
         if ( lt( vec[ ix ] ))
              ++count;

   return count;
}
```

通常我们会把 function object 当作参数传给泛型算法，例如：

```
void print_less_than( const vector<int> &vec,
                           int comp, ostream &os = cout )
{
   LessThan lt( comp );
   vector<int>::const_iterator iter = vec.begin();
   vector<int>::const_iterator it_end = vec.end();

   os << "elements less than " << lt.comp_val() << endl;
   while (( iter = find_if( iter, it_end, lt )) != it_end )
   {
          os << *iter << ' ';
          ++iter;
   }
}
```

以下这个小程序，用来练习上述两个函数：

```
int main()
{
    int ia[16] = { 17, 12, 44, 9, 18, 45, 6, 14,
                   23, 67, 9, 0, 27, 55, 8, 16 };
    vector<int> vec( ia, ia+16 );
    int comp_val = 20;

    cout << "Number of elements less than "
         << comp_val << " are "
         << count_less_than( vec, comp_val ) << endl;
```

```
    print_less_than( vec, comp_val );
}
```

编译并执行，将产生如下输出：

```
Number of elements less than 20 are 10
elements less than 20
17 12 9 18 6 14 9 0 8 16
```

附录 B 提供有更多 function object 的定义实例。

4.10 重载 iostream 运算符

Providing Class Instances of the iostream Operators

我们常常会希望对某个 class object 进行读取和写入操作。如果我们想要显示 `trian` 对象的内容，可能会希望这样写：

```
cout << trian << endl;
```

为了支持上述形式，我们必须另外提供一份重载的 output 运算符：

```
ostream& operator<<( ostream &os, const Triangular &rhs )
{
    os << "( " << rhs.beg_pos() << ", "
       << rhs.length()        << " )";

    rhs.display( rhs.length(), rhs.beg_pos(), os );
    return os;
}
```

传入函数的 `ostream` 对象又被原封不动地返回。如此一来我们便得以串接多个 output 运算符。参数列表中的两个对象皆以传址（by reference）方式传入。其中的 `ostream` 对象并未声明为 `const`，因为每个 output 操作都会更改 `ostream` 对象的内部状态。至于 `rhs` 这种将被输出的对象，就会被声明为 `const`——因为这里之所以使用传址方式，是基于效率考虑而非为了修改其对象内容。现在，给定这样的对象：

```
Triangular tri( 6, 3 );
```

下面这个句子

```
cout << tri << '\n';
```

会产生

```
( 3, 6 ) 6 10 15 21 28 36
```

为什么不把 output 运算符设计为一个 member function 呢？因为作为一个 member function，其左操作数必须是隶属于同一个 class 的对象。如果 output 运算符被设计为 `tri` class member function，那么 `tri` object 就必须被放在 output 运算符的左侧：

```
tri << cout << '\n';
```

这种奇怪的形式必定对 class 用户造成困惑！

以下的 input 运算符只读取和 `Triangular` 有关的前四个成分。所有 `Triangular` 对象之间的差别，只在于其起始位置和长度，至于数列的实际元素并没有什么不同——事实上它们根本就不是被储存在 `Triangular` 对象内（别忘了，数列元素所在的 `_elems` vector，是个 static member，见 4.5 节）。

```
istream&
operator>>( istream &is, Triangular &rhs )
{
    char ch1, ch2;
    int bp, len;

    // 假设输入为( 3 , 6 ) 6 10 15 21 28 36
    // 那么 ch1 == '(', bp == 3, ch2 == ',', len == 6。
    is >> ch1 >> bp
       >> ch2 >> len;

    // 设定 rhs 的三个 data member……
    rhs.beg_pos( bp );
    rhs.length( len );
    rhs.next_reset();

    return is;
}
```

以下这个小程序用来测试上述的 input/output 运算符：

```
void main()
{
    Triangular tri( 6, 3 );
    cout << tri << '\n';

    Triangular tri2;
    cin >> tri2;

    // 让我们看看我们拿到了什么……
    cout << tri2;
}
```

编译并执行，将产生以下结果（输入部分以粗体标示）：

```
( 3, 6 ) 6 10 15 21 28 36
( 4, 10 )
( 4, 10 ) 10 15 21 28 36 45 55 66 78 91
```

一般而言，input 运算符的实现比较复杂。因为读入的数据可能有问题。上述例子万一没有读到左括号，就会有问题。在这里，我并没有考虑错误的检验。[LIPPMAN98]的第 20 章谈及更多 input 运算符可能面临的问题，以及 `iostream` 可能产生的相关错误状态。

4.11 指针，指向 Class Member Function

Pointers to Class Member Functions

支持 Fibonacci、Pell、Lucas、Square、Pentagonal 种种数列的 class，基本上和 `Triangular` class 大同小异。只不过用来产生数列元素的算法不同罢了。第 5 章我会将这些类组织起来，形成一个面向对象的类层次体系。本节讨论的重点在于实现出一个通用的数列类 `num_sequence`，使其对象可同时支持上述六种数列。以下是测试用 `main()`：

```
int main()
{
    num_sequence ns;
    const int pos = 8;
    for ( int ix = 1; ix < num_sequence::num_of_sequence(); ++ix )
    {
          ns.set_sequence( num_sequence::ns_type( ix ));
          int elem_val = ns.elem( pos );
          display( cout, ns, pos, elem_val );
    }
}
```

其中的 `ns` 便是一个通用型数列对象。在 `for` 循环每次迭代过程中，我们利用 `set_sequence()`，根据 `ns_type()` 返回的不同数列的代码，将 `ns` 重新设值。`num_of_sequences()` 返回目前支持的数列种类个数。`num_of_sequence()` 和 `ns_type()` 皆为 inline static member function。`elem()` 会返回特定位置的元素值。程序编译并执行后，产生如下的输出结果：

```
The element at position 8 for fibonacci sequence is 21
The element at position 8 for pell sequence is 408
The element at position 8 for lucas sequence is 47
The element at position 8 for triangular sequence is 36
The element at position 8 for square sequence is 64
The element at position 8 for pentagonal sequence is 92
```

`num_sequence` 的设计关键在于，pointer *to member function*（指向成员函数的指针）机制的运用。这种指针看起来和 pointer *to non-member function*（2.8 节介绍过）极为相似。两者皆需指定其返回类型和参数列表。不过，pointer *to member function* 还得指定它所指的究竟是哪一个 class。例如：

```
void (num_sequence::*pm)( int ) = 0;
```

便是将 `pm` 声明为一个指针，指向 `num_sequence` 的 member function，后者的返回类型必须是 `void`，并只接受单一参数，参数类型为 `int`。`pm` 的初始值为 0，表示它目前并不指向任何 member function。

如果这样的语法过于复杂，我们可以通过 typedef 加以简化。例如：

```
typedef void (num_sequence::*PtrType)( int );
PtrType pm = 0;
```

便是将 PtrType 声明为一个指针，指向 num_sequence 的 member function，后者的返回类型是 void，只接受一个 int 参数。这种声明方式和先前的完全相同。注意，六个数列，除了元素的算法不同外，其余都相同。num_sequence 提供以下六个 member function，每一个都可由 PtrType 指针加以定位：

```
class num_sequence {
public:
    typedef void (num_sequence::*PtrType)( int );

    // _pmf 可指向下列任何一个函数
    void fibonacci( int );
    void pell( int );
    void lucas( int );
    void triangular( int );
    void sequare( int );
    void pentagonal( int );
    //...
private:
    PtrType _pmf;
};
```

为了取得某个 member function 的地址，我们对函数名称应用 address-of（取址）运算符。注意，函数名称前必须先以 class scope 运算符加以限定，至于返回类型和参数列表皆不必指明。举个例子，如果要定义一个指针，并令它指向 member function fibonacci()，我们可以这么写：

```
PtrType pm = &num_sequence::fibonacci;
```

同样道理，如果要指定 pm 的值，可以这么写：

```
pm = &num_sequence::triangular;
```

每当调用 set_sequence()，我们便指定_pmf 值，令其指向前述六个 member functions 之一。为求简化，我们可以将这六个 member function 的地址储存在一个 static array 中。为了避免重复计算每个数列元素，我们还维护一个 static vector，内放六个 vector，分别储存各个数列：

```
class num_sequence {
public:
    typedef void (num_sequence::*PtrType)( int );
    // ...
private:
    vector<int>* _elem;          // 指向目前所用的 vector
    PtrType      _pmf;           // 指向目前所用的算法（用以计算数列元素）
```

```
    static const int num_seq = 7;
    static PtrType func_tbl[ num_seq ];
    static vector<vector<int> > seq;
};
```

上述所有定义之中，最复杂的莫过于 seq 了：

```
static vector<vector<int> > seq;
```

其意义是，seq 是个 vector，其中每个元素又是一个 vector（代表一个数列），用来存放 int 元素。如果我们忘了在两个>之间加上空白，像下面这样：

```
// 无法编译成功
static vector<vector<int>> seq;
```

就无法编译成功。这是基于所谓的 maximal munch 编译规则。此规则要求，每个符号序列（symbol sequence）总是以“合法符号序列”中最长的那个解释。因为>>是个合法的运算符序列，因此如果两个>之间没有空白，这两个符号必定会被合在一起看待。同样道理，如果我们写下 a+++p，在 maximal munch 规则之下，它必定会被解释为

```
a++ + p
```

接下来，我们还必须提供每个 static data member 的定义。由于 PtrType 是个嵌套类型，所以在 num_sequence 之外对它所做的任何访问操作，都必须以 class scope 运算符加以限定。至于 num_seq 的值，已经在 class 定义中指定好了，这里不需要重复指定。

```
const int num_sequence::num_seq;
vector<vector<int> > num_sequence::seq( num_seq );

num_sequence::PtrType
    num_sequence::func_tbl[ num_seq ] =
    {  0,
       &num_sequence::fibonacci,
       &num_sequence::pell,
       &num_sequence::lucas,
       &num_sequence::triangular,
       &num_sequence::square,
       &num_sequence::pentagonal
    };
```

如果你对嵌套类型的语法感到困惑，可以利用 typedef 加以隐藏：

```
typedef num_sequence::PtrType PtrType;
PtrType num_sequence::func_tbl[ num_seq ] = ...
```

_elem 和 _pmf 在 set_sequence() 内一起被设定。设定好后，_elem 指向存有数列元素的 vector，_pfm 则指向产生数列元素的 member function。set_sequence() 的实际做法，要到 5.3 节才介绍。

Pointer *to member function* 和 pointer *to function* 的一个不同点是，前者必须通过同一类的对象加以调用，而该对象便是此 member function 内的 `this` 指针所指之物。

假设有以下定义：

```
num_sequence ns;
num_sequence *pns = &ns;
PtrType pm = &num_sequence::fibonacci;
```

为了通过 `ns` 调用 `_pmf`，我们这样写：

```
// 以下写法和 ns.fibonacci( pos )相同
(ns.*pm)( pos )
```

其中的`.*`符号是个 pointer *to member selection* 运算符，系针对 class object 工作。我们必须为它加上外围小括号，才能正确工作。至于针对 pointer *to class object* 工作的 pointer *to member selection* 运算符，其符号是`->*`：

```
// 以下写法和 pns->fibonacci( pos )相同
(pns->*pm)( pos )
```

下面就是 `elem()` 的实现内容。如果用户所指定的位置是个合理值，而目前所储存的元素并未包含这个位置，那么就调用 `_pmf` 所指函数，产生新元素。

```
int num_sequence::elem( int pos )
{
    if ( ! check_integrity( pos ))
         return 0;

    if ( pos > _elem->size() )
       ( this->*_pmf )( pos );

    return (*_elem)[ pos-1 ];
}
```

以上便是截至目前所讨论的实现方法。第 5 章有更多设计细节，谈到如何让每个 `num_sequence` 对象在其生命期的任意时刻，都能知晓自身的数列究竟是什么类型。然后我们会看到如何通过面向对象（*object-oriented*）编程风格，将多重类型的操作方式更加简化。

练习 4.3

考虑以下所定义的全局（global）数据：

```
string program_name;
string version_stamp;
int version_number;
```

```
int tests_run;
int tests_passed;
```

编写一个用以包装这些数据的类。

练习 4.4

一份“用户概况记录（user profile）”内含以下数据：登录记录、实际姓名、登入次数、猜过次数、猜对次数、等级——包括初级、中级、高级、专家，以及猜对百分比（可实时计算获得，或将其值储存起来备用）。请写出一个名为 `UserProfile` 的 class，提供以下操作：输入、输出、相等测试、不等测试。其 constructor 必须能够处理默认的用户等级、默认的登录名称（`"guest"`）。对于同样名为 `guest` 的多个用户，你如何保证每个 `guest` 有他自己独有的登录会话（login session），不会和其他人混淆？

练习 4.5

请实现一个 4 × 4 的 `Matrix` class，至少提供以下接口：矩阵加法、矩阵乘法、打印函数 `print()`、复合运算符`+=`，以及一组支持下标操作（*subscripting*）的 function call 运算符，像下面这样：

```
float& operator()( int row, int column );
float  operator()( int row, int column ) const;
```

请提供一个 default constructor，可选择性地接受 16 个数据值。再提供一个 constructor，可接受一个拥有 16 个元素的数组。你不需要为此 class 提供 copy constructor、copy assignment operator、destructor。第 6 章重新实现 `Matrix` class 时才会需要这几个函数，用以支持任意行列的矩阵。

5

面向对象编程风格

Object-Oriented Programming

就如第 4 章所见，class 的主要用途在于引入一个崭新的数据类型，能够更直接地在我们所设计的程序系统中，表现我们想表现的实体。好比图书馆的借阅系统，如果我们利用 `Book`（书）、`Borrower`（借阅人）、`DueDate`（到期日）这些类来进行程序设计，往往会比使用基本的字符类型、算术类型、布尔（Boolean）类型轻松多了。

当我们的应用系统布满许多类，其间有着"是一种（*is-a-kind-of*）"的关系时，以对象为基础（*object-based*）的编程模型反而会拖累我们的程序设计工作。试想，在一段时间之后，图书馆借阅系统必须在原来的 `Book` 类之外再增加更细的书籍分类，如 `RentalBook`、`AudioBook`、`InterativeBook`，等等，每个类可能会共享 data member 及 member function，也可能增加额外的特殊数据，用以表示其自身状态。虽然每个类都享有共同的接口，但是也可能会（或不会）具备特有的借还程序，以及逾期不还的罚款计算方式。

第 4 章所谈的"以对象为基础（*object-based*）"的类机制无法轻松针对这四个"*are-a-kind-of*（隶属同类）"的 `Book` 类的共通性质进行系统化的划分。为什么？因为这种模型无法让我们更进一步地指出类间的关系。类间的关系有赖"面向对象编程模型（*object-oriented programming model*）"加以设定。

5.1 面向对象编程概念

Object-Oriented Programming Concepts

面向对象编程概念的两项最主要特质是：继承（**inheritance**）和多态（**polymorphism**）。前者使我们得以将一群相关的类组织起来，并让我们得以分享其间的共通数据和操作行为，后者让我们在这些类之上进行编程时，可以如同操控单一个体，而非相互独立的类，并赋予我们更多弹性来加入或移除任何特定类。

继承机制定义了父子（*parent/child*）关系。父类（parent）定义了所有子类（children）共通的公有接口（public interface）和私有实现（private implementation）。每个子类都可以增加或覆盖（*override*）

继承而来的东西，以实现其自身独特的行为。例如，子类 AudioBook（有声书）除了从父类 Book 继承了作者和标题之外，还增加了播讲者以及耗用的卡带数。除此之外，它也改写了从父类继承而来的 check_out() 函数。

在 C++中，父类被称为基类（base class），子类被称为派生类（derived class）。父类和子类之间的关系则称为继承体系（inheritance hierarchy）。例如在整个设计的复审会议中，我们可能会说："我希望实现一个 AudioBook 派生类。它会覆盖基类 Book 的 check_out() 操作方法。不过，它还是沿用继承而来的 Book 类中的各笔数据，以及用来管理架位、作者、标题等信息的操作函数。"

图 5.1 绘出了图书馆借阅管理系统中用到的各种馆藏的类体系。这一继承体系中最根本的类乃是一个抽象基类（abstract base class）：LibMat。LibMat 用来定义图书馆借阅管理系统中所有馆藏的共通操作行为，包括：check_in()、check_out()、due_date()、find()、location()，等等。LibMat 并不代表图书馆借阅管理系统中实际存在的任何一个馆藏，仅仅是为了我们设计上的需要而存在。但事实上这个抽象十分关键。我们称之为"抽象基类（abstract base class）"。

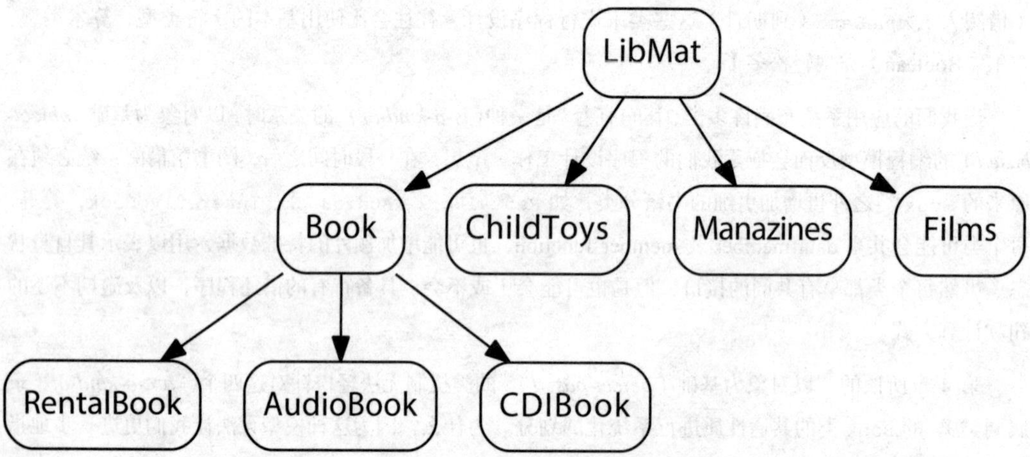

图 5.1 "图书馆借阅系统"中的"外借馆藏类继承体系"

在面向对象应用程序中，我们会间接利用「指向抽象基类"的 pointer 或 reference 来操作系统中的各对象，而不直接操作各个实际对象。这让我们得以在不更动旧有程序的前提下，加入或移除任何一个派生类。下面是个小例子：

```
void loan_check_in( LibMat &mat )
{
    // mat 实际上代表某个派生类的对象（derived class object），
    // 诸如 Book、RentalBook、Magazines，等等。
```

```
    mat.check_in();

    if ( mat.is_late() )
         mat.assess_fine();

    if ( mat.waiting_list() )
         mat.notify_available();
}
```

我们的程序中并不存在 LibMat 对象，只有 Book、RentalBook、AudioCD 等类对象。这个函数实际上如何工作呢？举例来说，当我们通过 mat 调用 check_in()时，究竟发生何事？此函数若要具有实质意义，那么每当 loan_check_in()被调用，mat 必定得指向我们程序中的某个实际对象。此外，被调用的 check_in()函数也势必得被解析（*resolved*）为 mat 所代表的实际对象所拥有的那个 check_in()函数。这便是整个进行过程。问题是，它到底是如何工作的？

面向对象编程风格的第二个独特概念是多态（**polymorphism**）：让基类的 pointer 或 reference 得以十分透明地（*transparently*）指向其任何一个派生类的对象。以上述的 loan_check_in()为例，mat 总是指向（代表）LibMat 的某个派生对象。但究竟是哪一个？答案是除非程序实际执行的当下，否则无法确定。而且，loan_check_in()的每次执行情况都可能不同。

动态绑定（**dynamic binding**）是面向对象编程风格的第三个独特概念。在非面向对象的编程风格中，当我们写下这样一行：

```
mat.check_in();
```

编译器在编译时就依据 mat 所属的类决定究竟执行哪一个 check_in()函数。由于程序执行之前就已解析出应该调用哪一个函数，所以这种方式被称为静态绑定（**static binding**）。

但在面向对象编程方法中，编译器无法得知究竟哪一份 check_in()函数会被调用。每次 loan_check_in()执行时，仅能在执行过程中依据 mat 所指的实际对象来决定调用哪一个 check_in()。"找出实际被调用的究竟是哪一个派生类的 check_in()函数"这一解析操作会延迟至运行时（run-time）才进行。此即我们所谓的动态绑定（**dynamic binding**）。

继承特性让我们得以定义一整群互有关联的类，并共享共通的接口，就像前述的各种图书馆藏。多态则让我们得以用一种与类型无关（type-independent）的方式来操作这些类对象。我们通过抽象基类的 pointer 或 reference 来操控其共通接口，而实际执行起来的操作则需要等到运行时，依据 pointer 或 reference 所指的实际对象的类型才能决定。是的！多态和动态绑定的特性，只有在使用 pointer 或 reference 时才能发挥。稍后我会多加说明。

如果图书馆决定不再出借交互式书籍，我们只需将此类从继承体系中移除即可。loan_check_in()

实现无须任何变动。同样道理，如果图书馆决定为特定的有声书收取额外的出租费用，我们可以做出另一个派生类 AudioRentalBook。loan_check_in()仍旧无须任何更改。如果图书馆决定出借笔记本电脑或电视游戏机的设备和卡带，面对这种变动，我们的继承体系依然能够应付。

5.2 漫游：面向对象编程思维

A Tour of Object-Oriented Programming

接下来，让我实现一个三层的类体系，并借此引入 C++语言中的基本组成和支持面向对象编程方法的语法元素。我以 LibMat 这个抽象基类作为类体系中的最根本的类。我从 LibMat 派生出 Book，并从 Book 派生出 AudioBook。我们先限定接口只有一个 constructor、一个 destructor 和一个 print()函数。我为每个 member function 加上一些程序代码，输出信息表示它们的存在，让我们得以跟踪程序的行为。

默认情形下，member function 的解析（resolution）皆在编译时静态地进行。若要令其在运行时动态进行，我们就得在它的声明前加上关键字 virtual。LibMat 的声明表示，其 destructor 和 print()皆为 virtual（虚函数）。

```
class LibMat {
public:
   LibMat(){ cout << "LibMat::LibMat() default constructor!\n"; }

   virtual ~LibMat(){ cout << "LibMat::~LibMat() destructor!\n"; }
   virtual void print() const
         { cout << "LibMat::print() -- I am a LibMat object!\n"; }
};
```

现在，我定义一个 non-member function print()，它接受一个参数，其形式为 const LibMat reference：

```
void print( const LibMat &mat )
{
   cout << "in global print(): about to print mat.print()\n";

   // 下一行会依据 mat 实际指向的对象，
   // 解析该执行哪一个 print() member function。
   mat.print();
}
```

我在 main()程序中重复调用 print()，并依次将 LibMat 对象、Book 对象、AudioBook 对象当作参数传递给它。每次 print()被执行，都会依据 mat 实际所指的对象，在 LibMat、Book、AudioBook 三者之间挑选正确的 print() member function 加以调用。第一次调用操作像下面这样：

```
cout << "\n" << "Creating a LibMat object to print()\n";
LibMat libmat;
print( libmat );
```

以下便是跟踪结果：

```
Creating a LibMat object to print()

// 构造 LibMat libmat
LibMat::LibMat() default constructor!

// 处理 print( libmat )
in global print(): about to print mat.print()
LibMat::print() -- I am a LibMat object!

// 析构 LibMat libmat
LibMat::~LibMat() destructor!
```

希望你不会对此感到任何惊讶。Default constructor 的调用乃是紧跟在 `libmat` 的定义行为之后。而在 `print()` 中，`mat.print()` 会被解析为 `LibMat::print()`。接踵而来的便是 `LibMat` destructor 的调用。但是当我将 `Book` 对象传入 `print()`，情况有点令人惊讶：

```
cout << "\n" << "Creating a Book object to print()\n";
Book b( "The Castle", "Franz Kafka" );
print( b );
```

以下便是经过注释的跟踪结果：

```
Creating a Book object to print()

// 构造 Book b
LibMat::LibMat() default constructor!
Book::Book( The Castle, Franz Kafka )  constructor

// 处理 print(b)
in global print(): about to print mat.print()
Book::print() -- I am a Book object!
My title is: The Castle
My author is: Franz Kafka

// 析构 Book b
Book::~Book() destructor!
LibMat::~LibMat() destructor!
```

第一个印象是，通过 `mat.print()` 所进行的虚拟调用（virtual invocation）操作的确有效！被调用的函数是 `Book::print()` 而非 `LibMat::print()`。第二件令人感兴趣的事是，当程序定义出一个派生对象，基类和派生类的 constructor 都会被执行。（当派生对象被销毁，基类和派生类的 destructor 也都会被执行〔但次序颠倒〕。）

我们该如何实现派生类 Book 呢？为了清楚标示这个新类乃是继承自一个已存在的类，其名称之后必须接一个冒号（:），然后紧跟着关键字 public[1]和基类的名称：

```
class Book : public LibMat {
public:
   Book( const string &title, const string &author )
      : _title( title ), _author( author ){
      cout << "Book::Book( " << _title
           << ", " << _author << " )  constructor\n";
   }

   virtual ~Book(){
      cout << "Book::~Book() destructor!\n";
   }

   virtual void print() const {
      cout << "Book::print() -- I am a Book object!\n"
           << "My title is: "  << _title  << '\n'
           << "My author is: " << _author << endl;
   }

   const string& title()  const { return _title;  }
   const string& author() const { return _author; }

protected:
   string _title;
   string _author;
};
```

Book 中的 print()覆盖(*override*)了 LibMat 的 print()。这也正是 mat.print()所调用的函数。title()和 author()是两个所谓的访问函数（access function），都是 non-virtual inline 函数。过去我们不曾介绍关键字 protected，是的，被声明为 protected 的所有成员都可以被派生类直接访问，除此（派生类）之外，都不得直接访问 protected 成员。

接下来，我从 Book 类派生出一个更特殊的 AudioBook 类。AudioBook 除了拥有标题和作者，还有播讲者。在查看其实现之前，先让我把 AudioBook 对象传给 print()：

```
cout << "\n" << "Creating an AudioBook object to print()\n";
AudioBook ab( "Man Without Qualities",
              "Robert Musil", "Kenneth Meyer" );
print( ab );
```

1 基类可以 public、protected 或 private 三种方式继承而来。本书仅讨论 public 继承方式，如果想对其他两种继承方式有更多了解，请参阅[LIPPMAN98]的 18.3 节。

我们应该预期出现什么样的跟踪结果呢？我们应该预期：(1) 通过 mat.print()调用的是 AudioBook::print()，(2) ab 的构造过程乃是依次调用 LibMat、Book、AudioBook 的 constructor。以下即跟踪结果：

```
Creating an AudioBook object to print()

// 构造 AudioBook ab
LibMat::LibMat() default constructor!
Book::Book( Man Without Qualities, Robert Musil )  constructor
AudioBook::AudioBook( Man Without Qualities, Robert Musil,
                          Kenneth Meyer )  constructor

// print( ab )的解析过程
in global print(): about to print mat.print()
// 喔欧，需要处理一个 Book 和一个 AudioBook!
AudioBook::print() -- I am an AudioBook object!
My title is: Man Without Qualities
My author is: Robert Musil
My narrator is: Kenneth Meyer

// 析构 AudioBook ab
AudioBook::~AudioBook() destructor!
Book::~Book() destructor!
LibMat::~LibMat() destructor!
```

该如何实现 AudioBook 这个派生类呢？我们只需要把焦点放在 AudioBook 与其基类 Book 的不同之处——也就是 print()——即可。当然，我们还必须提供 AudioBook 播讲者姓名，以及这个类的 constructor 和 destructor。至于 Book 类所提供的各项数据及操作函数，均可被 AudioBook 直接使用，仿佛它们本来便是由 AudioBook 定义似的。

```
class AudioBook : public Book {
public:
   AudioBook( const string &title,
              const string &author, const string &narrator )
      : Book( title, author ),
        _narrator( narrator )
   {
      cout << "AudioBook::AudioBook( " << _title
           << ", " << _author
           << ", " << _narrator
           << " )  constructor\n";
   }

   ~AudioBook()
   {
      cout << "AudioBook::~AudioBook() destructor!\n";
   }
```

```
    virtual void print() const {
        cout << "AudioBook::print() -- I am an AudioBook object!\n"
             // 注意，以下直接访问继承而来的
             // data member: _title 和 _author
             << "My title is: "    << _title << '\n'
             << "My author is: "   << _author << '\n'
             << "My narrator is: " << _narrator << endl;
    }
    const string& narrator() const { return _narrator; }
protected:
    string _narrator;
};
```

使用派生类时不必刻意区分“继承而来的成员”和“自身定义的成员”。两者的使用完全透明：

```
int main()
{
    AudioBook ab( "Mason and Dixon",
                  "Thomas Pynchon", "Edwin Leonard" );

    cout << "The title is "    << ab.title()    << '\n'
         << "The author is "   << ab.author()   << '\n'
         << "The narrator is " << ab.narrator() << endl;
}
```

希望这一节内容能够让你明白 C++如何支持面向对象编程风格。我愿意不夸张地说，如有任何遗漏，皆属细枝末节，本章后续部分会详加说明。此刻有个不错的练习：(1) 首先从 Addison Wesley Longman 的网站下载源代码，(2) 查看第 5 章目录，找出 LibMat 的类体系及练习用的 main()程序，(3) 自 LibMat 派生一个名为 Magazine 的类，并调用 print()，传入一个 Magazine 对象。

5.3 不带继承的多态

Polymorphism without Inheritance

4.11 节的 num_sequence class 模拟了多态行为。该类的每一个对象皆能在程序执行过程中的任一时间点，通过 member function set_sequence()，摇身一变为六个数列之一：

```
for ( int ix = 1; ix < num_sequence::num_of_sequences(); ++ix )
{
      ns.set_sequence( num_sequence::nstype( ix ));
      int elem_val = ns.elem( pos );
      // ...
}
```

这种改变 ns 数列类型的能力，乃是通过编程技巧获得，不是由程序语言先天赋予。该类的每一个对象都含有 data member _isa，用以记录它目前代表的数列类型。

```
class num_sequence {
public:
    // ...

private:
    vector<int> *_elem; // 指向一个 vector，后者用来储存数列元素
    PtrType      _pmf;  // 指向元素产生器（函数）
    ns_type      _isa;  // 目前的数列类型
    // ...
};
```

_isa 被赋予一个常量名称，此名称用以表示某个数列类型。所有数列类型名称被放在一个名为 ns_type 的枚举类型（enumerated type）中：

```
class num_sequence {
public:
    enum ns_type {
        ns_unset, ns_fibonacci, ns_pell, ns_lucas,
        ns_triangular, ns_square, ns_pentagonal
    };

    // ...
};
```

下面这个 nstype()函数会检验其整数参数是否代表某一有效数列。如果参数有效，nstype()就返回对应的 enumerator（枚举项），否则返回 ns_unset：

```
class num_sequence {
public:
    // ...

    static ns_type nstype( int num )
    {
        return num <= 0 || num >= num_seq
            ? ns_unset   // 无效值
            : static_cast< ns_type >( num );
    }
};
```

这里用到的 static_cast 是个特殊转换记号，可将整数 num 转换为对应的 ns_type 枚举项。nstype()的结果再被我们传给 set_sequence()：

```
ns.set_sequence( num_sequence::nstype( ix ));
```

于是，set_sequence()将当前数列的_pfm、_isa、_elem 等 data member 设定妥当：

```
void num_sequence::
set_sequence( ns_type nst )
{
   switch ( nst )
   {
      default:
           cerr << "invalid type: setting to 0\n";
           // 刻意让它继续执行下去，不做 break 操作！

      case ns_unset:
           _pmf = 0;
           _elem = 0;
           _isa = ns_unset;
           break;

      case ns_fibonacci:  case ns_pell:   case ns_lucas:
      case ns_triangular: case ns_square: case ns_pentagonal:
           // 以下 func_tbl 是个指针表，每个指针指向一个 member function。
           // 以下 seq 是个 vector，其内又是一些 vector，用来储存数列元素。
           _pmf = func_tbl[ nst ];
           _elem = &seq[ nst ];
           _isa = nst;
           break;
   }
}
```

为了让外界查询此对象目前究竟代表何种数列，我还提供了一个 what_am_i() 操作函数，返回一个表示数列类型的字符串。用法如下：

```
inline void display( ostream &os, const num_sequence &ns, int pos )
{
   os << "The element at position "
      << pos << " for the "
      << ns.what_am_i() << " sequence is "
      << ns.elem( pos ) << endl;
}
```

what_am_i() 系利用 _isa 对一个静态字符串数组进行索引操作，此数组按照 ns_type 枚举项的顺序，列出本程序支持的所有数列名称：

```
const char* num_sequence::
what_am_i() const
{
     static char *names[ num_seq ] = {
          "notSet",
          "fibonacci",  "pell",
          "lucas",      "triangular",
          "square",     "pentagonal"
     };
```

```
        return names[ _isa ];
    }
```

这么做当然极费功夫，尤其事后的维护更是工程浩大。每当我们希望加入或删除某个数列类型，以下所有事物都必须正确地予以更新：(1) “用以储存数列元素”的那些 vector 群聚而成的那个 vector，(2) pointer *to member function* 所形成的数组，(3) what_am_i()字符串数组，(4) set_sequence()的 switch 语句，(5) num_seq 的值，等等。面向对象编程模式消除了这种极为明显的编程负担，使我们的程序得以更精简，更具扩展性。

5.4 定义一个抽象基类

Defining an Abstract Base Class

本节将重新设计前一节的 num_sequence class。我要为所有数列类设计出共享的抽象基类，然后继承它。这该如何做到呢？

定义抽象类的第一个步骤就是找出所有子类共通的操作行为。举个例子，所有数列类的共通操作行为是什么呢？这些操作行为所代表的便是 num_sequence 这个基类的公有接口（public interface）。以下是我的第一次尝试：

```
class num_sequence {
public:
    // elem( pos ): 返回pos位置上的元素
    // gen_elems( pos ): 产生直到pos位置的所有元素
    // what_am_i(): 返回确切的数列类型
    // print( os ): 将所有元素写入os
    // check_integrity( pos ): 检查pos是否为有效位置
    // max_elems(): 返回所支持的最大位置值
    int          elem( int pos );
    void         gen_elems( int pos );
    const char*  what_am_i() const;
    ostream&     print( ostream &os = cout ) const;
    bool         check_integrity( int pos );
    static int   max_elems();
    // ...
};
```

elem()会返回用户所指定的位置上的元素值。max_elems()会返回最大的元素个数。check_integrity()会判断传入的 pos 是否为有效位置。print()会输出元素值。gen_elems()会产生数列元素。what_am_i()会返回一个字符串，代表数列的名称。

设计抽象基类的下一步，便是设法找出哪些操作行为与类型相关（*type-dependent*）——也就是说，有哪些操作行为必须根据不同的派生类而有不同的实现方式。这些操作行为应该成为整个类继承体系中的虚函数（virtual function）。以本例而言，每个数列类都必须提供它们自己的 gen_elems()实现，但 check_integrity()就不会因为类型的不同而有任何差异——它必须能够判断 pos 位置是否有效，而其判断方式并不因数列类型而有所不同。同样地，max_elems()也不会因类型不同而有任何差异——所有数列类型都储存着同样个数的元素。

并非每一个函数都能如此轻易地做出区分。what_am_i()也许会（也许不会）和类型相关——这和我们的继承体系的实现有关。对 elem()和 print()来说，情况也是如此。此刻我们先假设它们都和类型相关。稍后我们会看到另一种截然不同的设计，将它们转换为和类型无关的函数。注意，static member function 无法被声明为虚拟函数。

设计抽象基类的第三步，便是试着找出每个操作行为的访问层级（access level）。如果某个操作行为应该让一般程序皆能访问，我们应该将它声明为 public，例如 elem()、max_elems()、what_am_i()。

但如果某个操作行为在基类之外不需要被用到，我们就将它声明为 private。即使是该基类的派生类，亦无法访问基类中的 private member。本例的所有操作行为都必须给派生类使用，所以我们不能把它们声明为 private。

第三种访问层级，是所谓的 protected。这种层级的操作行为可让派生类访问，却不允许一般程序使用。例如 check_integrity()和 gen_elems()都是派生类必须调用的，却不是一般程序会用到的。以下便是重新修整之后的 num_sequence class 定义：

```
class num_sequence {
public:
    virtual ~num_sequence(){};

    virtual int          elem( int pos ) const = 0;
    virtual const char*  what_am_i() const = 0;
    static  int          max_elems(){ return _max_elems; }
    virtual ostream&     print( ostream &os = cout ) const = 0;

protected:
    virtual void         gen_elems( int pos ) const = 0;
    bool                 check_integrity( int pos ) const;

    const static int     _max_elems = 1024;
};
```

每个虚函数，要么得有其定义，要么可设为“纯”虚函数（pure virtual function）——如果对于该类而言，这个虚函数并无实质意义的话，例如 gen_elems()之于 num_sequence class。将虚函数赋值为 0，意思便是令它为一个纯虚函数：

```
virtual void gen_elems( int pos ) = 0;
```

任何类如果声明有一个（或多个）纯虚函数，那么，由于其接口的不完整性（纯虚函数没有函数定义，是谓不完整），程序无法为它产生任何对象。这种类只能作为派生类的子对象（subobject）使用，而且前提是这些派生类必须为所有虚函数提供确切的定义。

num_sequence class 应该声明什么样的 data member 呢？这个问题并不存在任何必须坚持或快速判断的准则。本例中，num_sequence 并未声明任何 data member，因为它只是为"数列继承体系"提供一个接口；其派生类必须自行设计自身的 data member。

那么 constructor 和 destructor 又当如何？由于此类并没有任何 non-static data member 需要进行初始化操作，所以其construtor 亦无存在价值。不过我会为它设计 destructor。是的，根据一般规则，凡基类定义有一个（或多个）虚函数，应该要将其 destructor 声明为 virtual，像这样：

```
class num_sequence {
public:
    virtual ~num_sequence();
    // ...
};
```

为什么呢？考虑以下程序片段：

```
num_sequence *ps = new Fibonacci( 12 );
// ...使用数列
delete ps;
```

ps 是基类 num_sequence 的指针，但它实际上指向派生类 Fibonacci 的对象。当 delete 表达式被应用于该指针，destructor 会先应用于指针所指的对象身上，于是将此对象占用的内存空间归还给程序的空闲空间（free store）。还记得吗，non-virtual 函数在编译时便已完成解析（*resolved*），根据该对象被调用时的类型来判断。

于是，本例中，通过 ps 调用的 destructor 一定是 Fibonacci 的 destructor，不是 num_sequence 的 destructor。正确的情况应该是"根据实际对象的类型选择调用哪一个 destructor"，而此解析操作应该在运行时进行。为了促成正确行为的发生，我们必须将 destructor 声明为 virtual。

但是我并不建议在我们的这个基类中将其 destructor 声明为 pure virtual（纯虚函数）——虽然它其实不具有任何实质意义的实现内容。对这类 destructor 而言，最好是提供空白定义，像下面这样[2]：

```
inline num_sequence::~num_sequence(){}
```

为求完整，下面列出 num_sequence 的 output 运算符和 check_integrity() 函数的实现：

---

2 请参阅[LIPPMAN96a]第 5 章的引言部分，其中解释了为什么 virtual destructor 最好不要声明为纯虚函数。

```
bool num_sequence::
check_integrity( int pos ) const
{
   if ( pos <= 0 || pos > _max_elems )
   {
        cerr << "!! invalid position: " << pos
             << " Cannot honor request\n";
        return false;
   }

   return true;
}

ostream& operator<<( ostream &os, const num_sequence &ns )
      {  return ns.print( os ); }
```

虽然上述内容使我们完成了抽象基类 num_sequence 的整个定义，但是类本身并不完全，它仅仅是为其派生类提供一个接口罢了。每个派生类还必须提供适当的实现细节，以补足基类 num_sequence 的不足。

5.5 定义一个派生类

Defining a Derived Class

派生类由两部分组成：一是基类构成的子对象（subobject），由基类的 non-static data member——如果有的话——组成，二是派生类的部分（由派生类的 non-static data member 组成）。（想想一块蓝色乐高积木和一块红色乐高积木接起来的情景。）派生类的这种合成本质忠实地反映在了其声明语法上：

```
// 头文件"num_sequence.h"含有基类的定义
#include "num_sequence.h"

class Fibonacci : public num_sequence {
public:
   // ...
};
```

派生类的名称之后紧跟着冒号、关键字 public[3]，以及基类的名称。唯一的规则是，类进行继承声明之前，其基类的定义必须已经存在（这也就是必须先行包含含有 num_sequence 类定义头文件的原因）。

---

[3] 我在 5.1 节说过，基类可以 public、protected 或 private 三种方式继承而来。甚至还有多重继承和虚继承。这些都是比较复杂而高级的主题，本书并不涵盖。[LIPPMAN98]第 18 章对它们有完整的讨论。

Fibonacci class 必须为从基类继承而来的每个纯虚函数提供对应的实现。除此之外，它还必须声明 Fibonacci class 专属的 member。以下便是 Fibonacci class 的定义：

```
class Fibonacci : public num_sequence {
public:
    Fibonacci( int len = 1, int beg_pos = 1 )
            : _length( len ), _beg_pos( beg_pos ){}

    virtual int          elem( int pos ) const;
    virtual const char*  what_am_i() const { return "Fibonacci"; }
    virtual ostream&     print( ostream &os = cout ) const;
    int                  length()  const { return _length;  }
    int                  beg_pos() const { return _beg_pos; }

protected:
    virtual void         gen_elems( int pos ) const;
    int                  _length;
    int                  _beg_pos;
    static vector<int>   _elems;
};
```

在我的设计中，每个派生类都有长度和起始位置这两项 data member。length()和 beg_pos()这两个函数被声明为 non-virtual，因为它们并无基类所提供的实体可供覆盖。但也因为它们并非基类提供的接口的一员，所以当我们通过基类的 pointer 或 reference 进行操作时，无法访问它们。例如：

```
// ok: 通过虚函数机制，调用了 Fibonacci::what_am_i()
ps->what_am_i();

// ok: 调用继承而来的 num_sequence::max_elems()
ps->max_elems();

// 错误：length()并非 num_sequence 接口中的一员
ps->length();

// ok: 通过虚函数机制调用 Fibonacci destructor
delete ps;
```

如果"通过基类的接口无法访问 length()和 beg_pos()"会对我们造成困扰，那么我们应该回过头去修改基类的接口。重新设计的方式之一便是在基类 num_sequence 内加上两个纯虚函数 length()和 beg_pos()。这样一来便会"自动"造成派生类的 beg_pos()和 length()都成为虚拟函数——它们不需要再指定关键字 virtual。如果必须加上关键字 virtual，那么修改基类的虚拟函数（例如 beg_pos()）就得大费周章：每个派生类都必须对它重新声明。

另一种重新设计的方式是，将储存长度和起始位置的空间，由派生类抽离出来，移至基类。于是 length()和 beg_pos()都成了继承而来的 inline nonvirtual function。5.6 节会讨论这种设计方式的一个变形。

谈到这里，我的看法是，当我们面临“萃取基类和派生类之间的性质，以决定哪些东西（包括接口和实际成员）属于谁”时，面向对象设计所面对的挑战，将不只是编程层面而已。一般而言，这是一个不断迭代的过程，过程之中借着程序员的经验和用户的反馈，不断演进。

以下便是 elem()的实现。派生类的虚函数必须精确吻合基类中的函数原型。在类之外对虚函数进行定义时，不必指明关键字 virtual：

```
int Fibonacci::
elem( int pos ) const
{
   if ( ! check_integrity( pos ))
        return 0;

   if ( pos > _elems.size() )
        Fibonacci::gen_elems( pos );

   return _elems[ pos-1 ];
}
```

请注意，elem()调用继承来的 check_integrity()，其形式仿佛后者为其自身成员一般。一般来说，继承而来的 public 成员和 protected 成员，不论在继承体系中的深度如何，都可被视为派生类自身拥有的成员。基类的 public member 在派生类中同样也是 public，同样开放给派生类的用户使用。基类的 protected member 在派生类中同样也是 protected，同样只能给后续的派生类使用，无法给目前这个派生类的用户使用。至于基类的 private member，则完全无法让派生类使用（遑论派生类的用户）。（以上讨论仅限于 public inheritance（公有继承）的情况。如果是 protected inheritance 或 private inheritance，情况就不一样了。后两种继承方式，请参阅[LIPPMAN98]的 18.3 节。）

请记住，在返回 pos 位置上的元素前，我们会检查_elems 拥有的元素是否够多。如果不够，elem()会调用 gen_elems()，计算必要的元素并填入_elems。这个操作必须写成 Fibonacci::gen_elems(pos)，不能只是简单地写 gen_elems(pos)。想知道为什么吗？这可是个好问题！

在 elem()内，我们清楚地知道我们想调用的究竟是哪一个 gen_elems()。在 Fibonacci::elem()中我们想调用的是 Fibonacci::gen_elems()，明确得很，不必等到运行时才进行 gen_elems()的解析操作。事实上，我们希望跳过虚函数机制，使该函数在编译时就完成解析，不必等到运行时才解析。

这就是我们指明调用对象的原因。通过 class scope 运算符，我们可以明确告诉编译器，我们想调用哪一份函数实例。于是，运行时发生的虚拟机制便被遮掩了。

以下是 gen_elems()和 print()的实现：

```
void Fibonacci::
gen_elems( int pos ) const
{
    if ( _elems.empty() )
       { _elems.push_back( 1 ); _elems.push_back( 1 ); }

    if ( _elems.size() <= pos )
    {
        int ix  = _elems.size();
        int n_2 = _elems[ ix-2 ];
        int n_1 = _elems[ ix-1 ];

        for ( ; ix <= pos; ++ix )
        {
             int elem = n_2 + n_1;
             _elems.push_back( elem );
             n_2 = n_1; n_1 = elem;
        }
    }
}

ostream& Fibonacci::
print( ostream &os ) const
{
   int elem_pos = _beg_pos-1;
   int end_pos = elem_pos + _length;

   if ( end_pos > _elems.size() )
       Fibonacci::gen_elems( end_pos );

   while ( elem_pos < end_pos )
         os << _elems[ elem_pos++ ] << ' ';

   return os;
}
```

注意，elem()和 print()都会检查_elems 存有的元素是否足够，并且在元素个数不足时调用 gen_elems()加以补足。我们该如何修改 check_integrity()以使这个检验操作的确能检验出 pos 的有效性呢？一个可能的方式是，为 Fibonacci class 编写一份 check_integrity()：

```
class Fibonacci : public num_sequence {
public:
    // ...
```

```
protected:
    bool check_integrity( int pos ) const;
    // ...
};
```

于是，在 Fibonacci class 内，对 check_integrity()的每次调用都会被解析为派生类中的那一份函数实例。以 elem()为例，对 check_integrity()的调用所调用的乃是 Fibonacci 中的那一份函数实例。

```
int Fibonacci::
elem( int pos ) const
{
    // 现在，调用的是 Fibonacci 的 check_integrity()
    if ( ! check_integrity( pos ))
         return 0;

    // ...
}
```

每当派生类有某个 member 与其基类的 member 同名，便会遮掩住基类的那份 member。也就是说，派生类内对该名称的任何使用，都会被解析为该派生类自身的那份 member，而非继承来的那份 member。这种情况下，如果要在派生类内使用继承来的那份 member，必须利用 class scope 运算符加以限定。例如：

```
inline bool Fibonacci::
check_integrity( int pos ) const
{
   // 必须加上 class scope 运算符。
   // 如果未经限定，会解析为派生类自身的函数!
   if ( ! num_sequence::check_integrity( pos ))
        return false;

   if ( pos > _elems.size() )
        Fibonacci::gen_elems( pos );

   return true;
}
```

这种解决方法带来的问题是，在基类中 check_integrity()并未被视为虚函数。于是，每次通过基类的 pointer 或 reference 来调用 check_integrity()，解析出来的都是 num_sequence 的那一份，未考虑到 pointer 或 reference 实际指向的究竟是什么对象。例如：

```
void Fibonacci::example()
{
    num_sequence *ps = new Fibonacci( 12, 8 );

    // ok: 通过虚拟机制动态解析为 Fibonacci::elem()
    ps->elem( 1024 );
```

```
        // 喔欧：根据 ps 的类型，以下会被静态解析为
        //       num_sequence::check_integrity()
        ps->check_integrity( pos );
    }
```

基于这个原因，一般而言，在基类和派生类中提供同名的 non-virtual 函数，并不是好的解决办法。基于此点而归纳出来的结论或许是：基类中的所有函数都应该被声明为 virtual。我不认为这是个正确的结论，但它的确可以马上解决我们所面临的两难困境。

造成这种两难困境的深层原因是，当派生类欲检查其自身状态的完整性时，已实现完成的基类缺乏足够的知识。而我们知道，根据不完整信息所完成的实现，可能也是不完整的。这和"宣称实现与类型相关，因而必须将它声明为 virtual"的情形并不相同。

我再重复一次，我认为，所谓设计，必须来来回回地借着程序员的经验和用户的反馈演进。本例中，较好的解决方案是重新定义 check_integrity()，令它拥有两个参数：

```
bool num_sequence::
check_integrity( int pos, int size )
{
    if ( pos <= 0 || pos > _max_elems ){
         // 和先前相同……
    }

    if ( pos > size )
         // gen_elems()系通过虚拟机制调用
         gen_elems( pos );

    return true;
}
```

在这个 check_integrity()版本中，gen_elems()通过虚拟机制被调用。如果 check_integrity()是由 Fibonacci 对象调用，那么后续就会调用 Fibonacci 的 gen_elems()。如果 check_integrity()是由 Triangular 对象调用，那么后续就会调用 Triangular 的 gen_elems()，以此类推。新版本会以如下方式被使用：

```
int Fibonacci::
elem( int pos )
{
     if ( ! check_integrity( pos, _elems.size() ))
          return 0;
     // ...
}
```

逐步测试自己的实现代码，比整个程序都完成后才测试好多了。这不仅可以让我们更稳健地检查我们所完成的内容，更可以提供一整套回归测试的基准，使我们得以继续演进并改进原本的设计。以下便是一个小型测试程序，用来操练截至目前完成的实现代码。gen_elems()中临时加上了显示功能，可显示它所产生的元素。

```
int main()
{
   Fibonacci fib;

   cout << "fib: beginning at element 1 for 1 element: "
        << fib << endl;

   Fibonacci fib2( 16 );
   cout << "fib2: beginning at element 1 for 16 elements: "
        << fib2 << endl;

   Fibonacci fib3( 8, 12 );
   cout << "fib3: beginning at element 12 for 8 elements: "
        << fib3 << endl;
}
```

编译并执行，将产生以下输出结果：

```
fib: beginning at element 1 for 1 element: ( 1 , 1 ) 1

fib2: beginning at element 1 for 16 elements:
gen_elems: 2
gen_elems: 3
gen_elems: 5
gen_elems: 8
gen_elems: 13
gen_elems: 21
gen_elems: 34
gen_elems: 55
gen_elems: 89
gen_elems: 144
gen_elems: 233
gen_elems: 377
gen_elems: 610
gen_elems: 987
( 1 , 16 ) 1 1 2 3 5 8 13 21 34 55 89 144 233 377 610 987

fib3: beginning at element 12 for 8 elements:
gen_elems: 1597
gen_elems: 2584
gen_elems: 4181
( 12 , 8 ) 144 233 377 610 987 1597 2584 4181
```

5.6 运用继承体系

Using an Inheritance Hierarchy

假定我们已经顺利地以定义 Fibonacci class 的方式定义出其他五种数列类(Pell，Lucas，Square，Triangular 和 Pentagonal)。现在，我们有了一个两层的继承体系，其中包括抽象基类 num_sequence，以及六个派生类。我们应当如何使用它们呢？以下有个简单的 display() 函数，其第二参数为 ns，是个 const reference，指向 num_sequence 对象：

```
inline void display( ostream &os,
                     const num_sequence &ns, int pos )
{
   os << "The element at position "
      << pos              << " for the "
      << ns.what_am_i()   << " sequence is "
      << ns.elem( pos )   << endl;
}
```

在 display() 函数中，我调用了两个虚拟函数：what_am_i() 和 elem()。究竟哪一份 what_am_i() 和 elem() 会被调用？这可无法斩钉截铁地论断。我们知道，ns 并非指向实际的 num_sequence 对象，而是指向 num_sequence 的某个派生类的对象。对上述两个虚函数的调用操作，会在运行时依据 ns 所指对象的真实类型进行解析。举个例子，下列小程序中，我为每个派生类各自定义了一个对象，传给了 display()：

```
int main()
{
   const int pos = 8;

   Fibonacci fib;
   display( cout, fib, pos );

   Pell pell;
   display( cout, pell, pos );

   Lucas lucas;
   display( cout, lucas, pos );

   Triangular trian;
   display( cout, trian, pos );

   Square square;
   display( cout, square, pos );

   Pentagonal penta;
   display( cout, penta, pos );
}
```

编译并执行，将产生以下输出：

```
The element at position 8 for the Fibonacci sequence is 21
The element at position 8 for the Pell sequence is 408
The element at position 8 for the Lucas sequence is 47
The element at position 8 for the Triangular sequence is 36
The element at position 8 for the Square sequence is 64
The element at position 8 for the Pentagonal sequence is 92
```

请注意，这个程序的输出结果和稍早 4.11 节的程序输出结果相同。但是此刻 num_sequence 的设计却已改头换面。先前设计中的许多用来设定、记录、重新设定数列类型的机制，如今都已移除；程序语言通过继承和虚函数等机制，默默为我们提供了这些功能。面向对象设计大大简化了修改和扩展的负担。和先前的设计比起来，现在要加入一个新的数列类，或是移除一个既有的数列类，再也不需要大费周章。

还记得吗，我们的基类 num_sequence，曾经对 output 运算符做了重载操作：

```
ostream& operator<<( ostream &os, const num_sequence &ns )
                    { return ns.print( os ); }
```

由于 print()是个虚函数，所以 output 运算符能够针对每个派生类工作无误。例如，下面这段小程序中，我为每个数列类各自定义了一个对象，并一一交给 output 运算符：

```
int main()
{
   Fibonacci  fib( 8 );
   Pell       pell( 6, 4 );
   Lucas      lucas( 10, 7 );
   Triangular trian( 12 );
   Square     square( 6, 6 );
   Pentagonal penta( 8 );
   cout << "fib: "    << fib     << '\n'
        << "pell: "   << pell    << '\n'
        << "lucas: "  << lucas   << '\n'
        << "trian: "  << trian   << '\n'
        << "square: " << square  << '\n'
        << "penta: "  << penta   << endl;
};
```

编译并执行，程序将产生以下的输出结果：

```
fib: ( 1 , 8 ) 1 1 2 3 5 8 13 21
pell: ( 4 , 6 ) 12 29 70 169 408 985
lucas: ( 7 , 10 ) 29 47 76 123 199 322 521 843 1364 2207
trian: ( 1 , 12 ) 1 3 6 10 15 21 28 36 45 55 66 78
square: ( 6 , 6 ) 36 49 64 81 100 121
penta: ( 1 , 8 ) 1 5 12 22 35 51 70 92
```

5.7 基类应该多么抽象

How Abstract Should a Base Class Be?

在目前的设计之下，抽象基类提供的是接口，并未提供任何实现。每个派生类不仅必须提供本身专属的元素产生算法，还必须支持特定元素的搜索、元素的打印、数列长度和起始位置的维护等任务。这样的设计好不好呢？

如果抽象基类的设计者，同时提供了一些派生类，而且他预期不会常有其他派生类需要加入此继承体系内，那么这样的设计可以顺畅工作。但是如果时常需要加入新的数列类，而且这类工作还外包给数学能力甚于编程能力的程序员，那么这样的设计反而会使派生类的加入工作变得更为复杂。

以下是基类的另一个设计方式，将所有派生类共有的实现内容剥离出来，移至基类内。接口依旧没有变动，前一节的程序亦不必改变——当然重新编译是免不了的。这样的设计简化了我们为提供派生类而必须付出的努力。

以下便是重新改版后的 `num_sequence` 定义。两个 data member `_length` 和 `_beg_pos` 现在都提升至 `num_sequence` 的层次了。我将它们声明为 protected，让派生类可以直接访问它们。它们的访问函数——`length()` 和 `beg_pos()`——现在也都提升到了 `num_sequence` 的层次。我将它们声明为 public，以便一般程序都能够读取上述两个值。

有一个新的 data member 被加入 `num_sequence` 类内：`_relems` 是个 reference *to int vector*，用来指向派生类中的某个 static vector。为什么它被声明为 reference 而非 pointer 呢？正如我在 2.3 节所说，reference 永远无法代表空对象（null object），pointer 却有可能是 null。让它成为 reference，我们就再也不必检查它是否为 null 了。

Data member 如果是个 reference，必须在 constructor 的 member initialization list 中加以初始化。一旦初始化，就再也无法指向另一个对象。如果 data member 是个 pointer，就无此限制：我们可以在 constructor 内加以初始化，也可以先将它初始化为 null，稍后再令它指向某个有效的内存地址。程序设计过程中我们便是根据这些不同的性质来决定要使用 reference 或 pointer。

基类现在具备了所有必要信息，可在数列中进行元素的搜索和显示。这使我们得以重新定义 `elem()` 和 `print()`，使它们成为 `num_sequence` 的 public member。

```
class num_sequence {
public:
    virtual ~num_sequence(){}
    virtual const char* what_am_i() const = 0;
```

```
    int                 elem( int pos ) const;
    ostream&            print( ostream &os = cout ) const;

    int                 length()  const { return _length;  }
    int                 beg_pos() const { return _beg_pos; }
    static  int         max_elems()     { return 64; }

protected:
    virtual void        gen_elems( int pos ) const = 0;
    bool                check_integrity( int pos, int size ) const;

    num_sequence( int len, int bp, vector<int> &re )
       : _length( len ), _beg_pos( bp ), _relems( re ){}

    int                _length;
    int                _beg_pos;
    vector<int>        & _relems;
};
```

现在,每个派生数列类只需编写自身独特的部分即可,其中包括:数列元素产生器 gen_elems()、识别数列类型的 what_am_i()、储存数列元素的 static vector，以及 constructor。派生的数列类继承了元素搜索函数、元素打印函数、长度和起始位置的维护函数。以下是改版后的 Fibonacci 类定义:

```
class Fibonacci : public num_sequence {
public:
    Fibonacci( int len = 1, int beg_pos = 1 );
    virtual const char* what_am_i() const
            { return "Fibonacci"; }

protected:
    virtual void        gen_elems( int pos ) const;
    static vector<int> _elems;
};
```

虽然 num_sequence 依然是个抽象基类，但现在它提供了一些实现内容，可供各派生类继承。

5.8 初始化、析构、复制

Initialization, Destruction, and Copy

如今的 num_sequence 具有实际的 data member，我必须为它们提供初始化行为。我可以将初始化操作留给每个派生类，但这么做会有潜在的危机。较好的设计方式是，为基类提供 constructor，并利用这个 constructor 处理基类所声明的所有 data member 的初始化操作。

记住，num_sequence 乃是一个抽象基类，我们无法为它定义任何对象。num_sequence 扮演的角色是每个派生类对象的子对象（subobject）。基于这个原因，我将基类的 constructor 声明为 protected 而非 public。

派生类对象的初始化行为，包含调用其基类的 constructor，然后再调用派生类自己的 constructor。这个过程有助于我们了解，派生类对象之中其实含有多个子对象：由基类 constructor 初始化的“基类子对象”，以及由派生类 constructor 所初始化的“派生类子对象”。例如 5.1 节的三层类体系中的 AudioBook，其对象便包含三个子对象，分别由对应的 constructor 加以初始化。

派生类的 constructor，不仅必须为派生类的 data member 进行初始化操作，还需要为其基类的 data member 提供适当的值。本例中，基类 num_sequence 需要三个值，都需要通过 member initialization list 传入，例如：

```
inline Fibonacci::
Fibonacci( int len, int beg_pos )
         : num_sequence( len, beg_pos, _elems )
{}
```

如果我们忽略了上述对 num_sequence constructor 的调用操作，这一份 Fibonacci constructor 定义就会被编译器视为错误。为什么？因为基类 num_sequence 要求我们明确指定调用哪一个 constructor（本例为具有三个参数者）。在我们的设计中，这正是我们想要的。

另一个做法是，为 num_sequence 提供 default constructor。不过，我们必须将_relems 改为指针，并且在每次访问 vector 内容前，都检验这个指针是否不为 null：

```
num_sequence::
num_sequence( int len=1, int bp=1, vector<int> *pe=0 )
      : _length( len ), _beg_pos( bp ), _pelems( pe ){}
```

现在，如果派生类的 constructor 未能明确指出调用基类的哪一个 constructor，编译器便会自动调用基类的 default constructor。

当我们以某个 Fibonacci 对象作为另一个 Fibonacci 对象的初值时，又会发生什么事呢？

```
Fibonacci fib1( 12 );
Fibonacci fib2 = fib1;
```

如果我们为 Fibonacci 定义了一个 copy constructor，以上便会调用该 copy constructor。我们可能会以如下方式定义 Fibonacci 的 copy constructor：

```
Fibonacci::Fibonacci( const Fibonacci &rhs )
          : num_sequence( rhs )
{}
```

其中 rhs 代表等号右边的派生类对象，它在 member initialization list 中被传给基类的 copy constructor。如果基类未自行定义 copy constructor，那又会发生什么事呢？不会太糟，因为 default memberwise initialization 程序会起来执行。而如果我们为基类定义了 copy constructor，它便会被调用。

本例并不需要另行定义 Fibonacci 的 copy constructor，因为默认行为便能够达到同等效果：首先，基类子对象会被逐一初始化，然后派生类的 member 亦会被逐一初始化。

Copy assignment operator 的情形也一样。如果我们将某个 Fibonacci 对象赋值（*assign*）给另一个 Fibonacci 对象，而且 Fibonacci class 拥有明确定义的 copy assignment operator，它便会在赋值操作发生时被调用。以下便是 copy assignment operator 的一种定义方式，唯一棘手的地方是，必须明确调用基类的 copy assignment operator：

```
Fibonacci& Fibonacci::
operator=( const Fibonacci &rhs )
{
   if ( this != &rhs )
        // 明确调用基类的 copy assignment operator
        num_sequence::operator=( rhs );

   return *this;
}
```

同样地，本例其实不必为 Fibonacci 另行定义 copy assignment operator，因为其默认行为已能达到同样效果。请回头看看 4.2 节和 4.8 节的讨论，便可了解何时才是提供 copy constructor 和 copy assignment operator 的必要时机。

基类的 destructor 会在派生类的 destructor 结束之后被自动调用。我们无须在派生类中对它做明确的调用操作。

5.9 在派生类中定义一个虚函数

Defining a Derived Class Virtual Function

当我们定义派生类时，我们必须决定，究竟要将基类中的虚函数覆盖掉，还是原封不动地加以继承。如果我们继承了纯虚函数（pure virtual function），那么这个派生类也会被视为抽象类，也就无法为它定义任何对象。

如果我们决定覆盖基类所提供的虚函数，那么派生类提供的新定义，其函数原型必须完全符合基类所声明的函数原型，包括：参数列表、返回类型、常量性（const-ness）。下列程序片段中，对于 Fibonacci::what_am_i()的定义就不正确：

```
class Fibonacci : public num_sequence {
public:
```

```
    virtual const char* what_am_i()   // 不正确……
            { return "Fibonacci"; }
    // ...
};
```

虽然 Fibonacci 的 what_am_i()并不正确，但语法上没有错，这正是令人混淆之处。当我以 Intel C++编译器加以编译，我得到下列警告信息：

```
warning #653: "const char *Fibonacci::what_am_i()"
     does not match "num_sequence::what_am_i"
     -- virtual function override intended?
```

上述信息告诉我们什么事？它说派生类中对于 what_am_i()的声明并非完全吻合基类中的声明。基类的 what_am_i()被声明为 const，派生类的 what_am_i()却是 non-const。这会造成什么重大影响吗？的确会。以下便是简单的示范：

```
class num_sequence {
public:
   virtual const char* what_am_i() const
           { return "num_sequence\n"; }
};

class Fibonacci : public num_sequence {
public:
   virtual const char *what_am_i()
           { return "Fibonacci\n"; }
};

int main()
{
  Fibonacci b;
  num_sequence p;

  // 预期输出：Fibonacci
  num_sequence *pp = &b;
  cout << pp->what_am_i();

  cout << b.what_am_i();
  return 0;
}
```

我们预期上述程序输出两个 Fibonacci 字符串。可是编译并执行后，它却产生了出乎意料的输出结果：

```
num_sequence
Fibonacci
```

先前的警告信息便是告诉我们，派生类所提供的函数，并未被用来覆盖基类所提供的同名函数，原因是两个函数并非完全吻合。这是初学者常犯的一种错误，而且很难察觉。这也就是我要花这么多时间加以解释的原因。虽然修正方法很简单；但是理解它则需费一番工夫。

以下是 what_am_i()的第二种错误声明方式。本例中我们的返回类型依旧没有完全吻合 num_sequence 内的声明：

```
class Fibonacci : public num_sequence {
public:
    // 仍然不正确!
    // 基类中的同名函数返回的是 const char*而非 char*
    virtual char* what_am_i(){ return "Fibonacci"; }
    // ...
};
```

num_sequence 的 what_am_i()函数返回的是一个 const char *，Fibonacci 的 what_am_i()返回的却是一个 char *。这当然是不正确的，会产生编译错误。

“返回类型必须完全吻合”这一规则有个例外——当基类的虚函数返回某个基类形式（通常是 pointer 或 reference）时：

```
class num_sequence {
public:
    // 派生类的 clone()函数可返回一个指针，
    // 指向 num_sequence 的任何一个派生类。
    virtual num_sequence *clone()=0;

    // ...
};
```

派生类中的同名函数便可以返回该基类所派生出来的类型：

```
class Fibonacci : public num_sequence {
public:
    // ok: Fibonacci 乃派生自 num_sequence。
    // 注意，在派生类中，关键字 virtual 并非必要
    Fibonacci *clone(){ return new Fibonacci( *this ); }

    // ...
};
```

当我们在派生类中，为了覆盖基类的某个虚函数，而进行声明操作时，不一定得加上关键字 virtual。编译器会依据两个函数的原型声明，决定某个函数是否会覆盖其基类中的同名函数。

虚函数的静态解析（Static Resolution）

有两种情况，虚函数机制不会出现预期行为：(1) 基类的 constructor 和 destructor 内，(2) 当我们使用的是基类的对象，而非基类对象的 pointer 或 reference 时。

当我们构造派生类对象时，基类的 constructor 会先被调用。如果在基类的 construtor 中调用某个虚函数，会发生什么事？调用的应该是派生类所定义的那一份吗？

问题出在此刻派生类中的 data member 尚未初始化。如果此时调用派生类的那一份虚函数，它便有可能访问未经初始化的 data member，这可不是一件好事。

基于这个原因，在基类的 constructor 中，派生类的虚函数绝对不会被调用。例如 `num_sequence` constructor 内如果调用 `what_am_i()`，无论如何一定会被解析为 `num_sequence` 自身的那一份 `what_am_i()`。如果在基类的 destructor 中调用虚函数，此规则同样成立。

考虑以下程序片段，其中使用了 5.1 节的两个类 `LibMat` 和 `AudioBook`。还记得吗，`print()` 在类继承体系中是个虚函数：

```
void print( LibMat object,
            const LibMat *pointer,
            const LibMat &reference )
{
    // 以下必定调用 LibMat::print()
    object.print();

    // 以下一定会通过虚函数机制来进行解析，
    // 我们无法预知哪一份 print() 会被调用。
    pointer->print();
    reference.print();
}
```

为了能够“在单一对象中展现多种类型”，多态（**polymorphism**）需要一层间接性。在 C++中，唯有用基类的 pointer 和 reference 才能够支持面向对象编程概念。

当我们为基类声明一个实际对象（例如 `print()` 的第一参数），同时也就分配出了足以容纳该实际对象的内存空间。如果稍后传入的却是个派生类对象，那就没有足够的内存放置派生类中的各个 data member。例如，当我们将 `AudioBook` 对象传给 `print()`：

```
int main()
{
    AudioBook iWish( "Her Pride of 10",
                     "Stanley Lippman", "Jeremy Irons" );
    print( iWish, &iWish, iWish );
    // ...
}
```

只有 `iWish` 内的“基类子对象（也就是属于 `LibMat` 的成分）”被复制到“为参数 `object` 而保留的内存”中。其他的子对象（`Book` 成分和 `AudioBook` 成分）则被切掉（sliced off）了。至于另两个参数，

pointer 和 reference，则被初始化为 iWish 对象所在的内存地址。这就是它们能够指向完整的 AudioBook 对象的原因。更进一步的探讨，参见[LIPPMAN96a]的 1.3 节。

5.10 运行时的类型鉴定机制

Run-Time Type Identification

每个类都拥有一份 what_am_i() 函数，都返回一个足以代表该类的字符串：

```
class Fibonacci : public num_sequence {
public:
   virtual const char* what_am_i() const { return "Fibonacci"; }
   // ...
};
```

另一种设计手法，便是只提供唯一的一份 what_am_i()，令各派生类通过继承机制加以复用。这种设计手法可使各派生类不必再提供各自的 what_am_i()。

这种设计的一种可能做法，就是为 num_sequence 增加一个 string member，并令每一个派生类的 constructor 都将自己的类名作为参数，传给 num_sequence 的 constructor。例如：

```
inline Fibonacci::
Fibonacci( int len, int beg_pos )
       : num_sequence( len, beg_pos, _elems, "Fibonacci" )
{}
```

另一种实现便是利用所谓的 typeid 运算符，这是所谓运行时类型鉴定机制（Run-Time Type Identification，RTTI）的一部分，由程序语言支持。它让我们得以查询多态化的 class pointer 或 class reference，获得其所指对象的实际类型。

```
#include <typeinfo>

inline const char* num_sequence::
what_am_i() const
       { return typeid( *this ).name(); }
```

使用 typeid 运算符之前，必须先包含头文件 typeinfo。typeid 运算符会返回一个 type_info 对象，其中储存着与类型相关的种种信息。每一个多态类（polymorphic class），如 Fibonacci、Pell，等等，都对应一个 type_info 对象，该对象的 name() 函数会返回一个 const char*，用以表示类名。who_am_i() 函数中的表达式

```
typeid( *this )
```

会返回一个 type_info 对象，关联至“who_am_i() 函数之中由 this 指针所指对象”的实际类型。

type_info class 也支持相等和不等两个比较操作。例如，以下程序代码可以决定 ps 是否指向某个 Fibonacci 对象：

```
num_sequence *ps = &fib;
// ...
if ( typeid( *ps) == typeid( Fibonacci ))
     // ok，ps 的确指向某个 Fibonacci 对象
```

如果接下来我们这么写：

```
ps->gen_elems( 64 );
```

我们就可预期调用的是 Fibonacci 的 gen_elems()。然而，虽然我们从这个检验操作中知道 ps 的确指向某个 Fibonacci 对象，但直接在此通过 ps 调用 Fibonacci 的 gen_elems() 函数，却会产生编译错误：

```
// 错误：因为 ps 并非一个 Fibonacci 指针——虽然我们知道，
//        它现在的确指向某个 Fibonacci 对象！
ps->Fibonacci::gen_elems( 64 );
```

是的，ps 并不“知道”它所指向的对象实际上是什么类型——纵使我们知道，typeid 及虚函数机制也知道。

为了调用 Fibonacci 所定义的 gen_elems()，我们必须指示编译器，将 ps 的类型转换为 Fibonacci 指针。static_cast 运算符可以担起这项任务：

```
if ( typeid( *ps) == typeid( Fibonacci ))
{
     Fibonacci *pf = static_cast<Fibonacci*>( ps );  // 无条件转换
     pf->gen_elems( 64 );
}
```

static_cast 其实有潜在危险，因为编译器无法确认我们所进行的转换操作是否完全正确。这也就是我要把它安排在“typeid 运算符的运算结果为真”的条件下的原因。dynamic_cast 运算符就不同，它提供有条件的转换：

```
if ( Fibonacci *pf = dynamic_cast<Fibonacci*>( ps ))
     pf->gen_elems( 64 );
```

dynamic_cast 也是一个 RTTI 运算符，它会进行运行时检验操作，检验 ps 所指对象是否属于 Fibonacci 类。如果是，转换操作便会发生，于是 pf 便指向该 Fibonacci 对象。如果不是，dynamic_cast 运算符返回 0。一旦 if 语句中的条件不成立，那么对 Fibonacci 的 gen_elems() 所进行的静态调用操作也不会发生。

如果你想对 C++的运行时类型鉴定机制（RTTI）有更多了解，请参阅[LIPPMAN98]的 19.1 节。

练习 5.1

实现一个两层的 stack（堆栈）类体系。其基类是个纯抽象类 `Stack`，只提供最简单的接口：`pop()`、`push()`、`size()`、`empty()`、`full()`、`peek()` 和 `print()`。两个派生类则为 `LIFO_Stack` 和 `Peekback_Stack`。`Peekback_Stack` 可以让用户在不更改 stack 元素的前提下，访问任何一个元素。

练习 5.2

重新实现练习 5.1 的类体系，令基类 `Stack` 实现出各派生类共享的、与类型无关的所有成员。

练习 5.3

通常，类型与子类型之间的继承关系，反映出“是一种（**is-a**）”的关系。例如，具有范围检验能力的 `ArrayRC` 是一种 `Array`，`Book` 是一种 `LibraryRentalMaterial`，`AudioBook` 是一种 `Book`……。以下各组说法，哪一些反映了“是一种（**is-a**）”的关系？

(a) member function isA_kindOf function	member function 是一种函数?
(b) member function isA_kindOf class	member function 是一种 class?
(c) constructor isA_kindOf member function	constructor 是一种 member function?
(d) airplane isA_kindOf vehicle	飞机是一种交通工具?
(e) motor isA_kindOf truck	引擎是一种卡车?
(f) circle isA_kindOf geometry	圆形是一种几何形状?
(g) square isA_kindOf rectangle	正方形是一种矩形?
(h) automobile isA_kindOf airplane	汽车是一种飞机?
(i) borrower isA_kindOf library	借阅者是一种图书馆?

练习 5.4

图书馆提供以下出借馆藏分类，每一种都有自己的借出与归还方式。请将它们组织成一个继承层次体系：

book（图书）	audio book（有声书）
record（唱片）	children's puppet（儿童玩偶）
video（影带）	Sega video game（Sega 电子游戏）
rental book（出租图书）	Sony Playstation video game（Sony PS 电子游戏）
CD-ROM book（光盘图书）	Nintendo video game（Nintendo 电子游戏）

6

以 template 进行编程

Programming with Templates

Bjarne Stroustrup（C++创造者）拟好 C++语言中关于 template 的原始设计后，将 template 称为**被参数化的类型**（**parameterized type**）：称其**参数化**是因为，类型相关信息可自 template 定义中剥离，称其**类型**则是因为，每一个 class template 或 function template 基本上都随着它所作用或它所内含的类型而有性质上的变化（因此这些 class template 或 function template 本身就像是某种类型）。template 所接受（或说作用于其上）的类型，系由 template 用户于使用时指定。

其后不久，Stroustrup 将名称改为比较通俗顺口的 template（模板）。Template 定义扮演的乃是"处方"角色，能根据用户指定的特定值或特定类型，自动产生一个函数或类。

虽然本书前面已大量使用诸如 vector、string 等 class template，但迄今尚未实现过任何属于我们自己的 template。这正是本章的任务之一，带你一览二叉树（binary tree）class template 的所有实现过程。

如果你对所谓二叉树的抽象含义不甚了解，接下来的文字或许能给你一个扼要的说明。在数据结构中，所谓树（tree）乃是由节点（node，或谓 vertice）以及连接不同节点的链接（link）组成。所谓二叉树，维护着每个节点与下层另两个节点间的两条链接，一般将此下层二节点称为左子节点（left child）和右子节点（right child）。最上层第一个节点称为根节点（root）。无论是左子节点或右子节点，都可能扮演另一棵"子树（subtree）"的根节点。一个节点如果不再有任何子节点，便称为叶节点（leaf）。

我们的二叉树包含两个 class：一个是 `BinaryTree`，用以储存一个指针，指向根节点，另一个是 `BTnode`，用来储存节点实值，以及连接至左、右两个子节点的链接。此处，"节点实值的类型（value type）"正是我们希望加以参数化的部分。

我们的 `BinaryTree` 类该提供哪些操作行为呢？用户必须能够将元素插入（*insert*）到 `BinaryTree`，必须能够从 `BinaryTree` 移除（*remove*）特定元素，也必须能够在树中搜寻（*find*）某个元素、清除（*clear*）所有元素、以特定的遍历方式打印（*print*）整棵树。我们必须支持三种遍历方式：中序（*inorder*）、前序（*preorder*）、后序（*postorder*）。

在我的实现中，第一个插入空树（empty tree）的值，会成为此树的根节点。接下来的每个节点都必须以特定规则插入：如果小于根节点，就被置于左子树，如果大于根节点，就被置于右子树。任何一个值只能在树中出现一次，但是此树有能力记录同一值的插入次数。举个例子，以下程序代码：

```
BinaryTree<string> bt;
bt.insert( "Piglet" );
```

会使 Piglet 成为二叉树的根节点。假设接着插入 Eeyore：

```
bt.insert( "Eeyore" );
```

由于 Eeyore 小于 Piglet（按字典排列顺序），于是 Eeyore 便成了 Piglet 的左子节点。假设接下来再插入 Roo：

```
bt.insert( "Roo" );
```

由于 Roo 大于 Piglet（按字典排列顺序），于是 Roo 便成了 Piglet 的右子节点，以此类推。现在我插入下列各元素，完成此二叉树的构建：

```
bt.insert( "Tigger" );
bt.insert( "Chris" );
bt.insert( "Pooh" );
bt.insert( "Kanga" );
```

产生的二叉树如图 6.1 所示。本例中的 Chris、Kanga、Poohhe 和 Tigger 皆为叶节点。

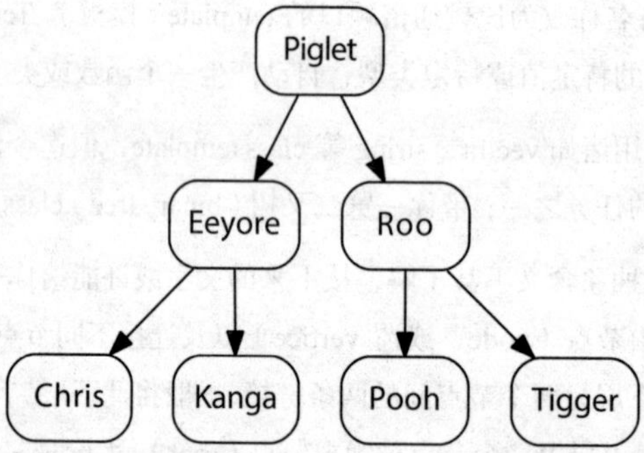

图 6.1 二叉树（插入了数个元素之后）

任何遍历算法（*traversal algorithm*）皆由根节点出发。所谓前序（**preorder**）遍历，是指被遍历的节点本身先被打印；然后才打印左子树内容，再往后才轮到右子树内容。所谓中序（**inorder**）遍历，是先打印出左子树，然后是节点本身，最后才轮到右子树。所谓后序（**postorder**）遍历，则是先打印左子树，再打印右子树，最后才是节点本身。以图 6.1 所示二叉树为例，三种算法的打印结果如下：

```
// 以前序遍历算法打印图 6.1 所示二叉树
Piglet, Eeyore, Chris, Kanga, Roo, Pooh, Tigger
```

```
// 以中序遍历算法打印图 6.1 所示二叉树
Chris, Eeyore, Kanga, Piglet, Pooh, Roo, Tigger

// 以后序遍历算法打印图 6.1 所示二叉树
Chris, Kanga, Eeyore, Pooh, Tigger, Roo, Piglet
```

6.1 被参数化的类型

Parameterized Types

以下是一个 non-template BTnode class，其实值储存于 string 对象之中。我把它命名为 string_BTnode，因为后续我还会定义其他 class，分别储存 int、double 等节点值。

```
class string_BTnode {
public:
    // ...
private:
    string _val;
    int _cnt;
    string_BTnode *_lchild;
    string_BTnode *_rchild;
};
```

由于缺乏 template 机制，为了储存不同类型的数值，我必须为它们实现各种不同的 BTnode 类，并且取不同的名称。

template 机制帮助我们将类定义中“与类型相关（*type-dependent*）”和“独立于类型之外”的两部分分离开来。遍历二叉树、插入/移除节点、维护重复次数等行为，并不会随着处理的类型不同而有所不同，因此这些程序代码可以在“通过 class template 产生出来的所有 class”中使用。

class template 所产生出来的各个 class，其实值类型都有可能不同：可能是 string，也可能是 int 或 double 等。在一个 class template 中，与类型相关的部分会被抽取出来，成为一个或多个参数。以 BTnode class 为例，data member _val 的类型便可被参数化：

```
// BTnode class template 的前置声明（forward declaration）
template <typename valType>
class BTnode;
```

在此 class template 定义中，valType 被拿来当作一个占位符。其名称可以任意设定。在用户为它指定某个特定类型之前，它被视为一个可取代为任意类型的东西。是的，类型参数（type parameter）可以被拿来用在实际类型（诸如 int、string）的使用场合。在 BTnode class 中，我们拿它来声明_val 所属类型：

```
template < typename valType >
class BTnode {
public:
    // ...
private:
```

```
    valType      _val;
    int          _cnt;
    BTnode      *_lchild;
    BTnode      *_rchild;
};
```

在我的实现中，BTnode class template 必须和 BinaryTree class template 配合使用。BTnode 储存了节点实值、节点实值的重复次数、左右子节点的指针。还记得两个相互合作的 class 需要建立友谊吗？针对每一种 BTnode 实际类型，我们希望对应的 BinaryTree 实例能够成为其 friend。声明方法如下：

```
template <typename Type>
class BinaryTree;  // 前置声明（forward declaration）

template <typename valType>
class BTnode {
    friend class BinaryTree<valType>;
    // ...
};
```

为了通过 class template 实例化类，我们必须在 class template 名称之后，紧接一个尖括号，其内放置一个实际类型（准备用来取代 valType）。例如，如果要将 valType 绑定至 int，可以这么写：

```
BTnode< int > bti;
```

同样道理，如果要将 valType 绑定至 string，可以这么写：

```
BTnode< string > bts;
```

上述的 bti 和 bts 分别代表两份 BTnode 定义：前者以 int 取代_val，后者以 string 取代_val。"代入 string 而产生出来的 BinaryTree" 是 "代入 string 所产生出来的 BTnode" 的 friend，不是 "代入 int 所产生出来的 BTnode" 的 friend。

BinaryTree class 仅声明一笔数据：一个 BTnode 指针，指向二叉树根节点。

```
template <typename elemType>
class BinaryTree {
public:
    // ...
private:
    // BTnode 必须以 template parameter list 加以限定
    BTnode<elemType> *_root;
};
```

我们怎么样才能知道，什么情形下需要以 temlate parameter list 进一步限定 class template（像上面那样）呢？一般规则是，在 class template 及其 member 的定义中，不必如此。除此之外的其他场合就需要以 parameter list 加以限定。

当我们指定某个实际类型作为 BinaryTree 的参数，例如：

```
BinaryTree< string > st;
```

指针_root 便指向一个“节点值类型为 string”的 BTnode。同样道理，当我们指定的是 int 类型：

```
BinaryTree< int > it;
```

指针_root 便指向一个“节点值类型为 int”的 BTnode。

6.2 Class Template 的定义

The Template Class Definition

以下就是我们的 BinaryTree class template 的部分定义：

```
template <typename elemType>
class BinaryTree {
public:
    BinaryTree();
    BinaryTree( const BinaryTree& );
    ~BinaryTree();
    BinaryTree& operator=( const BinaryTree& );

    bool empty() { return _root == 0; }
    void clear();
private:
    BTnode<elemType> *_root;

    // 将 src 所指子树（subtree）复制到 tar 所指子树。
    void copy( BTnode<elemType>*tar, BTnode<elemType>*src );
};
```

为 class template 定义一个 inline 函数，其做法就像为 non-template class 定义一个 inline 函数一样；上述的 empty()示范了这一点。但是，在类体外，class template member function 的定义语法却大相径庭——起码乍见之下如此：

```
template <typename elemType>
inline BinaryTree<elemType>::
BinaryTree() : _root( 0 )
{}
```

这个 member function 的定义始于关键字 template 和一个参数列表，然后便是函数定义本身，并带有关键字 inline 及 class scope 运算符。inline 一词必须紧接在关键字 template 和参数列表之后。

为什么上述第二次出现的 BinaryTree 名称就不再需要限定了呢？因为，在 class scope 运算符出现之后：

```
BinaryTree< elemType >::
```

其后所有东西都被视为位于 class 定义范围内。当我们写：

```
BinaryTree< elemType >::  // 在 class 定义范围之外
BinaryTree()              // 在 class 定义范围之内
```

第二次出现的 BinaryTree 便被视为 class 定义范围内，所以不需要再加以限定。以下是 BinaryTree 的 copy constructor、copy assignment operator 及 destructor 的定义：

```
template <typename elemType>
inline BinaryTree<elemType>::
BinaryTree( const BinaryTree &rhs )
      { copy( _root, rhs._root ); }

template <typename elemType>
inline BinaryTree<elemType>::
~BinaryTree()
       { clear(); }

template <typename elemType>
inline BinaryTree<elemType>&
BinaryTree<elemType>::
operator=( const BinaryTree &rhs )
{
    if ( this != &rhs )
       { clear(); copy( _root, rhs._root ); }
    return *this;
}
```

此刻你也许不相信我这句话：写多了诸如此类的定义之后，这些语法会变得几乎理所当然。

6.3 Template 类型参数的处理

Handling Template Type Parameters

处理一个“template 类型参数”比处理一个“明确的类型参数”复杂一些。举个例子，如果要为函数声明一个明确的 int 参数，我会这么写：

```
bool find( int val );
```

它以传值（by value）方式进行参数的传递。如果声明 Matrix class 为函数的参数，我们可能会改以传址（by reference）方式传递：

```
bool find( const Matrix &val );
```

这可避免因 Matrix 对象的复制而造成的不必要开销。虽然，以下方式也没有错：

```
// 没错，只是缺乏效率
bool find( Matrix val );
```

但它会花较长的时间来得到相同的结果。读者可能会对这样的做法有微词，尤其当程序里头极为频繁地调用 find()时。

但是当我们处理 template 类型参数时，我们无法得知用户实际要用的类型是否为语言内置类型：

```
BinaryTree<int> bti;
```

果真如此，当然可以采用 by value 方式编写 find()的参数列表。但如果它是一个 class 类型：

```
BinaryTree<Matrix> btm;
```

就应该以 by reference 方式来编写 find()的参数列表。

实际运用中，不论内置类型或 class 类型，都可能被指定为 class template 的实际类型。我建议，将所有的 template 类型参数视为“class 类型”来处理。这意味着我们会把它声明为一个 const reference，而非以 by value 方式传递。

在 constructor 定义中，我选择在 member initialization list 内为每个类型参数进行初始化操作：

```
// 针对 constructor 的类型参数，以下是比较被大家喜爱的初始化做法：
template <typename valType>
inline BTnode<valType>::
BTnode( const valType &val )
    // 将 valType 视为某种 class 类型
    : _val( val )
{
    _cnt = 1;
    _lchild = _rchild = 0;
}
```

而不选择在 constructor 函数体内进行：

```
template <typename valType>
inline BTnode<valType>::
BTnode( const valType &val )
{
    // 不建议你这样做；因为它可能是 class 类型
    _val = val;

    // ok：它们的类型不会改变，绝对是内置类型
    _cnt = 1;
    _lchild = _rchild = 0;
}
```

这么一来，当用户为 valType 指定一个 class 类型时，可以保证效率最佳。例如，下面将 valType 指定为内置类型 int：

```
BTnode<int> btni( 42 );
```

那么上述两种形式并无效率上的差异。但是如果我们这样写：

```
BTnode<Matrix> btnm( transform_matrix );
```

效率上就有高下之分了。因为，constructor 函数体内对 `_val` 的赋值操作可分解为两个步骤：(1) 函数体执行前，`Matrix` 的 default constructor 会先作用于 `_val` 身上；(2) 函数体内会以 copy assignment opreator 将 `val` 复制给 `_val`。但如果我们采用上述第一种方法，在 constructor 的 member initialization list 中将 `_val` 初始化，那么只需一个步骤就能完成工作：以 copy constructor 将 `val` 复制给 `_val`。

重申一次，不论我们是以传值方式来传递 `valType`，或是在 constructor 函数体内为类型为 `valType` 的 data member 设置值，都没有错。但是这会花费较多的时间，而且可能使你背负“不谙 C++编程技巧”的污名。

如果你才刚开始学习 C++，其实无须过度关心效率方面的议题。然而指出这两种情形的差异，却是十分有用。不仅因为这是一般初学者常犯的错误，而且仅需稍稍留心，便足以走上正轨。

6.4 实现一个 Class Template

Implementing the Template Class

每当我们插入某个新值，都必须建立 `BTnode` 对象、加以初始化、将它链接至二叉树的某处。我们必须自行以 `new` 表达式和 `delete` 表达式来管理每个节点的内存分配和释放。

以 `insert()` 为例，如果根节点之值尚未设定，它会由程序的空闲空间（free store）分配一块新的 `BTnode` 需要的内存空间。否则就调用 `BTnode` 的 `insert_value()`，将新值插入二叉树中：

```
template <typename elemType>
inline void
BinaryTree<elemType>::
insert( const elemType &elem )
{
    if ( ! _root )
           _root = new BTnode<elemType>( elem );
    else _root->insert_value( elem );
}
```

`new` 表达式可分解为两个操作：(1) 向程序的空闲空间（free store）请求内存。如果分配到足够的空间，就返回一个指针，指向新对象。（如果空间不足，会抛出 bad_alloc 异常。第 7 章会讨论 C++的异常处理机制。）(2) 如果第一步成功，并且外界指定了一个初值，这个新对象便会以最适当的方式被初始化。对 class 类型来说：

```
_root = new BTnode<elemType>( elem );
```

`elem` 会被传入 `BTnode` constructor。如果分配失败，初始化操作就不会发生。

当根节点存在时，`insert_value()` 才会被调用。小于根节点的所有数值都放在根节点的左子树，大于根节点的所有数值都放在根节点的右子树。`insert_value()` 会通过左右子节点递归（recursively）

调用自己，直到以下任何一种情形发生才停止：(1) 合乎资格的子树并不存在，(2) 欲插入的数值已在树中。由于每个数值只能在树中出现一次，所以我以 BTnode 的 data member _cnt 来记录这个节点的插入次数。以下为实现内容：

```
template <typename valType>
void BTnode<valType>::
insert_value( const valType &val )
{
    if ( val == _val )
       { _cnt++; return; }

    if ( val < _val )
    {
         if ( ! _lchild )
              _lchild = new BTnode( val );
         else _lchild->insert_value( val );
    }
    else
    {
         if ( ! _rchild )
              _rchild = new BTnode( val );
         else _rchild->insert_value( val );
    }
}
```

移除某值的操作更为复杂，因为我们必须保持二叉树的次序不变。一般的算法是，以节点的右子节点取代节点本身，然后搬移左子节点，使它成为右子节点的左子树的叶节点。如果此刻并无右子节点，那么就以左子节点取代节点本身。为了简化，我把根节点的移除操作以特例处理。

```
template <typename elemType>
inline void
BinaryTree<elemType>::
remove( const elemType &elem )
{
    if ( _root )
    {
         if ( _root->_val == elem )
              remove_root();  // 根节点的移除操作以特例处理
         else
              _root->remove_value( elem, _root );
    }
}
```

无论 remove_root()或 remove_value()，都会搬移左子节点，使它成为右子节点的左子树的叶节点。我将这一操作剥离至 lchild_leaf()，那是 BTnode 的 static member function：

```
template <typename valType>
void BTnode<valType>::
lchild_leaf( BTnode *leaf, BTnode *subtree )
{
    while ( subtree->_lchild )
            subtree = subtree->_lchild;
    subtree->_lchild = leaf;
}
```

以下讨论根节点的移除。如果根节点拥有任何子节点，remove_root()就会重设根节点。如果右子节点存在，就以右子节点取而代之；如果左子节点存在，就直接搬移，或通过 lchild_leaf()完成。如果右子节点为 null，_root 便以左子节点取代。

```
template <typename elemType>
void BinaryTree<elemType>::
remove_root()
{
    if ( ! _root ) return;

    BTnode<elemType> *tmp = _root;
    if ( _root->_rchild )
    {
        _root = _root->_rchild;

        // 好啦，现在我们必须将左子节点搬移到
        // 右子节点的左子树的底部
        if ( tmp->_lchild )
        {
            // 为了可读性，分解如下。
            BTnode<elemType> *lc = tmp->_lchild;
            BTnode<elemType> *newlc = _root->_lchild;
            if ( ! newlc )
                // 没有任何子树，那么就直接接上
                _root->_lchild = lc;

            // lchild_leaf()会遍历整个左子树，
            // 寻找某个可接上去的 null 左子节点。
            // lchild_leaf 是个 static member function。
            else BTnode<elemType>::lchild_leaf( lc, newlc );
        }
    }
    else _root = _root->_lchild;

    delete tmp; // ok：现在我们已移去先前的那个根节点了
}
```

remove_value()拥有两个参数：将被删除的值（如果存在的话）以及一个指针，指向目前关注的节点的父节点。

```
template <typename valType>
void BTnode<valType>::
remove_value( const valType &val, BTnode *& prev );
```

remove_value()的参数列表告诉我们，两个参数皆以传址（by reference）方式传递，这是为了避免“当 valType 被指定为 class 类型时，因传值（by value）而产生的昂贵复制开销”。由于我们并不会改变 val 的值，所以将它限定为 const。

第二个参数就不那么直观了。为什么我们将 prev 以一个 reference *to pointer* 来传递呢？难道用单纯的 pointer 传递还不够吗？是的，不够！以 pointer 来传递，我们能够更改的是该 pointer 所指之物，而不是 pointer 本身。为了改变 pointer 本身，我们必须再加一层间接性。如果将 prev 声明为 reference *to pointer*，我们不但可以改变 pointer 本身，也可以改变由此 pointer 指向的对象。

```
template <typename valType>
void BTnode<valType>::
remove_value( const valType &val, BTnode *& prev )
{
    if ( val < _val )
    {
         if ( ! _lchild )
              return;  // 不在此二叉树中
         else _lchild->remove_value( val, _lchild );
    }
    else
    if ( val > _val )
    {
         if ( ! _rchild )
              return;  // 不在此二叉树中
         else _rchild->remove_value( val, _rchild );
    }
    else
    {
      // ok: 找到了
      // 重置此树，然后删除这一节点

      if ( _rchild )
      {
         prev = _rchild;
         if ( _lchild )
            if ( ! prev->_lchild )
                  prev->_lchild = _lchild;
            else BTnode<valType>::lchild_leaf(_lchild,prev->_lchild);
      }
      else prev = _lchild;
      delete this;
    }
}
```

我们还需要另一个函数来移除整棵二叉树。我把这个名为 `clear()` 的函数分为两份：一个是 inline public 函数，另一个是前者的重载版本，用以执行实际工作，并放在 private 部分。

```
template <typename elemType>
class BinaryTree {
public:
   void clear(){ if ( _root ){ clear( _root ); _root = 0; }}
   // ...
private:
   void clear( BTnode<elemType>* );
   // ...
};

template <typename elemType>
void BinaryTree<elemType>::
clear( BTnode<elemType> *pt )
{
   if ( pt ){
       clear( pt->_lchild );
       clear( pt->_rchild );
       delete pt;
   }
}
```

以下程序会构造出图 6.1 所描绘的二叉树。我以前序（preorder）方式，在三个时间点遍历此树：(1) 此树构建完成时，(2) 根节点被移除后，(3) 某一节点被移除后。

```
#include "BinaryTree.h"
#include <iostream>
#include <string>
using namespace std;

int main()
{
    BinaryTree<string> bt;

    bt.insert( "Piglet" );
    bt.insert( "Eeyore" );
    bt.insert( "Roo" );
    bt.insert( "Tigger" );
    bt.insert( "Chris" );
    bt.insert( "Pooh" );
    bt.insert( "Kanga" );

    cout << "Preorder traversal: \n";
    bt.preorder();

    bt.remove( "Piglet" );
```

```
    cout << "\n\nPreorder traversal after Piglet removal: \n";
    bt.preorder();

    bt.remove( "Eeyore" );

    cout << "\n\nPreorder traversal after Eeyore removal: \n";
    bt.preorder();

    return 0;
}
```

编译并执行，程序产生以下结果：

```
Preorder traversal:
Piglet  Eeyore  Chris  Kanga  Roo  Pooh  Tigger

Preorder traversal after Piglet removal:
Roo  Pooh  Eeyore  Chris  Kanga  Tigger

Preorder traversal after Eeyore removal:
Roo  Pooh  Kanga  Chris  Tigger
```

不论哪一种遍历算法（traversal algorithm）——preorder()或 inorder()或 postorder()，都会作用于当前节点上（在我们的例子中就是_val），并递归作用于左子节点和右子节点。三个算法的差别仅在于三个操作的执行顺序：

```
template <typename valType>
void BTnode<valType>::
preorder( BTnode *pt, ostream &os ) const
{
   if ( pt )
   {
        display_val( pt, os );
        if ( pt->_lchild ) preorder( pt->_lchild, os );
        if ( pt->_rchild ) preorder( pt->_rchild, os );
   }
}

template <typename valType>
void BTnode<valType>::
inorder( BTnode *pt, ostream &os ) const
{
   if ( pt )
   {
        if ( pt->_lchild ) inorder( pt->_lchild, os );
        display_val( pt, os );
        if ( pt->_rchild ) inorder( pt->_rchild, os );
   }
}
```

```
template <typename valType>
void BTnode<valType>::
postorder( BTnode *pt, ostream &os ) const
{
   if ( pt ){
        if ( pt->_lchild ) postorder( pt->_lchild, os );
        if ( pt->_rchild ) postorder( pt->_rchild, os );
        display_val( pt, os );
   }
}
```

6.5 一个以 Function Template 完成的 Output 运算符

A Function Template Output Operator

我希望为我们的 BinaryTree class template 提供一个 output 运算符。针对 non-template class，我们会这么写：

```
ostream& operator<<( ostream&, const int_BinaryTree& );
```

如果对象是 class template，我们可以明确指出生成的每个 class 的名称：

```
ostream& operator<<( ostream&, const BinaryTree<int>& );
```

但这好比希腊神话中的 Sisyphus 所做的事情一样。他被罚不断地推巨石上山，而巨石一到山顶便自动落下。这太可怕了，而且永无止尽。比较好的解法是，将 output 运算符定义为一个 function template：

```
template <typename elemType>
inline ostream&
operator<<( ostream &os, const BinaryTree<elemType> &bt )
{
    os << "Tree: " << endl;
    bt.print( os );    // print()将于稍后说明
    return os;
}
```

于是，当我们写：

```
BinaryTree< string > bts;
cout << bts << endl;
```

编译器便将前述第二参数指定为 BinaryTree<string>，产生一个对应的 output 运算符。而当我们写：

```
BinaryTree< int > bti;
cout << bti << endl;
```

编译器便将前述第二参数指定为 BinaryTree<int>，又产生一个对应的 output 运算符。以此类推。

print() 乃是 BinaryTree class template 的一个 private member function（其定义请参阅网站所提供的程序代码）。为了让上述的 output 运算符得以顺利调用 print()，output 运算符必须成为 BinaryTree 的一个 friend：

```
template <typename elemType>
class BinaryTree {
   friend ostream& operator<<( ostream&,
                               const BinaryTree<elemType>& );
   // ...
};
```

6.6 常量表达式与默认参数值

Constant Expressions and Default Parameters

> 本节有一半主题在于"以表达式(expression)作为 template 参数"。这种 template 参数在 *C++ Primer* 一书（作者亦为 Lippman）中称为"非类型参数（non-type parameter）"。

Template 参数并不是非得某种类型（type）不可。我们也可以用常量表达式（constant expression）作为 template 参数。例如，先前的数列类继承体系可以重新以 class template 设计，将"对象所含的元素个数"参数化：

```
template <int len>
class num_sequence {
public:
    num_sequence( int beg_pos=1 );
    // ...
};

template <int len>
class Fibonacci : public num_sequence<len> {
public:
    Fibonacci( int beg_pos=1 )
        : num_sequence<len>( beg_pos ){}
    // ...
};
```

当我们产生 `Fibonacci` 对象，像这样：

```
Fibonacci< 16 > fib1;
Fibonacci< 16 > fib2( 17 );
```

两个对象皆属于 `Fibonacci`，而其基类 `num_sequence` 会因为参数 `len` 而导致元素个数为 16。同样道理，我们也可以将长度和起始位置一并参数化：

```
template < int len, int beg_pos >
class NumericSeries;
```

由于大部分数列对象的起始位置为 1，如果我们能为起始位置提供默认值，就更理想了：

```
template <int len, int beg_pos>
class num_sequence { ... };

template <int len, int beg_pos=1>
```

```
class Fibonacci : public num_sequence<len,beg_pos>
{ ... };
```

以下便是上述类的对象定义方式：

```
// 下面这行会被展开为
// num_sequence<32,1> *pns1to32 = new Fibonacci<32,1>;
num_sequence<32> *pns1to32  = new Fibonacci<32>;

// 下面这行会将默认的表达式参数值覆盖掉
num_sequence<32,33> *pns33to64 = new Fibonacci<32,33>;
```

这里的参数默认值和一般函数的默认参数值一样，由左至右进行解析。为了说明可能的实际情况，我以表达式参数重新定义第 5 章的 `num_sequence` 基类及 `Fibonacci` 派生类：

```
// num_sequence 类重新定义。
// 不再需要储存"长度"和"起始位置"这两笔 data member 了

template <int len, int beg_pos>
class num_sequence {
public:
   virtual             ~num_sequence(){};
   int                  elem( int pos ) const;
   const char*          what_am_i() const;
   static  int          max_elems(){ return _max_elems; }
   ostream&             print( ostream &os = cout ) const;
protected:
   virtual void         gen_elems( int pos ) const = 0;
   bool                 check_integrity( int pos, int size ) const;

   num_sequence( vector<int> *pe ) : _pelems( pe ){}
   static const int _max_elems = 1024;
   vector<int>        *_pelems;
};

// output 运算符的 function template 定义
template <int len, int beg_pos> ostream&
operator<<( ostream &os, const num_sequence<len,beg_pos> &ns )
          {  return ns.print( os ); }

// num_sequence 的 member function……
template <int len, int beg_pos>
int num_sequence<len,beg_pos>::
elem( int pos ) const
{
      if ( ! check_integrity( pos, _pelems->size() ))
           return 0;

      return (*_pelems)[ pos-1 ];
}
```

```
template <int length, int beg_pos>
const char* num_sequence<length, beg_pos>::
what_am_i() const
   { return typeid( *this ).name(); }

template <int length, int beg_pos>
bool num_sequence<length, beg_pos>::
check_integrity( int pos, int size ) const
{
   if ( pos <= 0 || pos > max_elems() ){
        cerr << "!! invalid position: " << pos
             << " Cannot honor request\n";
        return false;
   }

   if ( pos > size ) gen_elems( pos );
   return true;
}

template <int length, int beg_pos>
ostream& num_sequence<length, beg_pos>::
print( ostream &os ) const
{
   int elem_pos = beg_pos-1;
   int end_pos = elem_pos + length;

   if ( ! check_integrity( end_pos, _pelems->size() ))
        return os;

   os << "( "
      << beg_pos << " , "
      << length << " ) ";

   while ( elem_pos < end_pos )
          os << (*_pelems)[ elem_pos++ ] << ' ';

   return os;
}

// ok: 带有默认参数值的 Fibonacci class template
template <int length, int beg_pos=1>
class Fibonacci : public num_sequence<length, beg_pos> {
public:
   Fibonacci() : num_sequence<length,beg_pos>( &_elems ){}
protected:
   virtual void        gen_elems( int pos ) const;
   static vector<int> _elems;
};
```

```
// 声明 Fibonacci 的 static data member template
template <int length, int beg_pos>
vector<int> Fibonacci<length,beg_pos>::_elems;

// Fibonacci class template 的 member function
template <int length, int beg_pos>
void Fibonacci<length,beg_pos>::
gen_elems( int pos ) const
{
    if ( pos <= 0 || pos > max_elems() )
         return;

    if ( _elems.empty() )
    {
         _elems.push_back( 1 );
         _elems.push_back( 1 );
    }

    if ( _elems.size() <= pos )
    {
         int ix = _elems.size();
         int n_2 = _elems[ ix-2 ],
             n_1 = _elems[ ix-1 ];

         int elem;
         for ( ; ix <= pos; ++ix )
         {
              elem = n_2 + n_1;
              _elems.push_back( elem );
              n_2 = n_1; n_1 = elem;
         }
    }
}
```

以下是一个小程序，用以操练上述实现代码。fib1、fib2、fib3 各自代表由 Fibonacci class template 产生出来的不同对象。fib1 的长度为 8，起始位置为默认值 1；fib2 的长度为 8，起始位置为 8。fib3 的长度为 12，起始位置为 8。

```
int main()
{
   Fibonacci<8>  fib1;
   Fibonacci<8,8> fib2;
   Fibonacci<12,8> fib3;

   cout << "fib1: " << fib1 << '\n'
        << "fib2: " << fib2 << '\n'
        << "fib3: " << fib3 << endl;
};
```

编译并执行，将产生以下输出结果：

```
fib1: ( 1 , 8 ) 1 1 2 3 5 8 13 21
fib2: ( 8 , 8 ) 21 34 55 89 144 233 377 610
fib3: ( 8 , 12 ) 21 34 55 89 144 233 377 610 987 1597 2584 4181
```

全局作用域（global scope）内的函数及对象，其地址也是一种常量表达式，因此也可以被拿来表达这一形式的参数。例如，以下是一个接受函数指针作为参数的数列类：

```
template <void (*pf)(int pos, vector<int> &seq)>
class numeric_sequence
{
public:
    numeric_sequence( int len, int beg_pos = 1 )
    {
        // 为了稳健起见，还是检查一下 pf 是否是 null……
        if ( ! pf )
            // 产生错误信息并退出……

        _len = len > 0 ? len : 1;
        _beg_pos = beg_pos > 0 ? beg_pos : 1;

        pf( beg_pos+len-1, _elems );
    }
    // ...
private:
    int         _len;
    int         _beg_pos;
    vector<int> _elems;
};
```

本例中的 pf 是一个指向“依据特定数列类型，产生 pos 个元素，放到 vector seq 内”的函数，用法如下：

```
void fibonacci( int pos, vector<int> &seq );
void pell( int pos, vector<int> &seq );
// ...
numeric_sequence<fibonacci>  ns_fib( 12 );
numeric_sequence<pell>       ns_pell( 18, 8 );
```

6.7 以 Template 参数作为一种设计策略

Template Parameters as Strategy

现在，4.9 节的 LessThan function object 可以水到渠成地转为 class template 了：

```
template <typename elemType>
class LessThan {
public:
    LessThan( const elemType &val ) : _val( val ){}
```

```
    bool operator()( const elemType &val ) const
                  { return val < _val; }

    void val( const elemType &newval ) { _val = newval; }
    elemType val() const { return _val; }
private:
    elemType _val;
};

LessThan<int>     lti( 1024 );
LessThan<string> lts( "Pooh" );
```

但是上述这种做法有一个潜在问题：一旦用户所提供的类型并未定义 less-than 运算符，上述做法便告失败。另一种可行策略便是提供第二个 class template，将 comparison 运算符从类定义中剥离。但虽然这第二个类提供的是和 LessThan 相同的语义，我们却得为它另外取个名称，因为 class template 无法基于参数列表的不同而重载。就让我把它命名为 LessThanPred 吧——因为 less-than 运算符被我指定为默认参数值：

```
template <typename elemType, typename Comp = less<elemType> >
class LessThanPred {
public:
    LessThanPred( const elemType &val ) : _val( val ){}
    bool operator()( const elemType &val ) const
                  { return Comp( val, _val ); }

    void val( const elemType &newval ) { _val = newval; }
    elemType val() const { return _val; }
private:
    elemType _val;
};

// 另一个提供比较功能的 function object
class StringLen {
public:
    bool operator()( const string &s1, const string &s2 )
    { return s1.size() < s2.size(); }
};

LessThanPred<int> ltpi( 1024 );
LessThanPred<string, StringLen> ltps( "Pooh" );
```

我们可能会以另一个更通用的名称来命名 function object，表示它足以支持任何类型的比较操作。那么，本例就不需要再提供默认的 function object 了：

```
template <typename elemType, typename BinaryComp >
class Compare;
```

Compare 可将任何一种“BinaryComp 操作”应用于两个同为 elemType 类型的对象身上。

我曾在第 5 章设计了一个面向对象的数列类体系。请思考以下另一种设计。在其中，我将数列类定义为 class template，而将实际的数列类剥离成为参数：

```
template <typename num_seq>
class NumericSequence {
public:
    NumericSequence( int len = 1, int bpos = 1 )
                  : _ns( len, bpos ){}

    // 以下会通过函数的命名规范，调用未知的数列类中的同名函数。
    // 此处所谓函数命名规范是：每个 num_seq 参数类都必须提供
    // 名为 calc_elems()和 is_elem()的函数。
    void calc_elems( int sz ) const { _ns.calc_elems( sz ); }
    bool is_elem( int elem )  const { return _ns.is_elem( elem ); }

    // ...

private:
    num_seq _ns;
};
```

以上 template 设计，将某种特定的命名规范强加于被当作参数的类身上：每个类都必须提供 NumericSequence class template 中调用到的函数，如 calc_elems()、is_elem()，等等。

这种独特设计虽然比较高级，但我认为值得提这么一下，以免你可能认为 class template 的类型参数仅能用以传递元素类型——像二叉树或标准库的 vector、list 等容器那样。

6.8 Member Template Function

Member Template Functions

当然，我们也可以将 member function 定义成 template 形式。先看一个例子再做讨论：

```
class PrintIt {
public:
    PrintIt( ostream &os )
          : _os( os ){}

    // 下面是一个 member template function
    template <typename elemType>
    void print( const elemType &elem, char delimiter = '\n' )
              { _os << elem << delimiter; }
```

```
private:
    ostream& _os;
};
```

PrintIt 是一个 non-template class，其初值为一个 output stream（输出数据流）。它提供了一个名为 print()的 member template function，后者能将任意类型的对象写至指定的 output stream。只要像上面那样，令 print()成为 PrintIt 的 member template function，我们便可以在“只写一份函数定义”的情形下，支持任何类型——前提是该类型可应用 output 运算符。如果不将“要输出的元素”的类型剥离为参数，我们势必得为不同的类型各自建立一份 class。采用 member template，就只需要一份 PrintIt 类。以下是 PrintIt 的可能用法：

```
int main()
{
    PrintIt to_standard_out( cout );
    to_standard_out.print( "hello" );
    to_standard_out.print( 1024 );

    string my_string( "i am a string" );
    to_standard_out.print( my_string );
}
```

编译并执行，程序产生如下输出：

```
hello
1024
i am a string
```

Class template 内也可以定义 member template function。例如，我们可能会将 PrintIt 原本指定的 output stream 再予以参数化，使其成为可指定的 ostream 类型，并仍然令 print()为一个 member template function：

```
template <typename OutStream>
class PrintIt {
public:
    PrintIt( OutStream &os )
          : _os( os ){}

    template <typename elemType>
    void print( const elemType &elem, char delimiter = '\n' )
            { _os << elem << delimiter; }
private:
    ostream& _os;
};
```

以下是修整后的主程序：

```
int main()
{
    PrintIt<ostream> to_standard_out( cout );
```

```
    to_standard_out.print( "hello" );
    to_standard_out.print( 1024 );

    string my_string( "i am a string" );
    to_standard_out.print( my_string );
}
```

除了本章所谈到的，template 还有许多议题。如果你需要 C++ template 机制的更多资料，请参阅[LIPPMAN98]的第 10 章（Function Templates）和第 16 章（Class Templates），以及[STROUSTRUP97]第 13 章。

练习 6.1

试改写以下类，使它成为一个 class template：

```
class example {
public:
     example( double min, double max );
     example( const double *array, int size );
     double& operator[]( int index );
     bool operator==( const example1& ) const;
     bool insert( const double*, int );
     bool insert( double );
     double min() const { return _min; }
     double max() const { return _max; }
     void min( double );
     void max( double );
     int count( double value ) const;
private:
     int size;
     double *parray;
     double _min;
     double _max;
};
```

练习 6.2

重新以 template 形式实现练习 4.3 的 `Matrix` class，并扩充其功能，使它能够通过 heap memory（堆内存）来支持任意行列大小。分配/释放内存的操作，请在 constructor/destructor 中进行。

7

异常处理

Exception Handling

4.6 节实现 `Triangular_iterator` class 时，我们就已经知道，iterator 有潜在的错误，可能引发错误状态的产生。是的，其 data member `_index` 可能被设置为某值，大于 static vector 的大小。表面上看这似乎不太可能发生，但如果它真的发生，那可就糟糕透了。因为，只要有任何程序用到这个值，便会发生错误。同样糟糕的是，使用这个 iterator class 的程序员，不易辨识或解决这个问题。

不过，身为这个 iterator class 的设计者，我们却有能力辨识这一问题：iterator 不再处于有效状态，再也不能被程序继续使用下去了。但是我们不知道这个问题对于整个程序的危害程度究竟如何——唯有 iterator 的用户才知道问题的严重性。因此我们的职责便是通知用户，告诉他发生了什么事。我们以 C++的异常处理机制（exception handling facility）来完成通知任务。

7.1 抛出异常

Throwing an Exception

异常处理机制有两个主要成分：异常的鉴定与发出，以及异常的处理方式。通常，不论是 member function 或 non-member function，都有可能产生异常以及处理异常。异常出现之后，正常程序的执行便被暂停（*suspended*）。与此同时，异常处理机制开始搜索程序中有能力处理这一异常的地点。异常被处理完毕之后，程序的执行便会继续（*resume*），从异常处理点接着执行下去。

C++通过 `throw` 表达式产生异常：

```
inline void Triangular_iterator::
check_integrity()
{
    if ( _index >= Triangular::_max_elems )
         throw iterator_overflow( _index,
                                  Triangular::_max_elems );
```

```
        if ( _index >= Triangular::_elems.size() )
             Triangular::gen_elements( _index + 1 );
    }
```

throw 表达式看起来有点像函数调用。上例中，如果_index 大于_max_elems，类型为 iterator_overflow 的异常对象便会被抛出（*thrown*），于是第二条 if 语句便不会被执行。但如果_index 小于或等于_max_elems，就不会有任何异常产生，程序会如我们所预期一般执行。

何谓抛出（*thrown*）一个异常？所谓异常（**exception**）是某种对象。最简单的异常对象可以设计为整数或字符串：

```
throw 42;
throw "panic: no buffer!";
```

大部分时候，被抛出的异常都属于特定的异常类（也许形成一个继承体系）。例如，以下便是 iterator_overflow class 的定义：

```
class iterator_overflow{
public:
    iterator_overflow( int index, int max )
            : _index( index ), _max( max ) {}

    int index() { return _index; }
    int max()   { return _max;   }

    void what_happened( ostream &os = cerr ) {
          os << "Internal error: current index "
             << _index << " exceeds maximum bound: "
             << _max;
    }

private:
    int _index;
    int _max;
};
```

这个定义丝毫没有令人意外之处。我们只是令它得以储存某些必要数据，用以表示异常的性质，以便我们得以在不同程序的不同调用点上相互传递这些性质。

前例的 throw 表达式，会直接调用拥有两个参数的 constructor。我们可以换一种方式，明确指出被抛出的对象名称：

```
if ( _index > Triangular::_max_elems ){
     iterator_overflow ex( _index, Triangular::_max_elems );
     throw ex;
}
```

7.2 捕获异常

Catching an Exception

我们可以利用单条或一连串的 catch 子句来捕获（*catch*）被抛出的异常对象。catch 子句由三部分组成：关键字 catch、小括号内的一个类型或对象、大括号内的一组语句（用以处理异常）。下面是一个例子：

```
//以下东西定义于其他地点……
extern void log_message( const char* );
extern string err_messages[];
exterm ostream log_file;

bool some_function()
{
    bool status = true;

    // ……假设我们抵达此处!

    catch( int errno ){
        log_message( err_messages[ errno] );
        status = false;
    }
    catch( const char *str ){
        log_message( str );
        status = false;
    }
    catch( iterator_overflow &iof ){
        iof.what_happened( log_file );  // what_happened(), 请见上页
        status = false;
    }

    // 函数的最后一行
    return status;
}
```

上述 catch 子句会处理前一节所抛出的三个异常对象：

```
throw 42;
throw "panic: no buffer!";
throw iterator_overflow( _index, Triangular::_max_elems );
```

是的，异常对象的类型会被拿来逐一地和每个 catch 子句比对。如果类型符合，那么该 catch 子句的内容便会被执行。举个例子，当我们抛出 iterator_overflow 对象时，三个 catch 子句会被依次检验。其中第三个子句所声明的异常类型与被抛出的异常对象相符，于是其后的语句内容便被执行。我们通

过 iof 这个异常对象，调用异常类（exception class）中的 member function what_happened()。类型为 const char*的返回值会被传递给 log_message()函数（但是先前程序代码中看不出这个操作，可能是作者笔误）。然后，status 被设为 false。

以上呈现了完整的异常处理过程。在通过所有 catch 子句之后，由正常程序重新接手。本例中，正常程序会重新接手于 return status;这一行。

我们抛出的如果是个常量字符串，又会发生什么事呢？这一次，类型相符的是第二个 catch 子句，于是 log_message()被调用，并以异常对象 str 为其参数。然后 status 被设置为 false。接着，通过第三个 catch 子句；最后，正常程序接手，返回 status 的值。

有时候我们可能无法完成异常的完整处理。在记录信息之外，我们或许需要重新抛出（rethrow）异常，以寻求其他 catch 子句的协助，做进一步的处理：

```
catch( iterator_overflow &iof )
    {
        log_message( iof.what_happened() );

        // 重新抛出异常，令另一个 catch 子句接手处理
        throw;
    }
```

重新抛出时，只需写下关键字 throw 即可。它只能出现于 catch 子句中。它会将捕获的异常对象再一次抛出，并由另一个类型吻合的 catch 子句接手处理。

如果我们想要捕获任何类型的异常，可以使用一网打尽（*catch-all*）的方式。只需在异常声明部分指定省略号（...）即可，像这样：

```
// 捕获任何类型的异常
catch( ... )
{
    log_message( "exception of unknown type" );
    // 清理（clean up）然后退出……
}
```

7.3 提炼异常

Trying for an Exception

catch 子句应该和 try 块相应而生。try 块是以关键字 try 作为开始，然后是大括号内的一连串程序语句。catch 子句放在 try 块的末尾，这表示如果 try 块内有任何异常发生，便由接下来的 catch 子句加以处理。

例如，以下函数试着在 first 和 last 所标示的范围内，寻找特定的 elem。在此范围内进行迭代

操作，可能会引发 iterator_overflow 异常，所以我们将这段程序代码放在 try 块内，并在接下来的 catch 子句中指定要捕获 iterator_overflow 异常：

```
bool has_elem( Triangular_iterator first,
                  Triangular_iterator last, int elem )
{
    bool status = true;

    try
    {
        while ( first != last )
        {
                if ( *first == elem )
                     return status;
                ++first;
        }
    }
    // try 块内的程序代码执行时，如果有任何异常抛出，
    // 我们只捕获其中类型为 iterator_overflow 的异常。
    catch( iterator_overflow &iof )
    {
        log_message( iof.what_happened() );
        log_message( "check if iterators address same container" );
    }

    status = false;
    return status;
}
```

其中的表达式

```
*first
```

会调用被重载的 dereference（提领）运算符：

```
inline int Triangular_iterator::
operator*()
{
    check_integrity();
    return Triangular::_elems[ _index ];
}
```

其内又调用 check_integrity()：

```
inline void Triangular_iterator::
check_integrity()
{
    if ( _index >= Triangular::_max_elems )
         throw iterator_overflow( _index, Triangular::_max_elems );
    // ...
}
```

让我们假设，就在某刻，last 的 _index 值大于 _max_elems，于是 check_integrity() 获得的结果为 true，并抛出异常。接下来会发生什么事？

异常处理机制开始查看，异常由何处抛出，并判断是否位于 try 块内？如果是，就检验相应的 catch 子句，看它是否具备处理此异常的能力。如果有，这个异常便被处理，而程序也就继续正常执行下去。

但是上述例子中的 throw 表达式并非位于 try 块内，因此异常处理机制不去处理它。这导致 check_integrity() 的剩余内容不会被执行，因为异常处理机制终结了 check_integrity() 的执行权。但异常处理机制会继续在 check_integrity() 的调用端搜寻类型吻合的 catch 子句。

于是同一个问题再在调用端（亦即“重载的 dereference 运算符”中）被提出一次：是否 check_integrity() 调用操作发生于 try 块内？答案是否定的，于是 dereference 运算符被中断执行，异常处理机制继续上溯到 dereference 运算符的调用端。是否以下操作发生于 try 块内？

```
*first
```

本例的确如此，于是相应的 catch 子句被拿出来查看，类型吻合者会被执行。如此便完成了异常处理。正常的程序执行则于“被执行的 catch 子句”的下方第一行语句继续：

```
// 如果没有发现 elem，或是程序发生 iterator_overflow 异常，
// 就执行以下程序代码。
status = false;
return status;
```

如果“函数调用链”不断地被解开，一直回到了 main() 还是找不到合适的 catch 子句，会发生什么事？C++规定，每个异常都应该被处理，因此，如果在 main() 内还是找不到合适的处理程序，便调用标准库提供的 terminate()——其默认行为是中断整个程序的执行。（关于“异常上溯至 main()”之后的详细情况，我建议你看看《More Effective C++中文版》中的条款 14，其中详细说明了 unexpected、terminate、abort 等函数如何被依次调用。）

在 try 块内该放置哪些语句，在 try 块外该放置哪些语句，这些都是程序员的职责。如果某一语句有可能引发异常，而它不位于 try 块内，那么该异常保证不会在此函数内被捕获处理。这也许会有问题，也许不会有问题——并非每个函数都必须处理每一个可能发生的异常。

例如，dereference 运算符并没有将 check_integrity() 调用操作放在 try 块内——虽然 check_integrity() 有可能引发异常。为什么这样安排？因为 dereference 运算符并未准备好要处理那些异常，而且即使异常真的发生，dereference 运算符被中断也是安全的。

如何知道某个函数是否能够安全地忽略可能发生的异常呢？让我们再次看看上述 dereference 运算符的定义：

```
inline int Triangular_iterator::
operator*()
{
    check_integrity();
    return Triangular::_elems[ _index ];
}
```

如果 check_integrity() 发生错误，那必然是因为 _index 值无效，因此不应该以 return 语句将元素值返回。那么，我们是否应该加上 try 块，判断 check_integrity() 的执行情况？

如果 check_integrity() 的设计是返回 true 或 false，那么上述这个 dereference 运算符便有必要在 check_integrity() 返回 false 时进行某种防范措施：

```
return check_integrity()
       ? Triangular::_elems[ _index ]
       : 0;
```

而 dereference 运算符的调用者同样需要在 dereference 运算符返回 0 时进行相应的防范措施。

但由于 check_integrity() 是以“抛出异常”的方式来表现错误，所以不需要进行这些防范操作。我们可以保证，只有在无任何异常被抛出的情况下，dereference 运算符才会执行 return 语句。只要发生任何异常，函数便会在“return 语句被执行前”中断。

但是，为什么 has_elem() 函数中，我们却把 first 的提领操作放在 try 块内呢？这个函数不也可以让 iterator_overflow 往上传递给其调用者吗？再说，为什么 has_elem() 不顾其他可能的异常呢？它是不是可以一网打尽(*catch-all*)的方式来捕获所有异常呢？这两个问题的解答犹如一个铜板的两面。

has_elem() 有一个特定功能：回答 elem 是否位于 first 和 last 所标示的范围内。为达到此目的，它不断递增 first，进行迭代操作，直到找到目标，或是范围内的所有元素都检验完毕。first 的提领操作和递增操作该如何实现，这属于 has_elem() 的实现细节，而 iterator_overflow 则是该实现内容的一个方面。我选择把这个异常限制在 has_elem() 内部，因为 has_elem() 对于这一异常在程序执行过程中的重要性最是清楚。

has_elem() 的调用者最想知道的乃是：elem 是否位于标示的元素范围内。范围是否有效，对整个项目而言可能也颇为重要，所以我才会想要将它记录下来。然而，has_elem() 的调用者能否处理这个异常，并不是什么重要的事，因此我决定将 has_elem() 的调用者和 iterator_overflow 隔离。

铜板的另一面则是，由于 has_elem() 过度重视 elem 是否存在，以至于没有处理所有可能的异常。如果程序的 heap 内存耗尽，那么对 has_elem() 而言便形同一场浩劫（因为 has_elem() 并未捕获相应的异常）。

当函数的 try 块发生某个异常，但并没有相应的 catch 子句将它捕获，此函数便会被中断，由异常处理机制接管，沿着"函数调用链"一路回溯，搜寻符合条件的 catch 子句。在 has_elem() 函数中，iterator_overflow 会被处理。除此之外是否有其他异常产生？检验了 has_elem() 的函数调用链后，我们发现，不会有其他异常产生。

初学者常犯的错误是，将 C++异常和 segmentation fault 或是 bus error 这类硬件异常混淆在一起。面对任何一个被抛出的 C++异常，你都可以在程序某处找到一个相应的 throw 表达式。（有些深藏在标准库中。）

7.4 局部资源管理

Local Resource Management

以下函数，在开始要求分配相关资源，然后进行某些处理操作。函数结束之前，这些资源会被释放。以我们至今所学到的技术来看，这个函数的写法，犯了什么样的错误？

```
extern Mutex m;
void f()
{
    // 请求资源
    int *p = new int;
    m.acquire();

    process( p );

    // 释放资源
    m.release();
    delete p;
}
```

问题出在我们无法保证，函数执行之初所分配的资源最终一定会被释放掉。如果 process() 本身或 process() 内调用的函数抛出异常，那么 process() 调用操作之后的两条用以释放资源的语句便不会被执行。在异常处理机制之下，这并不是一份好的实现。

解决之道是导入一个 try 块，以及相应的 catch 子句。这样便可捕获所有异常、释放所有资源、再将异常重新抛出：

```
void f()
{
  try {
      // 和先前一样
  }
  catch( ... ) {
      m.release();
      delete p;
```

```
        throw;
    }
}
```

这样虽然可以解决我们的问题，但仍然不是个令人完全满意的解答，因为用以释放资源的程序代码得出现两次。而且，捕获异常、释放资源、重新抛出异常，这些操作会使异常处理程序（exception handler）的搜寻时间进一步延长。此外，程序代码本身也更复杂了。我们希望写出更具防护性、更自动化的处理方式。在C++中这通常意味着定义一个专属的class。

C++的发明者Bjarne Stroustrup引入了所谓资源管理（resource management）的手法，他自己则称之为resource acquisition is initialization（在初始化阶段即进行资源请求）。对对象而言，初始化操作发生于constructor内，资源的请求亦应在constructor内完成。资源的释放则应该在destructor内完成。这样虽然无法将资源管理自动化，却可简化我们的程序：

```
#include <memory>
void f()
{
    auto_ptr<int> p( new int );
    MutexLock ml( m );
    process( p );
    // p和ml的destructor会在此处被悄悄调用……
}
```

p 和 ml 都是局部（local）对象。如果 process() 执行无误，那么相应的 destructor 便会在函数结束前自动作用于 p 和 ml 身上。如果 process() 执行过程中有任何异常被抛出，会发生什么事?

在异常处理机制终结某个函数之前，C++保证，函数中的所有局部对象的destructor都会被调用。本例中，不论是否有任何异常被抛出，p 和 ml 的 destructor 保证被调用。

再举一个例子。MutexLock class 可以实现成下面的样子[1]：

```
class MutexLock {
public:
    MutexLock( Mutex m ) : _lock( m )
        { lock.acquire(); }

    ~MutexLock(){ lock.release(); }
private:
    Mutex &_lock;
};
```

1 源自[LIPPMAN96b]收录的一篇由Douglas C. Schmidt撰写的卓越文章：*A Case Study of C++ Design Evolution*。

auto_ptr 是标准库提供的 class template，它会自动删除通过 new 表达式分配的对象，例如先前例子中的 p。使用它之前，必须包含相应的 memory 头文件：

```
#include <memory>
```

auto_ptr 将 dereference 运算符和 arrow 运算符予以重载，其方式就像 4.6 节的 iterator class 那样。这使我们得以像使用一般指针一样地使用 auto_ptr 对象。例如：

```
auto_ptr< string > aps( new string( "vermeer" ));
string *ps = new string( "vermeer" );

if (( aps->size() == ps->size()) &&
    ( *aps == *ps ))
      // ...
```

关于 resource acquisition is initialization（在初始化阶段即进行资源的请求），详细讨论参见[STROUSTRUP97]的 14.4 节。如果想获得 auto_ptr 的更多知识，请参阅[LIPPMAN98]的 8.4.2 节。

7.5 标准异常

The Standard Exceptions

如果 new 表达式无法从程序的空闲空间（*free store*）分配到足够的内存，它会抛出 bad_alloc 异常对象。例如：

```
vector<string>*
init_text_vector( ifstream &infile )
{
    vector<string> *ptext = 0;
    try {
        ptext = new vector<string>;
        // 打开 file 和 file vector
        }
    catch( bad_alloc ) {
        cerr << "ouch. heap memory exhausted!\n";
        // ……清理（clean up）并退出
    }
    return ptext;
}
```

以下语句

```
ptext = new vector<string>;
```

会分配足够的内存，然后将 vector<string> default constructor 应用于 heap 对象之上，然后再将对象地址设置给 ptext。

如果没有足够的内存足以表现一个 vector<string>对象，default constructor 就不会被调用，ptext 也不会被设置值，因为这时候 bad_alloc 异常对象会被抛出，程序流程会跳到 try 块之后的 catch

子句。下面这个声明：

```
catch( bad_alloc )  // bad_alloc 是个 class，不是一个 object。
```

并未声明出任何对象，因为我们只对捕获到的异常的类型感兴趣，并没有打算在 catch 子句中实际操作该对象[2]。

如果我们想要操作 bad_alloc 异常对象，它提供了哪些操作函数呢？

标准库定义了一套异常类体系（exception class hierarchy），其根部是名为 exception 的抽象基类。exception 声明有一个 what() 虚函数，会返回一个 const char *，用以表示被抛出异常的文字描述。

bad_alloc 派生自 exception 基类，它有自己的 what()。Visual C++所提供的 bad_alloc，其 what() 函数会产生"bad allocation"这样的信息。

我们也可以将自己编写的 iterator_overflow 继承于 exception 基类之下。首先必须包含标准头文件 exception，而且必须提供自己的 what()：

```
#include <exception>

class iterator_overflow : public exception {
public:
    iterator_overflow( int index, int max )
           : _index( index ), _max( max )
    {}

    int index() { return _index; }
    int max()   { return _max;   }

    // overrides exception::what()
    const char* what() const;

private:
    int _index;
    int _max;
};
```

将 iterator_overflow 融入标准的 exception 类体系的好处是，它可以被任何"打算捕获抽象基类 exception"的程序代码所捕获，包括先前我介绍 iterator_overflow 时所写的程序代码。这意味着我们不

---

2 如果要抑制不让 bad_alloc 异常被抛出，我们可以这么写：

```
ptext = new (nothrow) vector<string>;
```

这么一来如果 new 操作失败，会返回 0。任何人使用 ptext 之前都应该先检验它是否为 0。

必修改原有的程序代码，就可以让那些程序代码认识这个 class。我们也不必再用一网打尽（*catch-all*）的方式来捕获所有异常了。下面这个 catch 子句：

```
catch( const exception &ex )
{
      cerr << ex.what() << endl;
}
```

会捕捉 excepion 的所有派生类。当 bad_alloc 异常被抛出，它会打印出“bad allocation”信息。当 iterator_overflow 异常被抛出，它会打印出“Internal error: current index 65 exceeds maximum bound: 64”信息。（因为 what() 的行为如下段所示。）

以下便是 iterator_overflow 的 what() 的某种实现方式，其中运用 ostringstream 对象对输出信息进行了格式化：

```
#include <sstream>
#include <string>

const char*
iterator_overflow::
what() const
{
    ostringstream ex_msg;
    static string msg;

    // 将输出信息写到内存内的 ostringstream 对象之中。
    // 将整数值转为字符串表示……

    ex_msg << "Internal error: current index "
           << _index << " exceeds maximum bound: "
           << _max;

    // 萃取出 string 对象
    msg = ex_msg.str();

    // 萃取出 const char*表述式
    return msg.c_str();
}
```

ostringstream class 提供“内存内的输出操作”，输出到一个 string 对象上。当我们需要将多笔不同类型的数据格式化为字符串时，它尤其有用。它能自动将_index、max 这类数值对象转换为相应的字符串，我们不必考虑储存空间、转换算法等问题。ostringstream 所提供的一个 member function str()，会将“与 ostringstream 对象相呼应”的那个 string 对象返回。

标准库让 what() 返回一个 const char*，而非一个 string 对象。这使我们陷入困境：我们该如何将 string 对象转成 C-style 字符串呢？别担心，string class 提供了解答：转换函数 c_str() 会返回我们所要的 const char*。

使用 ostringstream class 之前，必须先包含标准头文件 sstream：

```
#include <sstream>
```

iostream 库也对应提供了 istringstream class。如果我们需要将非字符串数据（例如，整数值或内存地址）的字符串表示转换为其实际类型，istringstream 可派上用场。请参阅[LIPPMAN98]的 20.8 节，其中有关于 string stream class 的丰富讨论。

如果想要获得 C++异常处理机制的更广泛讨论，请参见[LIPPMAN98]的第 11 章和 19.2 节，以及[STROUSTRUP97]第 14 章。[SUTTER99]对于 exception-safe（异常发生时依旧安全）的设计，以及异常处理机制下 class 的各种设计考虑，有相当不错的见解。

练习 7.1

以下函数完全没有检查可能的数据错误以及可能的执行失败。请找出此函数中所有可能发生错误的地方。本题并不考虑出现异常（exception）。

```
int *alloc_and_init( string file_name )
{
    ifstream infile( file_name );
    int elem_cnt;
    infile >> elem_cnt;
    int *pi = allocate_array( elem_cnt );

    int elem;
    int index = 0;
    while ( infile >> elem )
            pi[ index++ ] = elem;

    sort_array( pi, elem_cnt );
    register_data( pi );

    return pi;
}
```

练习 7.2

下列函数被上题的 alloc_and_ini() 调用，执行失败时会发出异常：

allocate_array()　　发出异常 noMem

```
sort_array()        发出异常 int
register_data()     发出异常 string
```

请安置一个或多个 try 块，以及相应的 catch 子句，以便能适当地处理这些异常。相应的 catch 子句中只需将错误打印出来即可。

练习 7.3

为练习 5.2 的 Stack 类体系加入两个异常类型，处理“想从空 stack 中取出元素”和“想为满 stack 添加元素”两种错误。请显示修改后的 pop() 和 push()。

附录 A

习题解答

Exercises Solutions

练习 1.4

试着扩充这个程序的内容：(1) 要求用户同时输入名字（first name）和姓氏（last name），(2) 修改输出结果，同时打印姓氏和名字。

我们需要两个字符串来扩充这个程序的功能：一个用来储存用户的姓氏，另一个用来储存用户的名字。在第一章结束前，我们已经学会了三种做法。我们可以定义两个 `string` 对象：

```
string first_name, last_name;
```

也可以定义一个 array，内含两个 `string` 对象：

```
string usr_name[ 2 ];
```

或是定义一个 vector，储存两个 `string` 对象：

```
vector<string> usr_name(2);
```

但在文中提出该练习时，本书尚未开始介绍 array 及 vector 的用法，所以我选择使用第一种做法：

```
#include <iostream>
#include <string>
using namespace std;

int main()
{
      string first_name, last_name;
      cout << "Please enter your first name: ";
      cin >> first_name;

      cout << "hi, " << first_name
           << " Please enter your last name: ";

      cin  >> last_name;
```

```
    cout << '\n';
    cout << "Hello, "
         << first_name  << ' '  << last_name
         << " ... and goodbye!\n";
}
```

编译并执行，上面这个程序会产生如下的输出结果（输入部分以粗体表示）：

```
Please enter your first name: stan
hi, stan Please enter your last name: lippman

Hello, stan lippman ... and goodbye!
```

练习 1.5

编写一个程序，能够询问用户的姓名，并读取用户所输入的内容。请确保用户输入的名称长度大于两个字符。如果用户的确输入了有效名称，就响应一些信息。请以两种方式实现：第一种使用 C-style 字符串，第二种使用 string 对象。

string 对象和 C-style 字符串之间有两个主要差异：(1) string 对象会动态地随字符串长度的增加而增加其储存空间，C-style 字符串却只能分配固定的空间，并期望这个固定空间可以容纳对应的字符串。(2) C-style 字符串并不记录自身长度。为判断 C-style 字符串的长度，我们得数遍每一个元素，直至 null 字符出现。标准库中的 strlen() 就用于做这样的事情：

```
int strlen( const char* );
```

如果要使用 strlen()，我们得包含 cstring 头文件。

但是，在使用它之前，让我们先看看 string class 的用法。我特别建议初学者舍弃 C-style 字符串，改用 string class。

```
#include <iostream>
#include <string>
using namespace std;

int main()
{
    string user_name;

    cout << "Please enter your name: ";
    cin  >> user_name;

    switch ( user_name.size() ){
        case 0:
            cout << "Ah, the user with no name. "
```

```
                << "Well, ok, hi, user with no name\n";
            break;

        case 1:
            cout << "A 1-character name? Hmm, have you read Kafka?: "
                << "hello, " << user_name << endl;
            break;

        default:
            // 字符串长度超过一个字符
            cout << "Hello, " << user_name
                << " -- happy to make your acquaintance!\n";
            break;
    }
    return 0;
}
```

如果使用 C-style 字符串，写法就完全不同。首先，我们必须决定 `user_name` 的长度；我随便选了 128，因为这样似乎就够了。接下来，利用标准库的 `strlen()` 函数获得 `user_name` 的长度。`cstring` 头文件中有 `strlen()` 的声明。如果用户输入的字符串长度大于 127 个字符，就没有足够空间来存放终止字符（null 字符）。为了避免发生这样的事情，我以 iostream 操纵符（manipulator）`setw()` 保证不会读入超过 127 个字符。由于用到了 `setw()` 操纵符，因此必须包含 `iomanip` 头文件。

```
#include <iostream>
#include <iomanip>
#include <cstring>
using namespace std;

int main()
{
    // 必须分配一个大小固定的空间
    const int nm_size = 128;
    char user_name[ nm_size ];
    cout << "Please enter your name: ";
    cin  >> setw( nm_size ) >> user_name;

    switch ( strlen( user_name ))
          {
              // ……这里处理 case 0 和 case 1，方法同前

              case 127:
                  // 也许所得的字符串已被 setw() 舍弃掉部分内容
                  cout << "That is a very big name, indeed -- "
                      << "we may have needed to shorten it!\n"
                      << "In any case,\n";

                  // 此处不加 break，往下继续执行
```

```
            default:
                // 如果符合前述条件，也会执行至此处，因为先前并没有 break
                cout << "Hello, " << user_name
                     << " -- happy to make your acquaintance!\n";
                break;
        }

    return 0;
}
```

练习 1.6

编写一个程序，从标准输入设备读取一串整数，并将读入的整数依次放到 array 及 vector，然后遍历这两种容器，求取数值总和。将总和及平均值输出至标准输出设备。

array 和 vector 的主要差异，就像 C-style 字符串与 `string` 的差异一样：(1) array 的大小必须固定，vector 可以动态地随着元素的插入而扩展储存空间。(2) array 并不储存自身大小。大小固定，意味着我们必须考虑对它的访问可能导致溢出（*overflow*）。不过 array 和 C-style 字符串不同的是，array 并没有像 null 字符那样的所谓"标兵"——用来表示已到达末端。我建议初学者使用 vector 取代 array。以下解答便使用了 vector：

```
#include <iostream>
#include <vector>
using namespace std;

int main()
{
    vector<int> ivec;
    int ival;
    while ( cin >> ival )
            ivec.push_back( ival );

    // 我们可以在数值被输入时就实时计算总和，
    // 这里的做法是遍历 vector 的元素，一一累加
    for ( int sum = 0, ix = 0; ix < ivec.size(); ++ix )
          sum += ivec[ ix ];

    int average = sum / ivec.size();
    // 根据 C++ Standard，sum 的作用范围局限于上述的 for 循环中。
    // 此处的 sum 会造成 Undefined symbol 编译错误。作者这么写，未能符合
    // C++ Standard 规范（但某些编译器，如 Visual C++，会让它过关）。
    // 请问你应如何改正这个错误？

    cout << "Sum of " << ivec.size()
         << " elements: " << sum
         << ". Average: " << average << endl;
}
```

以下是使用 array 的解法，其中必须监视读入的元素个数，以确保对 array 的读取操作不会越界：

```
#include <iostream>
using namespace std;

int main()
{
    const int array_size = 128;
    int ia[ array_size ];
    int ival, icnt = 0;

    while ( cin >> ival &&
            icnt < array_size )
                ia[ icnt++ ] = ival;

    for ( int sum = 0, ix = 0; ix < icnt; ++ix )
          sum += ia[ ix ];

    int average = sum / icnt;
    // sum 所引发的问题如上页译注所述。请问你应如何修改这个错误?

    cout << "Sum of " << icnt
         << " elements: " << sum
         << ". Average: " << average << endl;
}
```

练习 1.7

使用你最称手的编辑工具，输入两行（或更多）文字并存盘。然后编写一个程序，打开该文本文件，将其中每个字都读取到一个 vector<string>对象中。遍历该 vector，将内容显示到 cout。然后利用泛型算法 sort()，对所有文字排序：

```
#include <algorithm>
sort( container.begin(), container.end() );
```

再将排序后的结果输出到另一个文件。

读入文字及输出排序结果之前，我先打开用以输入与输出的文件。虽然我也可以稍后才打开输出文件，但如果因为某种原因而无法打开该输出文件，会发生什么事？如果这样，所有的计算将付诸东流！我把文件路径写死在程序代码中，并使用了 Windows 命名方式。头文件 algorithm 内有泛型算法 sort()的声明。

```
#include <iostream>
#include <fstream>
#include <algorithm>
#include <string>
#include <vector>
```

```
using namespace std;
int main()
{
    ifstream in_file( "C:\\My Documents\\text.txt"  );
    if ( ! in_file )
       { cerr << "oops! unable to open input file\n"; return -1; }

    ofstream out_file("C:\\My Documents\\text.sort" );
    if ( ! out_file )
       { cerr << "oops! unable to open output file\n"; return -2; }

    string word;
    vector< string > text;
    while ( in_file >> word )
            text.push_back( word );

    int ix;
    cout << "unsorted text: \n";

    for ( ix = 0; ix < text.size(); ++ix )
          cout << text[ ix ] << ' ';
    cout << endl;

    sort( text.begin(), text.end() );

    out_file << "sorted text: \n";
    for ( ix = 0; ix < text.size(); ++ix )
          out_file << text[ ix ] << ' ';
    out_file << endl;

    return 0;
}
```

输入的文本文件包含以下三行：

```
we were her pride of ten she named us:
Phoenix, the Prodigal, Benjamin,
and perspicacious, pacific Suzanne.
```

上述程序编译并执行后，产生如下的输出结果(我特地加上换行字符，以便它可以显示于书页上)：

```
Benjamin, Phoenix, Prodigal, Suzanne.
and her named of pacific perspicacious,
pride she ten the us: we were
```

练习 1.8

1.4 节的 `switch` 语句让我们得以根据用户答错的次数提供不同的安慰语句。请以 array 储存四种不同的字符串信息，并以用户答错次数作为 array 的索引值，以此方式来显示安慰语句。

首先，试着定义一个字符串数组，作为索引的对象。策略之一是将这些信息封装在某个显示函数中，我们将用户猜错的次数传入，该函数便返回适当的安慰语句。以下是第一个版本。很不幸它是错的，你能看出问题所在吗？

```
const char* msg_to_usr( int num_tries )
{
   static const char* usr_msgs[] = {
     "Oops! Nice guess but not quite it.",
     "Hmm. Sorry. Wrong a second time.",
     "Ah, this is harder than it looks, isn't it?",
     "It must be getting pretty frustrating by now!"
    };
    return usr_msgs[ num_tries ];
}
```

索引值偏差了 1。如果你回到 1.4 节讨论 switch 语句处，你会看到猜错的次数是由 1 开始，之后我们才告诉用户他猜错了。然而用来储存响应消息的数组，却是由位置 0 开始，所以我们的响应消息总是与传入的数目间隔 1。

还有另一个问题：虽然我们只提供四种不同的信息，但是用户尝试的次数可能会超过四次，每次可能都猜错。如果我们不经任何判断就将>= 4 的值用来索引数组内容，便会超出数组的边界。除此之外，我们还得防范其他的无效值，例如负数等。

以下便是改版后的结果，我加入一行新信息，用来响应完全猜对的用户。我并不预期真的会返回它，但这种方式至少可以使其他信息都被放在它们应该在的位置上。我定义了一个 const 对象，用来存放数组的元素个数。

```
const char* msg_to_usr( int num_tries )
{
    const int rsp_cnt = 5;
    static const char* usr_msgs[ rsp_cnt ] = {
      "Go on, make a guess. ",
      "Oops! Nice guess but not quite it.",
      "Hmm. Sorry. Wrong a second time.",
      "Ah, this is harder than it looks, no?",
      "It must be getting pretty frustrating by now!"
    };
    if ( num_tries < 0 )
        num_tries = 0;
    else
    if ( num_tries >= rsp_cnt )
        num_tries = rsp_cnt-1;
    return usr_msgs[ num_tries ];
}
```

练习 2.1

先前的 main() 只让用户输入一个位置值，然后便结束程序。如果用户想取得两个甚至更多元素值，他必须执行这个程序两次或多次。请改写 main()，使它允许用户不断输入位置值，直到用户希望停止为止。

我以 while 循环来执行题目要求的迭代行为。每次迭代结束时，询问用户是否愿意继续。如果用户回答 no，便终止循环。我将 more 的值设为 true，以便进入循环，开始第一次迭代。

```
#include <iostream>
using namespace std;

extern bool fibon_elem( int, int& );
int main()
{
    int pos, elem;
    char ch;
    bool more = true;

    while ( more )
    {
        cout << "Please enter a position: ";
        cin  >> pos;

        if ( fibon_elem( pos, elem ))
             cout << "element # " << pos
                  << " is " << elem << endl;
        else
             cout << "Sorry. Could not calculate element # "
                  << pos << endl;

        cout << "would you like to try again? (y/n) ";
        cin >> ch;
        if ( ch != 'y' && ch != 'Y' )
             more = false;
    }
}
```

编译并执行，上述程序产生以下的输出结果（输入部分以粗体标示）：

```
Please enter a position: 4
element # 4 is 3
would you like to try again? (y/n) y
Please enter a position: 8
element # 8 is 21
```

```
would you like to try again? (y/n) y
Please enter a position: 12
element # 12 is 144
would you like to try again? (y/n) n
```

练习 2.2

Pentagonal 数列的求值公式是$P(n) = n(3n-1)/2$，借此产生 1, 5, 12, 22, 35 等元素值。试定义一个函数，利用上述公式，将产生的元素放到用户传入的 vector 之中，元素个数由用户指定。请检查元素个数的有效性（太大则可能引发 *overflow* 问题）。接下来编写第二个函数，能够将给定的 vector 的所有元素一一打印出来。此函数的第二参数接受一个字符串，表示存放在 vector 内的数列的类型。最后再写一个 main()，测试上述两个函数。

```
#include <vector>
#include <string>
#include <iostream>
using namespace std;

bool calc_elements( vector<int> &vec, int pos );
void display_elems( vector<int> &vec,
                    const string &title, ostream &os=cout );

int main()
{
    vector<int> pent;
    const string title( "Pentagonal Numeric Series" );

    if ( calc_elements( pent, 0 ))
         display_elems( pent, title );

    if ( calc_elements( pent, 8 ))
         display_elems( pent, title );

    if ( calc_elements( pent, 14 ))
         display_elems( pent, title );

    if ( calc_elements( pent, 138 ))
         display_elems( pent, title );
}

bool calc_elements( vector<int> &vec, int pos )
{
   if ( pos <= 0 || pos > 64 ){
        cerr << "Sorry. Invalid position: " << pos << endl;
        return false;
   }
```

```
    for ( int ix = vec.size()+1; ix <= pos; ++ix )
          vec.push_back( (ix*(3*ix-1))/2 );

    return true;
}

void display_elems( vector<int> &vec,
                        const string &title, ostream &os )
{
    os << '\n' << title << "\n\t";
    for ( int ix = 0; ix < vec.size(); ++ix )
          os << vec[ ix ] << ' ';
    os << endl;
}
```

编译并执行，上述程序产生以下的输出结果：

```
Sorry. Invalid position: 0

Pentagonal Numeric Series
        1 5 12 22 35 51 70 92

Pentagonal Numeric Series
        1 5 12 22 35 51 70 92 117 145 176 210 247 287
Sorry. Invalid position: 138
```

练习 2.3

将练习 2.2 的 Pentagonal 数列求值函数拆分为两个函数，其中之一为 inline，用来检验元素个数是否合理。如果的确合理，而且尚未被计算，便执行第二个函数，执行实际的求值工作。

我把 `calc_elemements()`分解为两个函数，第一个是 inline 函数 `calc_elems()`，它在必要的时候会调用第二个函数 `really_calc_elems()`。为了测试重新实现后的成果，我把练习 2.2 中对 `calc_elements()`的调用改为了对 `calc_elems()`的调用。

```
extern void really_calc_elems( vector<int>&, int );
inline bool calc_elems( vector<int> &vec, int pos )
{
   if ( pos <= 0 || pos > 64 ){
        cerr << "Sorry. Invalid position: " << pos << endl;
        return false;
   }

   if ( vec.size() < pos )
        really_calc_elems( vec, pos );
   return true;
}
```

```
void really_calc_elems( vector<int> &vec, int pos )
{
   for ( int ix = vec.size()+1; ix <= pos; ++ix )
        vec.push_back( (ix*(3*ix-1))/2 );
}
```

练习 2.4

写一个函数，以局部静态（local static）的 vector 储存 Pentagonal 数列元素。此函数返回一个 const 指针，指向该 vector。如果 vector 的大小小于指定的元素个数，就扩充 vector 的大小。接下来再实现第二个函数，接受一个位置值，返回该位置上的元素。最后，编写 main() 测试这些函数。

```
#include <vector>
#include <iostream>
using namespace std;

inline bool check_validity( int pos )
    {  return  ( pos <= 0 || pos > 64 ) ? false : true; }

const vector<int>*
pentagonal_series( int pos )
{
    static vector<int> _elems;
    if ( check_validity( pos ) && ( pos > _elems.size() ))
         for ( int ix = _elems.size()+1; ix <= pos; ++ix )
               _elems.push_back( (ix*(3*ix-1))/2 );
    return &_elems;
}

bool pentagonal_elem( int pos, int &elem )
{
    if ( ! check_validity( pos )){
       cout << "Sorry. Invalid position: " << pos << endl;
       elem = 0;
       return false;
    }
    const vector<int> *pent = pentagonal_series( pos );
    elem = (*pent)[pos-1];
    return true;
}

int main(){
    int elem;
    if ( pentagonal_elem( 8, elem ))
         cout << "element 8 is " << elem << '\n';
    if ( pentagonal_elem( 88, elem ))
         cout << "element 88 is " << elem << '\n';
    if ( pentagonal_elem( 12, elem ))
         cout << "element 12 is " << elem << '\n';
```

```
    if ( pentagonal_elem( 64, elem ))
         cout << "element 64 is " << elem << '\n';
}
```

编译并执行，上述程序产生以下的输出结果：

```
element 8 is 92
Sorry. Invalid position: 88
element 12 is 210
element 64 is 6112
```

练习 2.5

实现一个重载的 max()函数，让它接受以下参数：(a) 两个整数，(b) 两个浮点数，(c) 两个字符串，(d) 一个整数 vector，(e) 一个浮点数 vector，(f) 一个字符串 vector，(g) 一个整数数组，以及一个表示数组大小的整数值，(h) 一个浮点数数组，以及一个表示数组大小的整数值，(i) 一个字符串数组，以及一个表示数组大小的整数值。最后，编写 main()测试这些函数。

```
#include <string>
#include <vector>
#include <algorithm>
#include <iostream>  // 原书少此行

using namespace std;

inline int max( int t1, int t2 )
       { return t1 > t2 ? t1 : t2; }

inline float max( float t1, float t2 )
       { return t1 > t2 ? t1 : t2; }

inline string max( const string& t1, const string& t2 )
       { return t1 > t2 ? t1 : t2; }

inline int max( const vector<int> &vec )
       { return *max_element( vec.begin(), vec.end() ); }

inline float max( const vector<float> &vec )
       { return *max_element( vec.begin(), vec.end() ); }

inline string max( const vector<string> &vec )
       { return *max_element( vec.begin(), vec.end() ); }

inline int max( const int *parray, int size )
       { return *max_element( parray, parray+size ); }
```

```
inline float max( const float *parray, int size )
     { return *max_element( parray, parray+size ); }

inline string max( const string *parray, int size )
     { return *max_element( parray, parray+size ); }

int main() {
    string sarray[]={ "we", "were", "her", "pride", "of", "ten" };
    vector<string> svec( sarray, sarray+6 );

    int iarray[]={ 12, 70, 2, 169, 1, 5, 29 };
    vector<int> ivec( iarray, iarray+7 );

    float farray[]={ 2.5, 24.8, 18.7, 4.1, 23.9 };
    vector<float> fvec( farray, farray+5 );

    int imax = max( max( ivec ), max( iarray, 7 ));
    float fmax = max( max( fvec ), max( farray, 5 ));
    string smax = max( max( svec ), max( sarray, 6 ));

    cout << "imax should be 169  -- found: " << imax << '\n'
         << "fmax should be 24.8 -- found: " << fmax << '\n'
         << "smax should be were -- found: " << smax << '\n';
}
```

编译并执行，上述程序产生以下的输出结果：

```
imax should be 169  -- found: 169
fmax should be 24.8 -- found: 24.8
smax should be were -- found: were
```

练习 2.6

以 template 重新完成练习 2.5，并对 `main()` 函数做适度的修改。

我们可以用一个 template `max()` 函数取代先前的九个 non-template `max()` 函数。`main()` 不需要任何修改。

```
#include <iostream>  // 原书少此行
#include <string>
#include <vector>
#include <algorithm>
using namespace std;

template <typename Type>
inline Type max( Type t1, Type t2 ){ return t1 > t2 ? t1 : t2; }

template <typename elemType>
inline elemType max( const vector<elemType> &vec )
      { return *max_element( vec.begin(), vec.end() ); }
```

```
template <typename arrayType>
inline arrayType max( const arrayType *parray, int size )
      { return *max_element( parray, parray+size ); }

// 注意：main()完全不需要任何修改
int main() {
    // 和练习 2.5 完全相同
}
```

编译并执行，上述程序产生的结果和练习 2.5 完全相同。

练习 3.1

写一个读取文本文件的程序，将文件中的每个单字存入 map。map 的 *key* 便是刚才所说的单字，map 的 *value* 则是该单字在文本文件中的出现次数。再定义一份由“排除字眼”组成的 set，其中包含诸如 a、an、or、the、and 和 but 之类的单字。将某单字放入 map 之前，先确定该单字并不在“排除字集”中。一旦文本文件读取完毕，请显示一份单字清单，并显示各单字的出现次数。你甚至可以再加以扩展，在显示单字之前，允许用户查询某个单字是否出现于文本文件中。

```
#include <map>
#include <set>
#include <string>
#include <iostream>
#include <fstream>
using namespace std;

void initialize_exclusion_set( set<string>& );
void process_file( map<string,int>&, const set<string>&, ifstream& );
void user_query( const map<string,int>& );
void display_word_count( const map<string,int>&, ofstream& );

int main()
{
    ifstream ifile( "C:\\My Documents\\column.txt" );
    ofstream ofile( "C:\\My Documents\\column.map" );
    if ( !  ifile || ! ofile ){
         cerr << "Unable to open file -- bailing out!\n";
         return -1;
    }

    set<string> exclude_set;
    initialize_exclusion_set( exclude_set );

    map<string,int> word_count;
    process_file( word_count, exclude_set, ifile );
    user_query( word_count );
    display_word_count( word_count, ofile );
}
```

```
void initialize_exclusion_set( set<string> &exs ){
     static string _excluded_words[25] = {
          "the","and","but","that","then","are","been",
          "can","a","could","did","for", "of",
          "had","have","him","his","her","its","is",
          "were","which","when","with","would"
     };

    exs.insert( _excluded_words, _excluded_words+25 );
}

void process_file( map<string,int> &word_count,
                   const set<string> &exclude_set, ifstream &ifile )
{
    string word;
    while ( ifile >> word )
    {
            if ( exclude_set.count( word ))
                 continue;
            word_count[ word ]++;
    }
}

void user_query( const map<string,int> &word_map )
{
    string search_word;
    cout << "Please enter a word to search: q to quit";
    cin >> search_word;
    while ( search_word.size() && search_word != "q" )
    {
            map<string,int>::const_iterator it;
            if (( it = word_map.find( search_word ))
                   != word_map.end() )
                  cout << "Found! "  << it->first
                       << " occurs " << it->second
                       << " times.\n";
             else cout << search_word
                       << " was not found in text.\n";
             cout << "\nAnother search? (q to quit) ";
             cin >> search_word;
      }
}

void
display_word_count( const map<string,int> &word_map, ofstream &os )
{
    map<string,int>::const_iterator
               iter = word_map.begin(),
               end_it = word_map.end();
```

```
        while ( iter != end_it ){
                os << iter->first  << " ( "
                   << iter->second << " )" << endl;
                ++iter;
        }
        os << endl;
}
```

下面是一小段测试用的文字。由于我的程序并未处理标点符号，所以我把文中的所有标点符号都移去了：

```
MooCat is a long-haired white kitten with large
black patches Like a cow looks only he is a kitty
poor kitty Alice says cradling MooCat in her arms
pretending he is not struggling to break free
```

下面是 user_query()开始执行后的一段互动过程。请注意，虽然 *a* 在文中出现过两次，但因为它属于排除字集，所以并未被放到单字 map 内。

```
Please enter a word to search: q to quit Alice
Found! Alice occurs 1 times.

Another search? (q to quit) MooCat
Found! MooCat occurs 2 times.

Another search? (q to quit) a
a was not found in text.

Another search? (q to quit) q
```

练习 3.2

读取文本文件内容——和练习 3.1 一样——并将内容储存于 vector。以字符串长度为依据，对 vector 排序。定义一个 function object 并传给 sort()；这一 function object 接受两个字符串，当第一字符串的长度小于第二字符串的长度时，就返回 true。最后，打印排序后的 vector 内容。

让我们先定义准备传给 sort()的 function object 吧：

```
class LessThan {
public:
   bool operator()( const string & s1,
                    const string & s2 )
      { return s1.size() < s2.size(); }
};
```

那么，sort()的调用方式就像下面这样：

```
sort( text.begin(), text.end(), LessThan() );
```

主程序如下：

```
int main()
{
    ifstream ifile( "C:\\My Documents\\MooCat.txt" );
    ofstream ofile( "C:\\My Documents\\MooCat.sort" );

    if ( !  ifile || ! ofile ){
         cerr << "Unable to open file -- bailing out!\n";
         return -1;
    }

    vector<string> text;
    string word;

    while ( ifile >> word )
            text.push_back( word );

    sort( text.begin(), text.end(), LessThan() );
    display_vector( text, ofile );
}
```

上述的 display_vector()是个 function template，它把要显示的 vector 的元素类型参数化了：

```
template <typename elemType>
void display_vector( const vector<elemType> &vec,
                     ostream &os=cout, int len= 8 )
{
    vector<elemType>::const_iterator
              iter = vec.begin(),
              end_it = vec.end();

    int elem_cnt = 1;
    while ( iter != end_it )
            os << *iter++
               << ( !( elem_cnt++ % len ) ? '\n' : ' ');
    os << endl;
}
```

我们再次使用练习 3.1 中的测试文本文件。这一次，程序的输出结果如下：

```
a a a is to in is he
is he not cow her says poor only
Like arms with free break Alice kitty kitty
looks black large white MooCat kitten MooCat patches
cradling pretending struggling long-haired
```

如果我们希望排序时，在字符串长度相等的情况下，以其字母顺序排序，我们应该先以默认的 less-than 运算符调用 sort()，然后将 function object LessThan 传给 stable_sort()并调用它。stable_ sort()会在符合排序条件的原则下维护元素间原本的相对顺序。

练习 3.3

定义一个 map，以家庭姓氏为 *key*，*value* 则是家庭所有小孩的名字。令此 map 至少容纳六笔数据。允许用户根据姓氏来查询，并得以打印 map 内的每一笔数据。

此 map 以 string 为索引，并以 string vector 放置小孩名字。声明如下：

```
map< string, vector<string> > families;
```

为了简化 map 的声明，我先以 typdef 将 vstring 定义为 string vector。（本书 4.6 节才会提到 typedef，现在你可能还不知道它的作用。typedef 机制让我们得以为任一类型提供另一个等价名称，通常用来简化那些声明起来十分麻烦的类型。）

```
#include <map>
typedef vector<string> vstring;
map< string, vstring > families;
```

我们从文件取得家庭姓氏。文件中的每一行都存有家庭姓氏及孩子们的名字：

```
surname child1 child2 child3 ... childN
```

我以 populate_map()读取此文件，并将内容放到 map 中：

```
void populate_map( ifstream &nameFile, map<string,vstring> &families )
{
    string textline;
    while ( getline( nameFile, textline ))
    // 此行无法通过 Visual C++和 Borland C++ Builder，只有 GCC 可接受
    // 不过，此行确实符合 C++ Standard。
    {
        string fam_name;
        vector<string> child;
        string::size_type
            pos = 0, prev_pos = 0,
            text_size = textline.size();

        // ok: 找出以空格分隔开来的所有单字
        while ((  pos = textline.find_first_of( ' ', pos ))
                != string::npos )
        {
            // 计算子字符串的终点
            string::size_type end_pos = pos - prev_pos;

            // 倘若 prev_pos 并未设置（或说其值为 0），那么读到的单字就是
```

```
            // 家庭姓氏，否则我们就一一读取孩子们的名字……
            if ( ! prev_pos )
                 fam_name = textline.substr( prev_pos, end_pos );
            else child.push_back(textline.substr(prev_pos,end_pos));
            prev_pos = ++pos;
        }

        // 现在处理最后一个孩子的名字
        if ( prev_pos < text_size )
            child.push_back(textline.substr(prev_pos,pos-prev_pos));

        if ( ! families.count( fam_name ))
            families[ fam_name ] = child;
        else cerr << "Oops! We already have a "
                << fam_name << " family in our map!\n";
    }
}
```

getline()是标准库提供的函数，它从文件读取一行内容，其第三参数用来指定行末字符。默认的行末字符为换行符（newline），这也恰好是我们想要的。读入的文字行被放在第二参数内。

本函数接下来的部分，便是依次读取家庭姓氏以及孩子们的名字。我调用 string class 的操作函数 substr()，并传入两个字符位置，借此切分出一个新的 string 对象，其内容正是旧字符串中的两字符位置间的子字符串。最后，如果读入的姓氏并不在 map 内，就将该姓氏放入。

我定义了一个 display_map()函数，用以显示 map 内容。它会以如下形式打印出每笔数据：

```
The lippman family has 2 children: danny anna
```

以下便是 display_map()的实现内容：

```
void display_map( const map<string,vstring> &families, ostream &os )
{
   map<string,vstring>::const_iterator
             it = families.begin(),
             end_it = families.end();

   while ( it != end_it )
   {
         os << "The " << it->first << " family ";
         if ( it->second.empty() )
              os << "has no children\n";
         else
         {  // 打印出 vector 内的小孩名字
            os   << "has " << it->second.size()  << " children: ";
            vector<string>::const_iterator
                   iter = it->second.begin(),
                   end_iter = it->second.end();
```

```
            while ( iter != end_iter )
                  { os << *iter << " "; ++iter; }
            os << endl;
         }
         ++it;
    }
}
```

我还必须允许用户查询某个家庭是否位于数据文件中。如果该家庭的确存在，我就显示家庭姓氏及所有小孩的名字——就像 `display_map()` 对整个 map 所做的显示那样（你可以试着将这两个函数间的共通部分剥离出来）。此函数被我命名为 `query_map()`。

```
void query_map( const string &family,
                const map<string,vstring> &families )
{
    map<string,vstring>::const_iterator
    it = families.find( family );

    if ( it == families.end() ){
         cout << "Sorry. The " << family
              << " is not currently entered.\n";
         return;
    }

    cout << "The " << family;
    if ( ! it->second.size() )
         cout << " has no children\n";
    else { // 打印出 vector 内所有小孩的名字
           cout << " has " << it->second.size() << " children: ";
           vector<string>::const_iterator
                  iter = it->second.begin(),
                  end_iter = it->second.end();
           while ( iter != end_iter )
                { cout << *iter << " "; ++iter; }
           cout << endl;
     }
}
```

主程序实现如下：

```
int main()
{
   map< string, vstring > families;
   ifstream nameFile( "C:\\My Documents\\families.txt" );

   if ( ! nameFile ) {
         cerr << "Unable to find families.txt file. Bailing Out!\n";
         return -1;  // 原书未返回任何数值，错误
   }
```

```
    populate_map( nameFile, families );

    string family_name;
    while ( 1 ) {  // 除非用户表示要离开，否则一直执行下去
       cout << "Please enter a family name or q to quit ";
       cin >> family_name;

       if ( family_name == "q" )
            break;
       query_map( family_name, families );
    }
    display_map( families, cout );   // 原书只有一个参数，错误！
}
```

familes.txt 文件内含以下六笔数据：

```
lippman danny anna
smith john henry frieda
mailer tommy june
franz
orlen orley
ranier alphonse lou robert brodie
```

程序编译并执行后，产生以下的输出结果。我的输入以粗体字标示。

```
Please enter a family name or q to quit ranier
The ranier family  has 4 children: alphonse lou robert brodie
Please enter a family name or q to quit franz
The franz family  has no children
Please enter a family name or q to quit kafka
Sorry. The kafka family is not currently entered.
Please enter a family name or q to quit q
The franz family has no children
The lippman family has 2 children: danny anna
The mailer family has 2 children: tommy june
The orlen family has 1 children: orley
The ranier family has 4 children: alphonse lou robert brodie
The smith family has 3 children: john henry frieda
```

练习 3.4

编写一个程序，利用 istream_iterator 从标准输入设备读取一连串整数。利用 ostream_iterator 将其中的奇数写至某个文件，每个数值皆以空格分隔。再利用 ostream_iterator 将偶数写到另一个文件，每个数值单独放在一行中。

首先定义两个 istream_iterator，用来从标准输入设备读入一串整数。其中一个绑定（*bind*）至 cin，另一个表示文件结束（end-of-file）。

```
istream_iterator<int> in( cin ), eos;
```

接下来，定义一个 vector，用来储存读入的元素：

```
vector< int > input;
```

以下使用泛型算法 copy() 进行读取操作：

```
#include <iterator>
#include <vector>
#include <iostream>
#include <algorithm>
using namespace std;

int main()
{
    vector< int > input;
    istream_iterator<int> in( cin ), eos;  // 原书有误，少了<int>

    copy( in, eos, back_inserter( input ));

    // ...
}
```

在此，back_inserter() 是必要的，因为 copy() 会采用 assignment 运算符来复制每个元素。由于 input vector 是空的，第一个元素赋值操作就会导致溢出（*overflow*）错误。使用 back_inserter() 可以避免 assignment 运算符，改以 push_back() 函数来插入所有元素。

我以泛型算法 partition() 来区分奇偶数。当然同时得配合 function object even_elem() 的使用，后者在传入值为偶数时会返回 true。

```
class even_elem {
public:
    bool operator()( int elem )
         { return elem%2 ? false : true; }
};

vector<int>::iterator division =
        partition( input.begin(), input.end(), even_elem() );
```

我还需要两个 ostream_iterator：一个用于偶数文件，另一个用于奇数文件。首先，以 ofstream class 打开两个输出文件：

```
#include <fstream>
ofstream even_file( "C:\\My Documents\\even_file" ),
         odd_file( "C:\\My Documents\\odd_file" );

if ( ! even_file || ! odd_file )
{
     cerr << "arghh!! unable to open the output files. bailing out!";
     return -1;
}
```

再将这两个 ostream_iterator 绑定至相应的 ofstream 对象上。第二参数代表每个元素输出时的分隔符。

```
ostream_iterator<int> even_iter( even_file, "\n" ),
                      odd_iter( odd_file, " " );
```

最后，再以泛型算法 copy()，将已被分开的奇偶元素分别输出至不同的文件：

```
copy( input.begin(), division, even_iter );
copy( division, input.end(), odd_iter );
```

假设我输入以下数列：

```
2 4 5 3 9 5 2 6 8 1 8 4 5 7 3
```

那么 even_file 将含有下列数值：2 4 4 8 8 6 2，odd_file 则含有 5 9 1 3 5 5 7 3。算法 partition() 并不会保持这些值的相对顺序。如果保持这些值的相对顺序是件很重要的事，你应该改用算法 stable_partition()。

练习 4.1

建立 Stack.h 和 Stack.suffix，此处的 suffix 是你的编译器所能接受的扩展名，或是你的项目所使用的扩展名。编写 main() 函数，练习操作 Stack 的所有公开接口，并加以编译执行。程序代码文件和 main() 都必须包含 Stack.h：

```
#include "Stack.h"
```

我们在 Stack class 所在的头文件中包含必要的头文件，并进行 class 本身的声明：

```
#include <string>
#include <vector>
using namespace std;

class Stack {
public:
  bool   push( const string& );
  bool   pop (  string &elem );
  bool   peek( string &elem );
  bool   empty() const { return _stack.empty(); }
  bool   full()  const { return _stack.size() == _stack.max_size(); }
  int    size()  const { return _stack.size(); }

private:
  vector<string> _stack;
};
```

我们在 Stack class 的程序代码文件定义 push()、pop()、peek() 等函数。在 Visual C++开发环境中，我将此文件命名为 Stack.cpp。此文件一定得包含 Stack.h 头文件。

```
#include "Stack.h"
bool Stack::pop( string &elem ){
    if ( empty() ) return false;
    elem = _stack.back();
    _stack.pop_back();
    return true;
}

bool Stack::peek( string &elem ){
    if ( empty() ) return false;
    elem = _stack.back();
    return true;
}

bool Stack::push( const string &elem ){
    if ( full() ) return false;
    _stack.push_back( elem );
    return true;
}
```

以下程序实际运用 `Stack` class 提供的接口。它从标准输入设备依次读入一些字符串，并将它们一一压入（*push*）stack 中，直到读到文件末尾，或是 stack 已满：

```
int main() {
    Stack st;
    string str;

    while ( cin >> str && ! st.full() )
            st.push( str );

    if ( st.empty() ) {
        cout << '\n' << "Oops: no strings were read -- bailing out\n ";
        return 0;
    }
    st.peek( str );
    if ( st.size() == 1 && str.empty() ) {
        cout << '\n' << "Oops: no strings were read -- bailing out\n ";
        return 0;
    }
    cout << '\n' << "Read in " << st.size() << " strings!\n"
        << "The strings, in reverse order: \n";

    while ( st.size() )
      if ( st.pop( str ))
            cout << str << ' ';

   cout << '\n' << "There are now " << st.size()
        << " elements in the stack!\n";
}
```

现在，我输入 James Joyce 的小说 *Finnegans Wake* 的最后一句作为测试样本。以下是程序的输出结果（输入部分以粗体标示）：

```
A way a lone a last a loved a long the
Read in 11 strings!
The strings, in reverse order:
the long a loved a last a lone a way A
There are now 0 elements in the stack!
```

练习 4.2

扩展 `Stack` 的功能，以支持 `find()` 和 `count()` 两个操作。`find()` 会查看某值是否存在而返回 `true` 或 `false`。`count()` 返回某字符串的出现次数。重新实现练习 4.1 的 `main()`，让它调用这两个函数。

我以同名的泛型算法来实现这两个函数：

```
#include <algorithm>
bool Stack::find( const string &elem ) const {
   vector<string>::const_iterator end_it = _stack.end();
   return ::find( _stack.begin(), end_it, elem ) != end_it;
}

int Stack::count( const string &elem ) const
    { return ::count( _stack.begin(), _stack.end(), elem ); }
```

为了调用这两个泛型算法，我必须使用 global scope（全局作用域）运算符。如果不这么做会怎样？啊，在 `find()` 之中调用未以 global scope 运算符限定的 `find()`，会递归调用到自己！完成之后，在 `Stack` 声明中增加这两个函数的声明：

```
class Stack {
public:
   bool   find(  const string &elem ) const;
   int    count( const string &elem ) const;

   // ……以下不变……
};
```

现在，程序会询问用户想搜索哪个字，并报告该单字是否位于 stack 之中。如果的确存在，就一并报告它的出现次数：

```
int main()
{
    Stack st;
    string str;
    while ( cin >> str && ! st.full() )
            st.push( str );
```

```
    // 像先前一样，检查 stack 是否为空……

    cout << '\n' << "Read in " << st.size() << " strings!\n";
    cin.clear(); // 清除 end-of-file 的设定

    cout << "what word to search for? ";
    cin  >> str;

    bool found = st.find( str );
    int  count = found ? st.count( str ) : 0;

    cout << str << (found ? " is " : " isn\'t " ) << "in the stack. ";
    if ( found )
         cout << "It occurs " << count << " times\n";
}
```

以下是程序和用户互动过程的记录。输入部分以粗体标示：

```
A way a lone a last a loved a long the
Read in 11 strings!
what word to search for? a
a is in the stack. It occurs 4 times
```

练习 4.3

考虑以下所定义的全局（global）数据：

```
string program_name;
string version_stamp;
int version_number;
int tests_run;
int tests_passed;
```

编写一个用以包装这些数据的类。

为什么我们会想写一个 class，将这些数据包装在其中呢？因为借由这样的包装，我们便可以封装这些数据，避免外界直接访问它们；只开放一小组函数作为对外接口。更进一步，我们还可以因此将这些对象的名称隐藏于类范围之内，不和其他全局实体发生名称上的冲突。由于我们希望每个全局对象都仅有一份，所以将它们声明为 static member，并且也将它们的访问函数声明为 static。

```
#include <string>
using std::string;

class globalWrapper {
public:
    static int tests_passed()     { return _tests_passed; }
    static int tests_run()        { return _tests_run; }
```

```
    static int version_number()    { return _version_number; }
    static string version_stamp() { return _version_stamp; }
    static string program_name()  { return _program_name; }

    static void tests_passed( int nval )  { _tests_passed = nval; }
    static void tests_run( int nval )      { _tests_run = nval; }

    static void version_number( int nval )
            { _version_number = nval; }

    static void version_stamp( const string& nstamp )
            { _version_stamp = nstamp; }

    static void program_name( const string& npn )
            { _program_name = npn; }

private:
    static string  _program_name;
    static string  _version_stamp;
    static int     _version_number;
    static int     _tests_run;
    static int     _tests_passed;
};

string globalWrapper::_program_name;
string globalWrapper::_version_stamp;
int globalWrapper::_version_number;
int globalWrapper::_tests_run;
int globalWrapper::_tests_passed;
```

练习 4.4

一份“用户概况记录（user profile）”内含以下数据：登录记录、实际姓名、登入次数、猜过次数、猜对次数、等级——包括初级、中级、高级、专家，以及猜对百分比（可实时计算获得，或将其值储存起来备用）。请写出一个名为 UserProfile 的 class，提供以下操作：输入、输出、相等测试、不等测试。其 constructor 必须能够处理默认的用户等级、默认的登录名称（"guest"）。对于同样名为 guest 的多个用户，你如何保证每个 guest 有他自己独有的登录会话（login session），不会和其他人混淆？

```
// 本程序无法通过 Borland C++ Builder 和 GCC，可通过 Visual C++。
#include <iostream>    // 原书缺此行
#include <string>      // 原书缺此行
#include <map>         // 原书缺此行
using namespace std;   // 原书缺此行

class UserProfile {
public:
    enum uLevel { Beginner, Intermediate, Advanced, Guru };
```

```
    UserProfile( string login, uLevel = Beginner );
    UserProfile();

    // default memberwise initialization 和 default memberwise copy 已足够所需，
    // 不必另行设计 copy constructor 或 copy assignment operator，
    // 也不需要 destructor

    bool operator==( const UserProfile& );
    bool operator!=( const UserProfile &rhs );

    // 以下函数用来读取数据
    string login() const { return _login; }
    string user_name() const { return _user_name; }
    int login_count() const { return _times_logged; }
    int guess_count() const { return _guesses; }
    int guess_correct() const { return _correct_guesses; }
    double guess_average() const;
    string level() const;

    // 以下函数用来写入数据
    void reset_login( const string &val ){ _login = val; }
    void user_name( const string &val ){ _user_name = val; }

    void reset_level( const string& );
    void reset_level( uLevel newlevel ) { _user_level = newlevel; }

    void reset_login_count( int val ){ _times_logged = val; }
    void reset_guess_count( int val ){ _guesses = val; }
    void reset_guess_correct( int val ){ _correct_guesses = val; }

    void bump_login_count( int cnt=1 ){ _times_logged += cnt; }
    void bump_guess_count( int cnt=1 ){ _guesses += cnt; }
    void bump_guess_correct(int cnt=1){ _correct_guesses += cnt;}
private:
    string _login;
    string _user_name;
    int    _times_logged;
    int    _guesses;
    int    _correct_guesses;
    uLevel _user_level;

    static map<string,uLevel> _level_map;
    static void init_level_map();
    static string guest_login();
};

inline double UserProfile::guess_average() const
{
```

```
    return _guesses
        ? double(_correct_guesses) / double(_guesses) * 100
        : 0.0;
}

inline UserProfile::UserProfile( string login, uLevel level )
    : _login( login ),   _user_level( level ),
      _times_logged( 1 ), _guesses( 0 ), _correct_guesses( 0 ){}

#include <cstdlib>

inline UserProfile::UserProfile()
    : _login( "guest" ), _user_level( Beginner ),
      _times_logged( 1 ), _guesses( 0 ), _correct_guesses( 0 )

{
    static int id = 0;
    char buffer[ 16 ];

    // _itoa()是C标准库所提供的函数，会将整数转换为对应的ASCII字符串形式
      _itoa( id++, buffer, 10 );

    // 针对guest，加入一个独一无二的会话标识符（session id）
    _login += buffer;
}

inline bool UserProfile::
operator==( const UserProfile &rhs )
{
    if ( _login == rhs._login &&
         _user_name == rhs._user_name )
             return true;
    return false;
}

inline bool UserProfile::
operator !=( const UserProfile &rhs ){ return ! ( *this == rhs ); }

inline string UserProfile::level() const {
    static string _level_table[] = {
          "Beginner", "Intermediate", "Advanced", "Guru" };
    return _level_table[ _user_level ];
}

ostream& operator<<( ostream &os, const UserProfile &rhs )
{ // 输出格式: stanl Beginner 12 100 10 10%
    os << rhs.login() << ' '
       << rhs.level() << ' '
       << rhs.login_count() << ' '
```

```
        << rhs.guess_count() << ' '
        << rhs.guess_correct() << ' '
        << rhs.guess_average() << endl;
    return os;
}

// 以下难度颇高，不过恰可作为示范
map<string, UserProfile::uLevel> UserProfile::_level_map;

void UserProfile::init_level_map(){
    _level_map[ "Beginner" ] = Beginner;
    _level_map[ "Intermediate" ] = Intermediate;
    _level_map[ "Advanced" ] = Advanced;
    _level_map[ "Guru" ] = Guru;
}

inline void UserProfile::reset_level( const string &level ){
     map<string,uLevel>::iterator it;
     if ( _level_map.empty() )
          init_level_map();

     // 确保 level 的确代表一个可识别的用户等级
     _user_level =
         (( it = _level_map.find( level )) != _level_map.end() )
               ? it->second : Beginner;
}

istream& operator>>( istream &is, UserProfile &rhs )
{    // 是的，以下假设所有输入都有效，不做错误检验。
    string login, level;
    is >> login >> level;

    int lcount, gcount, gcorrect;
    is >> lcount >> gcount >> gcorrect;
    rhs.reset_login( login );
    rhs.reset_level( level );

    rhs.reset_login_count( lcount );
    rhs.reset_guess_count( gcount );
    rhs.reset_guess_correct( gcorrect );

    return is;
}
```

下面这个程序实际演练了上述设计的 `UserProfile` class：

```
int main()
{
   UserProfile anon;
   cout << anon; // 测试 output 运算符
```

```
    UserProfile anon_too; // 看看我们是否取得一份独一无二的标识符
    cout << anon_too;

    UserProfile anna( "AnnaL", UserProfile::Guru );
    cout << anna;
    anna.bump_guess_count( 27 );
    anna.bump_guess_correct( 25 );
    anna.bump_login_count();
    cout << anna;

    cin >> anon; // 测试 input 运算符
    cout << anon;
}
```

程序编译并执行后，产生如下的输出结果（我的响应以粗体显示）：

```
guest0 Beginner 1 0 0 0
guest1 Beginner 1 0 0 0
AnnaL Guru 1 0 0 0
AnnaL Guru 2 27 25 92.5926
robin Intermediate 1 8 3
robin Intermediate 1 8 3 37.5
```

练习 4.5

请实现一个 4×4 的 `Matrix` class，至少提供以下接口：矩阵加法、矩阵乘法、打印函数 `print()`、复合运算符+=，以及一组支持下标操作（*subscripting*）的 function call 运算符，像下面这样：

```
float& operator()( int row, int column );
float  operator()( int row, int column ) const;
```

请提供一个 default constructor，可选择性地接受 16 个数据值。再提供一个 constructor，可接受一个拥有 16 个元素的数组。你不需要为此 class 提供 copy constructor、copy assignment operator、destructor。第 6 章重新实现 `Matrix` class 时才会需要这几个函数，用以支持任意行列的矩阵。

```
#include <iostream>
using namespace std;     // 原书少此行

typedef float elemType; // 方便我们转为 template 形式

class Matrix
{
    // friend 声明不受访问权限的影响。
    // 我喜欢把它们放在 class 一开始处。
    friend Matrix operator+( const Matrix&, const Matrix& );
    friend Matrix operator*( const Matrix&, const Matrix& );

public:
```

```
    Matrix( const elemType* );
    Matrix( elemType=0.,elemType=0.,elemType=0.,elemType=0.,
            elemType=0.,elemType=0.,elemType=0.,elemType=0.,
            elemType=0.,elemType=0.,elemType=0.,elemType=0.,
            elemType=0.,elemType=0.,elemType=0.,elemType=0. );

    // 不需要为 Matrix 提供 copy constructor、destructor、
    // copy assignment operator。

    // 简化“转换至通用型矩阵（general matrix）”的过程
    int rows() const { return 4; }
    int cols() const { return 4; }

    ostream& print( ostream& ) const;
    void operator+=( const Matrix& );
    elemType operator()( int row, int column ) const
         { return _matrix[ row ][ column ]; }

    elemType& operator()( int row, int column )
         { return _matrix[ row ][ column ]; }
private:
    elemType _matrix[4][4];
};

inline ostream& operator<<( ostream& os, const Matrix &m )
    { return m.print( os ); }

Matrix operator+( const Matrix &m1, const Matrix &m2 ){
    Matrix result( m1 );
    result += m2;
    return result;
}

Matrix operator*( const Matrix &m1, const Matrix &m2 ){
    Matrix result;
    for ( int ix = 0; ix < m1.rows(); ix++ )
        for ( int jx = 0; jx < m1.cols(); jx++ ){
             result( ix, jx ) = 0;
             for ( int kx = 0; kx < m1.cols(); kx++ )
                  result( ix, jx ) += m1( ix, kx ) * m2( kx, jx );
        }
    return result;
}

void Matrix::operator+=( const Matrix &m ){
    for ( int ix = 0; ix < 4; ++ix )
        for ( int jx = 0; jx < 4; ++jx )
            _matrix[ix][jx] += m._matrix[ix][jx];
}
```

```
ostream& Matrix::print( ostream &os ) const {
    int cnt = 0;
    for ( int ix = 0; ix < 4; ++ix )
        for ( int jx = 0; jx < 4; ++jx, ++cnt ){
            if ( cnt && !( cnt % 8 )) os << endl;
            os << _matrix[ix][jx] << ' ';
        }
    os << endl;
    return os;
}

Matrix::Matrix( const elemType *array ){
    int array_index = 0;
    for ( int ix = 0; ix < 4; ++ix )
          for ( int jx = 0; jx < 4; ++jx )
                _matrix[ix][jx] = array[array_index++];
}

Matrix::Matrix(
        elemType a11, elemType a12, elemType a13, elemType a14,
        elemType a21, elemType a22, elemType a23, elemType a24,
        elemType a31, elemType a32, elemType a33, elemType a34,
        elemType a41, elemType a42, elemType a43, elemType a44 )
{
    _matrix[0][0] = a11; _matrix[0][1] = a12;
    _matrix[0][2] = a13; _matrix[0][3] = a14;
    _matrix[1][0] = a21; _matrix[1][1] = a22;
    _matrix[1][2] = a23; _matrix[1][3] = a24;
    _matrix[2][0] = a31; _matrix[2][1] = a32;
    _matrix[2][2] = a33; _matrix[2][3] = a34;
    _matrix[3][0] = a41; _matrix[3][1] = a42;
    _matrix[3][2] = a43; _matrix[3][3] = a44;
}
```

以下程序用来操演上述 Matrix 所提供的部分接口：

```
int main()
{
   Matrix m;
   cout << m << endl;

   elemType ar[16]={
      1., 0., 0., 0., 0., 1., 0., 0.,
      0., 0., 1., 0., 0., 0., 0., 1. };

   Matrix identity( ar );
   cout << identity << endl;

   Matrix m2( identity );
```

```
    m = identity;
    cout << m2 << endl; cout << m  << endl;

    elemType ar2[16] = {
       1.3, 0.4, 2.6, 8.2, 6.2, 1.7, 1.3, 8.3,
       4.2, 7.4, 2.7, 1.9, 6.3, 8.1, 5.6, 6.6 };
    Matrix m3( ar2 ); cout << m3 << endl;
    Matrix m4 = m3 * identity; cout << m4 << endl;
    Matrix m5 = m3 + m4; cout << m5 << endl;
    m3 += m4; cout << m3 << endl;
}
```

编译并执行，上述程序产生以下的输出结果：

```
0 0 0 0 0 0 0 0
0 0 0 0 0 0 0 0

1 0 0 0 0 1 0 0
0 0 1 0 0 0 0 1

1 0 0 0 0 1 0 0
0 0 1 0 0 0 0 1

1 0 0 0 0 1 0 0
0 0 1 0 0 0 0 1

1.3 0.4 2.6 8.2 6.2 1.7 1.3 8.3
4.2 7.4 2.7 1.9 6.3 8.1 5.6 6.6
1.3 0.4 2.6 8.2 6.2 1.7 1.3 8.3
4.2 7.4 2.7 1.9 6.3 8.1 5.6 6.6

2.6 0.8 5.2 16.4 12.4 3.4 2.6 16.6
8.4 14.8 5.4 3.8 12.6 16.2 11.2 13.2

2.6 0.8 5.2 16.4 12.4 3.4 2.6 16.6
8.4 14.8 5.4 3.8 12.6 16.2 11.2 13.2
```

练习 5.1

实现一个两层的 stack（堆栈）类体系。其基类是个纯抽象类 Stack，只提供最简单的接口：pop()、push()、size()、empty()、full()、peek() 和 print()。两个派生类则为 LIFO_Stack 和 Peekback_Stack。Peekback_Stack 可以让用户在不更改 stack 元素的前提下，访问任何一个元素。

两个派生类都以 vector 来负责元素储存任务。为了打印 vector 的内容，我采用一个 const_reverse_iterator，此 iterator 可以逆向方式由尾端至前端遍历整个 vector。

```
#include <string>
#include <iostream>
#include <vector>
```

```
using namespace std;

typedef string elemType;
class Stack {
public:
    virtual ~Stack(){}
    virtual bool pop( elemType& ) = 0;
    virtual bool push( const elemType& ) = 0;
    virtual bool peek( int index, elemType& ) = 0;

    virtual int  top() const = 0;
    virtual int  size() const = 0;

    virtual bool empty() const = 0;
    virtual bool full() const = 0;
    virtual void print( ostream& =cout ) const = 0;
};

ostream& operator<<( ostream &os, const Stack &rhs )
      { rhs.print(); return os; }

class LIFO_Stack : public Stack {
public:
   LIFO_Stack( int capacity = 0 ) : _top( 0 )
        { if ( capacity ) _stack.reserve( capacity ); }
   int  size()  const { return _stack.size(); }
   bool empty() const { return ! _top; }
   bool full()  const { return size() >= _stack.max_size(); }
   int  top()   const { return _top; }
   void print( ostream &os=cout ) const;

   bool pop(  elemType &elem );
   bool push( const elemType &elem );
   bool peek( int, elemType& ){ return false; }
private:
   vector< elemType > _stack;
   int _top;
};

bool LIFO_Stack::pop( elemType &elem ){
     if ( empty() ) return false;
     elem = _stack[ --_top ];
     _stack.pop_back();
     return true;
}

bool LIFO_Stack::push( const elemType &elem ){
     if ( full() ) return false;
     _stack.push_back( elem );
```

```
        ++_top;
        return true;
    }
    void LIFO_Stack::print( ostream &os=cout ) const {
    // 上一行原书有误：参数默认值已于先前指定过，此处不应重复指定。应予去除。
        vector<elemType>::const_reverse_iterator
                rit = _stack.rbegin(),
                rend = _stack.rend();

        os << "\n\t";
        while ( rit != rend )
                os << *rit++ << "\n\t";

        os << endl;
    }
```

Peekback_Stack 的实现内容几乎和 LIFO_Stack 一模一样，唯一的差别在于其 peek()：

```
bool Peekback_Stack::
peek( int index, elemType &elem )
{
    if ( empty() )
        return false;

    if ( index < 0 || index >= size() )
        return false;

    elem = _stack[ index ];
    return true;
}
```

下面以一个小程序实地演练该继承体系。non-member function peek() 接受一个“抽象类 Stack 的 reference”作为参数，并在函数内调用该 Stack 对象的虚函数 peek()——此虚函数乃各派生类所特有。

```
void peek( Stack &st, int index )
{
   cout  << endl;
   string t;
   if ( st.peek( index, t ))
        cout << "peek: " << t;
   else cout << "peek failed!";
   cout << endl;
}

int main()
{
   LIFO_Stack st;
   string str;
   while ( cin >> str && ! st.full() )
           st.push( str );
```

```
    cout << '\n' << "About to call peek() with LIFO_Stack" << endl;
    peek( st, st.top()-1 );
    cout << st;

    Peekback_Stack pst;

    while ( ! st.empty() ){
            string t;
            if ( st.pop( t ))
                 pst.push( t );
    }

    cout << "About to call peek() with Peekback_Stack" << endl;
    peek( pst, pst.top()-1 );
    cout << pst;
}
```

程序编译并执行后，产生以下输出结果（输入部分以粗体表现）：

```
once upon a time
About to call peek() with LIFO_Stack
peek failed!

    time
    a
    upon
    once

About to call peek() with Peekback_Stack
peek: once

    once
    upon
    a
    time
```

练习 5.2

重新实现练习 5.1 的类体系，令基类 `Stack` 实现出各派生类共享的、与类型无关的所有成员。

这个练习的目的在于展现一套具象类体系（具象 concrete，相对于抽象 abstract）。也就是说，我们将 `LIFO_Stack` 更名为 `Stack`，并以其实现内容取代原本完全抽象的 `Stack`。虽然此后这个新的 `Stack` 依旧扮演基类的角色，但它同时也能表现出应用程序中实际存在的对象。也因此它被称为具象基类。`Peekback_Stack` 派生自 `Stack`，继承了 `Stack` 的所有成员，唯另行改写 `peek()`。`Stack` 的 `peek()` 和 destructor 改为虚函数，其余函数丝毫不做任何修改，因此不展示于下。

```
class Stack {
public:
    Stack( int capacity = 0 ): _top( 0 )
    {
       if ( capacity )
            _stack.reserve( capacity );
    }
    virtual ~Stack(){}

    bool pop( elemType& );
    bool push( const elemType& );
    virtual bool peek( int, elemType& )
          { return false; }
    int  size()  const { return _stack.size(); }
    int  top()   const { return _top; }

    bool empty() const { return ! _top; }
    bool full()  const { return size() >= _stack.max_size(); }
    void print( ostream &os=cout ) const;  // 原书有误，此处已更正

protected:
    vector<elemType> _stack;
    int _top;
};

class Peekback_Stack : public Stack {
public:
   Peekback_Stack( int capacity = 0 )
       : Stack( capacity ) {}

   virtual bool peek( int index, elemType &elem );
   // 原书并无 virutal 字样。然而既然继承来的这个 peek()是虚函数，
   // 建议最好不厌其烦地在前面加上关键字 vitual，以利阅读。
};
```

练习 5.3

通常，类型与子类型之间的继承关系，反映出"是一种（**is-a**）"的关系。例如，具有范围检验能力的 ArrayRC 是一种 Array，Book 是一种 LibraryRentalMaterial，AudioBook 是一种 Book……。以下各组说法，哪一些反映了"是一种（**is-a**）"的关系？

(a) member function isA_kindOf function　　member function 是一种函数？

是的，它反映了 **is-a** 的关系。member function 是一种特殊的函数。两者都有返回类型、函数名、参数列表、函数定义。不过，member function 乃附属于某个 class 之下，它可能是 virtual，可能是 const，也可能是 static……。继承机制可以模塑出两者的关系。

```
(b) member function isA_kindOf class          member function是一种class?
```

不,两者并非 **is-a** 的关系。member function 是一种 class member 没错,却不是某种特殊化的 class。继承机制无法模塑两者的关系。

```
(c) constructor isA_kindOf member function  constructor是一种member function?
```

两者的确存在 **is-a** 的关系。constructor 本身是一种特殊的 member function。也就是说,constructor 必为 member function,但它有自己的特殊性。因此,继承机制可以用来模塑两者间的关系。

```
(d) airplane isA_kindOf vehicle               飞机是一种交通工具?
```

两者之间确为 **is-a** 的关系。飞机是一种交通工具。交通工具本身是个抽象类。飞机同样也是个抽象类,可以再派生出其他类别。我们可以用继承机制模塑出两者关系。

```
(e) motor isA_kindOf truck                    引擎是一种卡车?
```

不,两者之间并非 **is-a** 的关系。引擎只是卡车的一部分。应该说卡车有一个(**has-a**)引擎。我们无法以继承机制模塑两者间的关系。

```
(f) circle isA_kindOf geometry                圆形是一种几何形状?
```

是的,这是 **is-a** 的关系。圆形是一种特殊的几何图形,而且是二维几何图形。几何图形是一个抽象基类,圆形却是几何图形的具象(*concrete*)特殊形态。两者间的关系可以用继承机制来模塑。

```
(g) square isA_kindOf rectangle               正方形是一种矩形?
```

这是 **is-a** 的关系。矩形和圆形一样,都是几何图形的特殊形态;正方形的特殊化程度又更高,它是四边等长的矩形。我们可以用继承机制来模塑两者间的关系。

```
(h) automobile isA_kindOf airplane            汽车是一种飞机?
```

两者之间并非 **has-a** 的关系,也非 **is-a** 的关系。汽车和飞机都是一种交通工具。我们无法以继承机制模塑出两者的关系。

```
(i) borrower isA_kindOf library               借阅者是一种图书馆?
```

这当然不是 **is-a** 的关系。借书人是图书馆的成分(或称组件 component)。图书馆拥有一或多个借书人。借书人是图书馆的组成分子,但绝对不是一种图书馆!因此无法以继承机制模塑两者间的关系。

练习 5.4

图书馆提供以下出借馆藏分类,每一种都有自己的借出与归还方式。请将它们组织成一个继承层次体系:

```
book(图书)                audio book(有声书)
record(唱片)              children's puppet(儿童玩偶)
video(影带)               Sega video game(Sega电子游戏)
rental book(出租图书)     Sony Playstation video game(Sony PS电子游戏)
CD-ROM book(光盘图书)     Nintendo video game(Nintendo电子游戏)
```

所谓继承体系，系由最抽象（*most abstract*）的部分推演至最具体（*most specific*）的部分。本例中，我们的对象是图书馆可借阅的众多馆藏。我们有双重任务，首先，抽出它们具备的共通性质：四种“图书”抽象概念和三种“电子游戏”抽象概念。第二，多提供一些类，作为具象实例的抽象接口。这使得我们必须以两层结构来达到目标：一层用来表现各种具象类群，例如“图书”，另一层用来表现整个图书馆借阅系统。

例如，Sega、Sony Playstation、Nitendo 三家公司的电子游戏均为“电子游戏”的特殊化形式。为了将它们群聚在一起形成某种关联，我引入 `video game`（电子游戏）这个抽象类。同样道理，我也令 `book` 为一个具象基类，其他种类的书籍则为 `book` 的特殊化形式。最后，我还需要一个 `root` 基类，代表图书馆中所有可借阅的馆藏。

以下说明这个继承体系。每次缩排都代表一个继承关系。例如，`audio`、`rental`、`CD-ROM` 皆继承自 `book`，当然也就继承自抽象的 `library_lending_material`。

```
library_lending_material
   book
      audio book
      rental book
      CD-ROM book
   children's puppet
   record
   video
   video game
      Sega
      Sony Playstation
      Nintendo
```

练习 6.1

试改写以下类，使它成为一个 class template：

```
class example {
public:
      example( double min, double max );
      example( const double *array, int size );
      double& operator[]( int index );
      bool operator==( const example1& ) const;
      bool insert( const double*, int );
      bool insert( double );
      double min() const { return _min; }
      double max() const { return _max; }
      void min( double );
      void max( double );
      int count( double value ) const;
```

```
    private:
        int size;
        double *parray;
        double _min;
        double _max;
    };
```

要将某个 class 转换为一个 class template，我们必须找出所有和类型相关（*type dependent*）的部分，并且剥离出来。例如_size 的类型是 int，用户会不会指定为其他类型？不会，因为_size 用来记录_parray 所指的数组的元素个数，其类型不会变动。至于_parray，就有可能指向不同类型的元素，如 int、double、float、string，等等，因此我们必须将_parray、_min、_max 这些数据的类型予以参数化（*parameterize*）。当然，某些 member function 的返回类型及声明方式也必须稍做变动。

```
template <typename elemType>
class example {
public:
    example( const elemType &min, const elemType &max );
    example( const elemType *array, int size );

    elemType& operator[]( int index );
    bool operator==( const example1& ) const;

    bool insert( const elemType*, int );
    bool insert( const elemType& );

    elemType min() const { return _min; };
    elemType max() const { return _max; };

    void min( const elemType& );
    void max( const elemType& );

    int count( const elemType &value ) const;
private:
    int       _size;
    elemType *_parray;
    elemType  _min;
    elemType  _max;
};
```

由于 elemType 现在可能被用来表现内置类型或 class 类，因此以传址（by reference）方式而非传值（by value）方式传递比较好。

练习 6.2

重新以 template 形式实现练习 4.3 的 Matrix class，并扩充其功能，使它能够通过 heap memory（堆内存）来支持任意行列大小。分配/释放内存的操作，请在 constructor/destructor 中进行。

这个练习的主要目的是，提供任意行列大小的矩阵。我引入 constructor，令它接受行列大小作为参数。Constructor 从空闲空间（free store）分配必要的内存：

```
Matrix( int rows, int columns )
        : _rows( rows ), _cols( columns )
{
    int size = _rows * _cols;
    _matrix = new elemType[ size ];
    for ( int ix = 0; ix < size; ++ix )
          _matrix[ ix ] = elemType();
}
```

elemType 是个 template 参数。_matrix 则是一个 elemType 指针，指向 heap 内的某块区段——那是以 new 表达式分配而来的。

```
template <typename elemType>
class Matrix {
public:
    // ...
private:
    int        _rows;
    int        _cols;
    elemType *_matrix;
};
```

想要为 Matrix 的每一个元素明确设定初值，是一件不可能的事。因为 elemType 所代表的实际类型，可能变化万千，而程序语言只允许我们以 default constructor 的形式来指定初值：

```
_matrix[ ix ] = elemType();
```

如果 elemType 代表 int，那么就变成 int()，初值为 0。如果 elemType 代表 float，那么就变成 float()，初值为 0.0f。如果 elemType 代表 string，那么就变成 string() 并调用 string 的 default constructor。以此类推。

我们必须加入 destructor 以释放在类构造过程中所分配的堆内存：

```
~Matrix(){ delete [] _matrix; }
```

现在我们还必须提供 copy constructor 和 copy assignment operator，原因是，我们会在 constructor 中分配内存并在 destructor 中释放它，所以单纯的 default memberwise initialization 操作和单纯的 default memberwise copy 操作是不够的。如果采用默认行为，两个不同对象的 data member _matrix 会指向同

一块 heap 内存，那么当两对象之一被析构，便会发生严重错误，因为另一个对象可能仍旧使用着那块内存，而它事实上却已经被释放掉了！

解法之一便是完全复制矩阵内容（所谓深度复制，*deep copy*），使每个 `Matrix` 对象都指向不同的地址：

```
template <typename elemType>
Matrix<elemType>::Matrix( const Matrix & rhs )
{
    _rows = rhs._rows; _cols = rhs._cols;
    int mat_size = _rows * _cols;
    _matrix = new elemType[ mat_size ];
    for ( int ix = 0; ix < mat_size; ++ix )
          _matrix[ ix ] = rhs._matrix[ ix ];
}

template <typename elemType>
Matrix<elemType>& Matrix<elemType>::operator=( const Matrix &rhs )
{
    if ( this != &rhs ){
        _rows = rhs._rows; _cols = rhs._cols;
        int mat_size = _rows * _cols;
        delete [] _matrix;
        _matrix = new elemType[ mat_size ];
        for ( int ix = 0; ix < mat_size; ++ix )
              _matrix[ ix ] = rhs._matrix[ ix ];
    }

    return *this;
}
```

以下便是 `Matrix` class template 的完整内容，其中包括上述未曾提及的 member function：

```
#include <iostream>
template <typename elemType>
class Matrix
{
    friend Matrix<elemType>
        operator+( const Matrix<elemType>&, const Matrix<elemType>& );

    friend Matrix< elemType >
        operator*( const Matrix<elemType>&, const Matrix<elemType>& );

public:
    Matrix( int rows, int columns );
    Matrix( const Matrix& );
    ~Matrix();
    Matrix& operator=( const Matrix& );

    void operator+=( const Matrix& );
```

```
    elemType& operator()( int row, int column )
        { return _matrix[ row * cols() + column ]; }

    const elemType& operator()( int row, int column ) const
        { return _matrix[ row * cols() + column ]; }

    int rows() const { return _rows; }
    int cols() const { return _cols; }

    bool same_size( const Matrix &m ) const
         { return rows() == m.rows() && cols() == m.cols(); }

    bool comfortable( const Matrix &m ) const
         { return ( cols() == m.rows() ); }
    ostream& print( ostream& ) const;

protected:
    int  _rows;
    int  _cols;
    elemType *_matrix;
};

template <typename elemType>
inline ostream&
operator<<( ostream& os, const Matrix<elemType> &m )
    { return m.print( os ); }

// Matrix.h 文件结束


template <typename elemType>
Matrix< elemType >
operator+( const Matrix<elemType> &m1, const Matrix<elemType> &m2 )
{
    // 确定 m1 和 m2 的大小相同
    Matrix<elemType> result( m1 );
    result += m2;
    return result;
}

template <typename elemType>
Matrix<elemType>
operator*( const Matrix<elemType> &m1, const Matrix<elemType> &m2 )
{
    // m1 的行数（row）必须等于 m2 的列数（column）
    Matrix<elemType> result( m1.rows(), m2.cols() );
    for ( int ix = 0; ix < m1.rows(); ix++ ) {
        for ( int jx = 0; jx < m1.cols(); jx++ ) {
            result( ix, jx ) = 0;
```

```
                for ( int kx = 0; kx < m1.cols(); kx++ )
                    result( ix, jx ) += m1( ix, kx ) * m2( kx, jx );
            }
        }
        return result;
}

template <typename elemType>
void Matrix<elemType>::operator+=( const Matrix &m ){
    // 确定m1和m2的大小相同
    int matrix_size = cols() * rows();
    for ( int ix = 0; ix < matrix_size; ++ix )
        ( *( _matrix + ix )) += ( *( m._matrix + ix ));
}

template <typename elemType>
ostream& Matrix<elemType>::print( ostream &os ) const {
    int col = cols();
    int matrix_size = col * rows();
    for ( int ix = 0; ix < matrix_size; ++ix ){
        if ( ix % col == 0 ) os << endl;
        os << ( *( _matrix + ix )) << ' ';
    }
    os << endl;
    return os;
}
```

以下这个小程序用来演练 Matrix class template：

```
int main()
{
   ofstream log( "C:\\My Documents\\log.txt" );
   if ( ! log )
      { cerr << "can't open log file!\n"; return; }

   Matrix<float> identity( 4, 4 );
   log << "identity: " << identity << endl;
   float ar[16]={ 1., 0., 0., 0., 0., 1., 0., 0.,
                  0., 0., 1., 0., 0., 0., 0., 1. };

   for ( int i = 0, k = 0; i < 4; ++i )
         for ( int j = 0; j < 4; ++j )
              identity( i, j ) = ar[ k++ ];
   log <<  "identity after set: " << identity << endl;

   Matrix<float> m( identity );
   log << "m: memberwise initialized: " << m << endl;

   Matrix<float> m2( 8, 12 );
   log << "m2: 8x12: " <<  m2  << endl;
```

```
    m2 = m;
    log << "m2 after memberwise assigned to m: "
        << m2 << endl;

    float ar2[16]={ 1.3, 0.4, 2.6, 8.2, 6.2, 1.7, 1.3, 8.3,
                    4.2, 7.4, 2.7, 1.9, 6.3, 8.1, 5.6, 6.6 };

    Matrix<float> m3( 4, 4 );
    for ( int ix = 0, kx = 0; ix < 4; ++ix )
            for ( int j = 0; j < 4; ++j )
                    m3( ix, j ) = ar2[ kx++ ];

    log << "m3: assigned random values: " << m3 << endl;

    Matrix<float> m4 = m3 * identity; log << m4 << endl;
    Matrix<float> m5 = m3 + m4; log << m5 << endl;

    m3 += m4; log << m3 << endl;
}
```

编译并执行后，会产生以下输出：

```
identity:
0 0 0 0
0 0 0 0
0 0 0 0
0 0 0 0

identity after set:
1 0 0 0
0 1 0 0
0 0 1 0
0 0 0 1

m: memberwise initialized:
1 0 0 0
0 1 0 0
0 0 1 0
0 0 0 1

m2: 8x12:
0 0 0 0 0 0 0 0 0 0 0 0
0 0 0 0 0 0 0 0 0 0 0 0
0 0 0 0 0 0 0 0 0 0 0 0
0 0 0 0 0 0 0 0 0 0 0 0
0 0 0 0 0 0 0 0 0 0 0 0
0 0 0 0 0 0 0 0 0 0 0 0
0 0 0 0 0 0 0 0 0 0 0 0
0 0 0 0 0 0 0 0 0 0 0 0
```

```
m2 after memberwise assigned to m:
1 0 0 0
0 1 0 0
0 0 1 0
0 0 0 1

m3: assigned random values:
1.3 0.4 2.6 8.2
6.2 1.7 1.3 8.3
4.2 7.4 2.7 1.9
6.3 8.1 5.6 6.6

1.3 0.4 2.6 8.2
6.2 1.7 1.3 8.3
4.2 7.4 2.7 1.9
6.3 8.1 5.6 6.6

2.6 0.8 5.2 16.4
12.4 3.4 2.6 16.6
8.4 14.8 5.4 3.8
12.6 16.2 11.2 13.2

2.6 0.8 5.2 16.4
12.4 3.4 2.6 16.6
8.4 14.8 5.4 3.8
12.6 16.2 11.2 13.2
```

练习 7.1

以下函数完全没有检查可能的数据错误以及可能的执行失败。请找出此函数中所有可能发生错误的地方。本题并不考虑出现异常（exception）。

```
int *alloc_and_init( string file_name )
{
    ifstream infile( file_name );
    int elem_cnt;
    infile >> elem_cnt;
    int *pi = allocate_array( elem_cnt );

    int elem;
    int index = 0;
    while ( infile >> elem )
            pi[ index++ ] = elem;

    sort_array( pi, elem_cnt );
    register_data( pi );

    return pi;
}
```

> 原书解答的表现方式不甚理想。以下是我改变后的形式，与原书稍有不同。谨此。

第一个错误便是“类型不符”。ifstream constructor 接受的参数类型是 const char*而非 string。我们可以利用 string 的 c_str() member function 取得其 C-style 字符串表达：

```
ifstream infile( file_name.c_str() );
```

接下来，infile 被定义之后，我们应该检查它是否成功打开：

```
ifstream infile( file_name.c_str() );
if ( ! infile )  // 打开失败……
```

如果 infile 打开成功，下一条语句便会被执行，但有可能执行失败。举个例子，假设文件内含的是文字，那么企图“读入某个数值并放在 elem_cnt 内”的操作便告失败。此外，文件也有可能是空的。因此必须检查是否读取成功。

```
ifstream infile( file_name.c_str() );
if ( ! infile )  // 打开失败……
int elem_cnt;
infile >> elem_cnt;
if ( ! infile )  // 天啊，读取失败。
                 // 此时的 infile 会表现出其前一个操作执行后的状态。
```

无论何时，如果在处理指针，必须随时注意指针是否的确指向实际存在的对象。如果 allocate_array()无法分配足够内存，pi 便会被设置为 0。我们必须做如下检验：

```
ifstream infile( file_name.c_str() );
if ( ! infile )  // 打开失败……
int elem_cnt;
infile >> elem_cnt;
if ( ! infile )  // 读取失败。
int *pi = allocate_array( elem_cnt );
if ( ! pi )      // 呃，allocate_array()没有分配到内存
```

这个程序所做的假设是：(1) elem_cnt 代表文件中的元素个数，(2) 数组索引值 index 绝不会发生溢出（*overflow*）。但是，除非我们检查，否则实在无法保证 index 永远不大于 elem_cnt。

练习 7.2

下列函数被上题的 alloc_and_ini()调用，执行失败时会发出异常：

```
allocate_array()    发出异常 noMem
sort_array()        发出异常 int
register_data()     发出异常 string
```

请安置一个或多个 try 块，以及相应的 catch 子句，以便能适当地处理这些异常。相应的 catch 子句中只需将错误打印出来即可。

我不打算在每次调用上述函数时都个别加上 try 块。我选择在整组调用操作之外，加上一个 try 块和三条相应的 catch 子句：

```
int *alloc_and_init( string file_name )
```

```
{
    ifstream infile( file_name.c_str() );
    if ( ! infile )return 0;

    int elem_cnt;
    infile >> elem_cnt;
    if ( ! infile ) return 0;

    try {
        int *pi = allocate_array( elem_cnt );    // (1)
        int elem;
        int index = 0;
        while ( infile >> elem && index < elem_cnt )
                pi[ index++ ] = elem;

        sort_array( pi, elem_cnt );              // (2)
        register_data( pi );                     // (3)
    }
    catch( const noMem &memFail ) {              // 异常情况(1)
        cerr << "alloc_and_init(): allocate_array failure!\n"
             << memFail.what() << endl;
        return 0;
    }
    catch( int &sortFail ) {                     // 异常情况(2)
        cerr << "alloc_and_init(): sort_array failure!\n"
             << "thrown integer value: " << sortFail << endl;
        return 0;
    }
    catch( string &registerFail ) {              // 异常情况(3)
        cerr << "alloc_and_init(): register_data failure!\n"
             << "thrown string value: "
             << registerFail << endl;
        return 0;
    }
    return pi;  // 如果没有任何异常被抛出，就会执行到这里……
}
```

练习 7.3

为练习 5.2 的 Stack 类体系加入两个异常类型，处理“想从空 stack 中取出元素”和“想为满 stack 添加元素”两种错误。请显示修改后的 pop() 和 push()。

我定义 PopOnEmpty 和 PushOnFull 两个异常类，分别供 pop() 和 push() 抛出。于是，Stack 的所有 member function 就不再需要返回代表成功或失败的值了：

```
void pop( elemType &elem )
{
    if ( empty() )
        throw PopOnEmpty();
```

```
        elem = _stack[ --_top ];
        _stack.pop_back();
    }

    void push( const elemType &elem ) {
        if ( ! full() ){
            _stack.push_back( elem );
            ++_top;
            return;
        }
        throw PushOnFull();
    }
```

为了让这两个 Stack 异常可以被完全不知情的其他组件捕获，它们应该融入 StackException 继承体系中，后者又应该派生自标准库所提供的 logic_error class。

logic_error 派生自 exception。exception 是标准库的所有异常类别继承体系的最根本抽象基类。这个继承体系有一个名为 what() 的虚函数，会返回 const char*，用以表示被捕获的异常究竟为何。

```
class StackException : public logic_error {
public:
    StackException( const char *what ) : _what( what ){}
    const char *what() const { return _what.c_str(); }
protected:
    string _what;
};

class PopOnEmpty : public StackException {
public:
    PopOnEmpty() : StackException( "Pop on Empty Stack" ){}
};

class PushOnFull : public StackException {
public:
    PushOnFull() : StackException( "Push on Full Stack" ){}
};
```

以下任何一个 catch 子句都能够处理类型为 PushOnFull 的异常：

```
catch( const PushOnFull &pof )
    { log( pof.what() ); return; }

catch( const StackException &stke )
    { log( stke.what() ); return; }

catch( const logic_error &lge )
    { log( lge.what() ); return; }

catch( const exception &ex )
    { log( ex.what() ); return; }
```

附录 B

泛型算法参考手册

Generic Algorithms Handbook

所有泛型算法（**generic algorithm**），除了少数例外，前两个参数皆为一组 iterator，用来标示欲遍历之容器（container）元素的范围。范围系从第一个 iterator 所指位置开始，至第二个 iterator 所指位置（并不包括）结束：

```
const int array_size = 7;
int iarray[array_size] = { 1, 10, 8, 4, 3, 14, 8 };
vector<int> vec( iarray, iarray+ array_size );

vector<int>::iterator it = find( vec.begin(), vec.end(), value );
int *pi = find( iarray, iarray+array_size, value );
```

算法通常有重载的两个版本：版本之一使用底层元素所属之类型的内置运算符，包括 equality 运算符和 less-than 运算符。版本之二接受 function object 或 function pointer 的传入，借此提供和内置运算符不同的行为。例如，默认情形下，`sort()`会使用 less-than 运算符来对容器内的元素排序。如果要改变这一行为，我们可以传入预先定义好的 `greater` function object：

```
sort( vec.begin(), vec.end() );
sort( vec.begin(), vec.end(), greater<int>() );
```

不过，另有一些算法干脆以不同的名称区分不同版本，形成两个函数；以`_if` 为名称后缀的，便是“可指定特定行为”的那个版本，例如 `find_if()`。举个例子，如果我们想找出小于 10 的每一个元素，可能这么写：

```
find_if( vec.begin(), vec.end(), bind2nd( less<int>, 10 ))
```

许多“会更改目标容器之内容”的算法，都提供有两种版本：一种称为 in-place（就地）版本，会改变容器的内容。另一种称为 copy 版本，不改变传入容器的内容，而是先为它制作一份副本，再改变副本的内容，然后返回该副本。例如 `replace()`和 `replace_copy()`两个泛型算法。copy 版的名称必包含`_copy` 后缀。此版本接受前述两个 iterator 之外的第三个 iterator 参数，用以指向它所更改之容器的第一个元素。默认情形下，复制行为皆以赋值（assignment）方式达成。我们可以利用三种 inserter adapter 中的任一种来取代默认的赋值方式，改以插入（insertion）方式完成复制操作。3.9 节有相关的讨论与范例。

身为程序设计者，我们必须能够快速找出哪些算法可用，并了解如何使用。这也正是这份手册的目的[1]。以下的 array、vector、list 都被用来作为本附录所列泛型算法的函数参数：

```
int ia[8]={ 1, 3, 6, 10, 15, 21, 28, 36 };
vector<int> ivec( ia, ia+8 );
list<int> ilist( ia, ia+8 );

string sa[10] = { "The", "light", "untonsured", "hair",
     "grained", "and", "hued", "like", "pale", "oak" };
vector<string> svec( sa, sa+10 );
list<string> slist( sa, sa+10 );
```

以下列出泛型算法的相关简短描述，并告诉你应该包含哪一个头文件（`algorithm` 或 `numeric`），并提供一两个实例。

accumulate()　　元素累加

默认情形下，它会将容器内的所有元素相加，再加上第三个参数所指定的初值。也可以借由传入一个二元运算，取代默认的“相加”操作。

```
#include <numeric>

iresult = accumulate( ia, ia+8, 0);
iresult = accumulate( ilist.begin(), ilist.end(), 0, plus<int>() );
```

adjacent_difference()　　相邻元素的差额

默认情形下，它会产生一个新数列。此数列中除了第一元素，每个元素都是原数列的“相同位置”及“前一位置”两元素的差额。假设原数列为{0, 1, 1, 2, 3, 5, 8}，那么产生出来的新数列就是{0, 1, 0, 1, 1, 2, 3}。它可以借由传入一个二元运算，取代默认的“相减”操作。假设传入 `multiplies<int>`，那么产生的新数列便是{0, 0, 1, 2, 6, 15, 40}。第三参数是个 iterator，指向一个容器，用来放置执行结果。

```
#include <numeric>

adjacent_difference( ilist.begin(), ilist.end(), iresult.begin() );
adjacent_difference( ilist.begin(), ilist.end(), iresult.begin(),
                     multiplies<int>() );
```

---

[1] 本手册乃是 *C++ Primer* 附录的摘录与修改版。该书为每一个泛型算法提供了程序范例与详尽的讨论。本处仅列出我主观认定的常用算法，而非全部算法。

adjacent_find()　　搜寻相邻的重复元素

默认情形下，它会搜索第一组“相邻且其值重复”的元素。可以某个二元运算符取代内置的 equality 运算符。本函数会返回一个 iterator，指向两个重复元素中的第一个。

```
#include <algorithm>
class TwiceOver {
public:
   bool operator() ( int val1, int val2 )
        { return val1 == val2/2 ? true : false; }
};

piter = adjacent_find( ia, ia+8 );
iter  = adjacent_find( vec.begin(), vec.end(), TwiceOver() );
```

binary_search()　　二元搜索

binary_search()假设其处理对象已经以 less-than 运算符加以排序。如果该容器以其他方式完成排序，那么调用 binary_search()时就得传入该二元运算符。此算法会返回 true 或 false。

```
#include <algorithm>
found_it = binary_search( ilist.begin(), ilist.end(), value );
found_it = binary_search( vec.begin(), vec.end(), value,
                          greater<int>() );
```

copy()　　复制

将第一个容器的元素一一复制到第二个容器。

```
#include <algorithm>
ostream_iterator<int>  ofile( cout, " " );
copy( vec.begin(), vec.end(), ofile );

vector<string> target( svec.size() );
copy( svec.begin(), svec.end(), target.begin() );
```

copy_backward()　　逆向复制

行为和 copy()几乎一样，但复制操作系逆向行之。

```
#include <algorithm>
copy_backward( svec.begin(), svec.end(), target.begin() );
```

count()　　计数

返回容器中与指定值相等的元素个数。

```
#include <algorithm>
cout << value << " occurs "
     << count( svec.begin(), svec.end(), value )
     << " times in string vector.\n";
```

count_if()　　在特定条件下计数

返回容器中“元素值被某特定运算符求值为 true”的元素个数。

```
#include <algorithm>
class Even {
public:
   bool operator()( int val ){ return !( val%2 ); }
};

ires = count_if( ia, ia+8, bind2nd(less<int>(),10) );
lres = count_if( ilist.begin(), ilist_end(), Even() );
```

equal()　　判断相等与否

如果两数列的各元素值都相同，就返回 true。如果第二数列的元素比较多，多出来的元素不予考虑。默认使用 equality 运算符，但也可以传入一个二元的 function object 或 function pointer，用以指定另一种比较方式。

```
#include <algorithm>
class EqualAndOdd{
public:
    bool operator()( int v1, int v2 )
       { return ((v1==v2) && (v1%2)); }
};

int ia1[] = { 1,1,2,3,5,8,13 };
int ia2[] = { 1,1,2,3,5,8,13,21,34 };
res = equal( ia1, ia1+7, ia2 ); // true
res = equal( ia1, ia1+7, ia2, equalAndOdd() ); // false
```

fill()　　改填元素值

将容器内的每个元素一一设为某特定值。

```
#include <algorithm>
fill( ivec.begin(), ivec.end(), value );
```

fill_n()　　改填元素值，n 次

将容器内的元素一一设为某特定值；只设定 n 个元素。

```
#include <algorithm>
fill_n( ia, count, value );
fill_n( svec.begin(), count, string_value );
```

find()　　搜索

容器内的元素一一被拿出来和特定值比较。一旦遇到相符的元素，搜索操作便结束。find()返回一个 iterator，指向该元素。如果没有任何相符元素，就返回容器的 end()。

```
#include <algorithm>
piter = find( ia, ia+8, value );
iter  = find( svec.begin(), svec.end(), "rosebud" );
```

find_end()　　搜索某个子序列的最后一次出现地点

此算法接受两组 iterator。第一组 iterator 标示被搜索的容器范围。第二组 iteartor 标示作为比对标准的一组元素序列。find_end()会找出容器内出现“比对元素序列”的最后一次位置。比对方式默认是 equality 运算符，但亦允许另行指定一个二元运算。如果比对成功，就返回 iterator 指向符合条件的位置。如果比对失败（找不到吻合序列），就返回所指定之容器范围的末尾（亦即 find_end()的第二参数）。举个例子，给定字符序列 Mississippi 及第二序列 ss，find_end()会返回一个 iterator，指向 Mississippi 中的第二个 ss 子序列的第一个 s 位置。

```
#include <algorithm>
int ia[ 17 ] = { 7,3,3,7,6,5,8,7,2,1,3,7,6,3,8,4,3 };
int seq[ 3 ] = { 3, 7, 6 };

// found_it 指向 ia[10]
found_it = find_end( ia, ia+17, seq, seq+3 );
```

find_first_of()　　搜索某些元素的首次出现地点

此算法接受两组 iterator。第一组 iterator 标示被搜索的容器范围。第二组 iteartor 标示作为比对标准的一组元素序列。举个例子，如果我们想找出字符串 synesthesia 中的第一个元音字母，我们把第二字符串定义为 aeiou。如果第一序列中存在第二序列的任一元素，find_first_of()便返回一个 iterator，指向第一个出现的元素——本例为第一个 e。如果第一序列中并不存在第二序列的任何元素值，便返回一个 iterator，指向第一序列的末尾。可有可无的第五参数，允许你指定一个二元运算，借此改用 equality 运算符以外的比较方式。

```
#include <algorithm>
string s_array[] = { "Ee", "eE", "ee", "Oo", "oo", "ee" };
string to_find[] = { "oo", "gg", "ee" };

// 返回第一次出现"ee"的位置。答案将是&s_array[2]。
found_it = find_first_of( s_array, s_array+6,
                          to_find, to_find+3 );
```

find_if()　　在特定条件下搜索

容器内的元素会被一一施以特定的二元运算，测试是否符合条件。如果找到符合条件的元素，搜索操作便结束，并返回一个 iterator 指向该元素。如果没有找到符合条件的元素，就返回容器的 end()。

```
#include <algorithm>
find_if( vec.begin(), vec.end(), LessThanVal(ival) );
```

for_each()　　对范围内的第一个元素应用某个操作

for_each()的第三参数用来表示“将依次应用于每个元素身上”的运算。这个运算不得更改元素值。如果要更改元素值，可使用transform()。指定的运算如果有返回值，该值会被忽略。

```
#include <algorithm>
template <typename Type>
    void print_elements( Type elem ) { cout << elem << " "; }

for_each( ivec.begin(), ivec.end(), print_elements );
```

generate()　　以指定操作的运算结果填充特定范围内的元素

generate()会将指定操作的运算结果，填入序列之中。

```
#include <algorithm>
class GenByTwo {
public:
   void operator()(){
      static int seed = -1; return seed += 2; }
};
list<int> ilist( 10 );

// 填入ilist的内容为1 3 5 7 9 11 13 15 17 19
generate( ilist.begin(), ilist.end(), GenByTwo() );
```

generate_n()　　以指定操作的运算结果填充 n 个元素内容

generate_n()会连续调用指定操作n次，并将这n次的结果填入序列的n个元素之中。

```
#include <algorithm>
class gen_by_two {
public:
   gen_by_two( int seed = 0 ) : _seed( seed ){}
   int operator()() { return _seed += 2; }
private:
   int _seed;
};
vector<int> ivec( 10 );

// 填入ivec的内容为102 104 106 108 110 112 114 116 118 120
generate_n( ivec.begin(), ivec.size(), gen_by_two(100) );
```

includes()　　涵盖于

如果第二序列内的每个元素皆在第一序列之中，includes()便返回true，否则返回false。两个序列都必须先经过排序。排序方式可以通过less-than运算符（这是默认行为），或是由第四参数指定。

```
#include <algorithm>
```

```
int ia1[] = { 13, 1, 21, 2, 0, 34, 5, 1, 8, 3, 21, 34 };
int ia2[] = { 21, 2, 8, 3, 5, 1 };

// 传给 includes()的容器必须经过排序
sort( ia1, ia1+12 ); sort( ia2, ia2+6 );
res = includes( ia1, ia1+12, ia2, ia2+6 ); // true
```

inner_product()　　内积

inner_product()会将两序列之元素值彼此相乘，并予以累加，然后再加上某个初始值。举个例子，给定两序列{2, 3, 5, 8}和{1, 2, 3, 4}，本算法的运算结果便是各相应元素一一相乘之后累加起来，也就是(2×1)+(3×2)+(5×3)+(8×4)。如果再指定初值 0，最后结果便是 55。

第二个版本允许我们回避其默认的累加行为和相乘行为，改用我们所指定的运算。举个例子，假设使用先前所说的序列，但特别指定了减法和加法运算，结果将是各相应元素一一相加之后再彼此相减：(2+1)-(3+2)-(5+3)-(8+4)。如果初值为 0，最后结果便是-28。

```
#include <numeric>
int ia[] =  { 2, 3, 5, 8 };
int ia2[] = { 1, 2, 3, 4 };
int res = inner_product( ia, ia+4, ia2, 0);

vector<int> vec(  ia,  ia+4 );
vector<int> vec2( ia2, ia2+4 );

res = inner_product( vec.begin(), vec.end(), vec2.begin(), 0,
                     minus<int>(), plus<int>() );
```

inplace_merge()　　合并并取代（覆写）

inplace_merge()共接受三个 iterator：first, middle, last。两个输入序列分别以[first, middle)和[middle, last)标示（middle 在第一序列的表示式中，代表最后一个元素的下一个位置）。这两个序列必须连续，产生的新序列会覆盖原有内容，并以 first 为起始位置开始放置。如果传入第四参数（可有可无），则可指定 less-than 运算符（这是默认行为）以外的比较操作。

```
#include <algorithm>
int ia[20] = { 29, 23, 20, 17, 15, 26, 51, 12, 35, 40,
               74, 16, 54, 21, 44, 62, 10, 41, 65, 71 };

int *middle = ia+10, *last = ia+20;

// 12 15 17 20 23 26 29 35 40 51 10 16 21 41 44 54 62 65 71 74
sort( ia, middle ); sort( middle, last );

// 10 12 15 16 17 20 21 23 26 29 35 40 41 44 51 54 62 65 71 74
inplace_merge( ia, middle, last );
```

iter_swap()　元素互换

将两个 iterator 所指向之元素值互换。

```
#include <algorithm>
typedef list<int>::iterator iterator;
iterator it1 = ilist.begin(), it2 = ilist.begin()+4;
iter_swap( it1, it2 );
```

lexicographical_compare()　以字典排列方式做比较

默认情形下，使用 less-than 运算符作为排序依据。如果设定第五参数，便可指定其他的排序方式。如果第一序列小于或等于第二序列，便返回 true。

```
#include <algorithm>
class size_compare {
public:
   bool operator()( const string &a, const string &b ) {
        return a.length() <= b.length();
   }
};
string sa1[] = { "Piglet", "Pooh",  "Tigger" };
string sa2[] = { "Piglet", "Pooch", "Eeyore" };

// false: 'c' < 'h'
res = lexicographical_compare( sa1, sa1+3, sa2, sa2+3 );

list<string> ilist1( sa1, sa1+3 );
list<string> ilist2( sa2, sa2+3 );

// true: Pooh < Pooch
res = lexicographical_compare(
      ilist1.begin(), ilist1.end(),
      ilist2.begin(), ilist2.end(), size_compare() );
```

max(), min()　最大值/最小值

返回两元素中较大（或较小）者。如果提供第三参数，就可以设定不同的比较方式。

max_element(), min_element()　最大值/最小值所在位置

返回一个 iterator，指向序列中其值最大（或最小）的元素。如果提供第三参数，就可以设定不同的比较方式。

```
#include <algorithm>
int mval = max( max( max( max( ivec[4],  ivec[3] ),
                              ivec[2] ),ivec[1] ),ivec[0] );

mval = min( min( min( min( ivec[4], ivec[3] ),
                          ivec[2] ),ivec[1] ),ivec[0] );
```

```
vector<int>::const_iterator iter;
iter = max_element( ivec.begin(), ivec.end() );
iter = min_element( ivec.begin(), ivec.end() );
```

merge()　　合并两个序列

将两个已排序的序列合并为一个，其结果亦经排序，以第五个 iterator 为起始放置处。第六参数（可有可无）可设定 less-than 运算符以外的其他排序方式。

```
#include <algorithm>
int ia[12] =  {29,23,20,22,17,15,26,51,19,12,35,40};
int ia2[12] = {74,16,39,54,21,44,62,10,27,41,65,71};

vector<int> vec1( ia, ia+12 ),  vec2( ia2, ia2+12 );
vector<int> vec_result(vec1.size()+vec2.size());

sort( vec1.begin(), vec1.end(), greater<int>() );
sort( vec2.begin(), vec2.end(), greater<int>() );

merge( vec1.begin(), vec1.end(),
       vec2.begin(), vec2.end(),
       vec_result.begin(), greater<int>() );
```

nth_element()　　重新安排序列中第 n 个元素的左右两端

`nth_element()`会重新安排序列的元素位置，使“小于第 n 个元素”的所有元素，都被重新安排于第 n 个元素之前，并使“大于第 n 个元素”的所有元素，都被重新安排于第 n 个元素之后。例如，给定序列如下：

```
int ia[] = { 29,23,20,22,17,15,26,51,19,12,35,40 };
```

调用`nth_element()`并指定`ia+6`（其值为 26）为第 n 个位置：

```
nth_element( ia, ia+6, &ia[12] );
```

于是产生新序列，小于 26 的七个元素皆在序列左侧，大于 26 的四个元素皆在序列右侧：

```
{ 23,20,22,17,15,19,12,26,51,35,40,29 }
```

此算法并不保证第 n 个元素左右两侧的众多元素有任何特定的排序顺序。如果提供第四参数（可有可无），则可指定 less-than 运算符以外的其他比较方式。

partial_sort()　　局部排序
partial_sort_copy()　　局部排序并复制到他处

`partial_sort()`有三个参数：`first`，`middle`，`last`。第四个参数（可有可无）可以指定排序方式。`first` 和 `middle` 标示出容器内的某个范围，用来存放排序结果（`middle` 表示实际有效范围的下一个位置）。`middle` 至 `last` 这段范围内的元素，是未经排序的。例如，给定数组如下：

```
int ia[] = {29, 23, 20, 22, 17, 15, 26, 51, 19, 12, 35, 40 };
```

调用`partial_sort()`并将第六个元素标示为`middle`:

```
partial_sort( ia, ia+5, ia+12 );
```

于是序列的前五个最小元素被排序:

```
{ 12,15,17,19,20,29,23,22,26,51,35,40 }
```

middle至last-1的所有元素，都未经排序，不保证呈现任何特定顺序。

partial_sum() 局部总和

产生一个新序列，默认情形下，每个新元素的值皆为其自身与先前所有元素的总和。例如，给定序列{0, 1, 1, 2, 3, 5, 8}，新产生的序列将是{0, 1, 2, 4, 7, 12, 20}。以第四元素为例，恰好是前三个值（0, 1, 1）再加上本身（2），结果为4。如果提供第四参数（可有可无），则可指定加法以外的其他运算。

```
#include <numeric>
int ires[7], ia[7] = { 1, 3, 4, 5, 7, 8, 9 };
vector<int> vres(7), vec( ia, ia+7 );

// partial_sum(): 1 4 8 13 20 28 37
partial_sum( ia, ia+7, ires );

// 使用multiplies<int>()的结果: 1 3 12 60 420 3360 30240
partial_sum(vec.begin(),vec.end(),vres.begin(),multiplies<int>());
```

partition() 切割
stable_partition() 切割并保持元素间的相对次序

partition()会重排诸元素的顺序，其重排依据则是根据某个一元运算的结果（true或false）。“所有被求值为true的元素”皆被置于“所有被求值为false的元素”之前。例如，给定序列{0, 1, 2, 3, 4, 5, 6}及一个用以检验“元素是否为偶数”的运算操作，求值为true与求值为false的元素分别是{0, 2, 4, 6}和{1, 3, 5}。虽然所有偶数保证一定会置于所有奇数之前，但在重新排定顺序之后，它们之间的相对顺序却不保证不变。唯有使用stable_partition()，才能保证容器内的元素的相对顺序不变。

```
#include <algorithm>

class even_elem {
public:
    bool operator()( int elem )
         { return elem%2 ? false : true; }
};

int ia[] = { 29,23,20,22,17,15,26,51,19,12,35,40 };
vector<int> vec( ia, ia+12 );
```

```
// 根据元素值是否为偶数来加以分割:
// 40 12 20 22 26 15 17 51 19 23 35 29
stable_partition( vec.begin(), vec.end(), even_elem() );
```

random_shuffle() 随机重排

默认情况下，random_shuffle()会根据自己的算法，随机重排各元素的位置。如果提供第三参数（可有可无），则可指定特定的随机数生成器——但其返回类型必须是 double 且落于[0, 1]。

```
#include <algorithm>
random_shuffle( ivec.begin(), ivec.end() );
```

remove() 移除某种元素（但不删除）
remove_copy() 移除某种元素并将结果复制到另一个容器

remove()会将序列中与特定值吻合的所有元素隔离。它并不会将符合条件的元素删去(换句话说，容器的大小不变)，而是将每个不符合条件的元素依次放到可用位置上。返回的 iterator 指向新产生的最后一个合格元素的下一位置。

以序列{0, 1, 0, 2, 0, 3, 0, 4}为例。我想移去数值为 0 的所有元素，结果将是{1, 2, 3, 4, 0, 3, 0, 4}。1 被复制到第一个位置，2 被复制到第二个位置，3 被复制到第三个位置，4 被复制到第四个位置。第五位置上的 0，是本算法的残余物，返回的 iterator 便指向这一位置。通常我们会将这个 iterator 传给 erase()。数组并不适用 remove()算法，因为数组不易改变大小。基于这个原因，处理数组时比较适用 remove_copy()。

```
#include <algorithm>

int ia[] = { 0, 1, 0, 2, 0, 3, 0, 4, 0, 5 };
vector<int> vec( ia, ia+10 );

// remove()操作之后、erase()操作之前的 vector 内容:
// 1 2 3 4 5 3 0 4 0 5
vec_iter = remove( vec.begin(), vec.end(), 0 );

// erase()操作之后的 vector 内容: 1 2 3 4 5
vec.erase( vec_iter, vec.end() );

int ia2[5];
// ia2: 1 2 3 4 5
remove_copy( ia, ia+10, ia2, 0 );
```

remove_if() 有条件地移除某种元素
remove_copy_if() 有条件地移除某种元素并将结果复制到另一容器

remove_if()会将序列之中"被特定运算求值为 true"的所有元素移去。除了这一点，remove_if()/remove_copy_if()和 remove()/remove_copy()的行为一致，请见先前讨论。

```
#include <algorithm>

class EvenValue {
public:
   bool operator()( int value ) {
        return value % 2 ? false : true; }
};

int ia[] = { 0, 1, 1, 2, 3, 5, 8, 13, 21, 34 };
vector<int> vec( ia, ia+10 );

iter = remove_if( vec.begin(), vec.end(), bind2nd(less<int>(),10) );
vec.erase( iter, vec.end() ); // 现在序列的内容是：13 21 34

int ia2[10]; // ia2: 1 1 3 5 13 21
remove_copy_if( ia, ia+10,ia2, EvenValue() );
```

replace() 取代某种元素

replace_copy() 取代某种元素并将结果复制到另一容器

replace()会将序列中所有"数值等于 old_value"的元素，重设为 new_value。

```
#include <algorithm>
string oldval( "Mr. Winnie the Pooh" );
string newval( "Pooh" );
string sa[] = { "Christopher Robin", "Mr. Winnie the Pooh",
                "Piglet", "Tigger", "Eeyore" };

vector<string> vec( sa, sa+5 );

// Christopher Robin Pooh Piglet Tigger Eeyore
replace( vec.begin(), vec.end(), oldval, newval );

vector<string> vec2;

// Christopher Robin Mr. Winnie the Pooh Piglet Tigger Eeyore
replace_copy( vec.begin(), vec.end(),
              inserter(vec2,vec2.begin()), newval, oldval );
```

replace_if() 有条件地取代

replace_copy_if() 有条件地取代并将结果复制到另一容器

replace_if()会将序列中符合条件的所有元素，取代为 new_value 值。所谓符合条件，是指特定比较操作的所得结果为 true。

```
#include <algorithm>
int new_value = 0;
int ia[] = { 0, 1, 1, 2, 3, 5, 8, 13, 21, 34 };
vector<int> vec( ia, ia+10 );
```

```
// 新产生的序列: 0 0 0 0 0 0 0 13 21 34
replace_if( vec.begin(), vec.end(),
            bind2nd(less<int>(),10), new_value );
```

reverse() 颠倒元素次序
reverse_copy() 颠倒元素次序并将结果复制到另一容器

将容器内的元素次序予以调换。

```
#include <algorithm>
list<string> slist_copy( slist.size() );

reverse( slist.begin(), slist.end() );
reverse_copy( slist.begin(), slist.end(), slist_copy.begin() );
```

rotate() 旋转
rotate_copy() 旋转并将结果复制到另一容器

rotate()接受三个 iterator: first, middle, last。它会将 first 至 middle-1 及 middle 至 last-1 所标示的各个元素相互交换。以 C-Style 字符串"boohiss!!"为例:

```
char ch[] = "boohiss!!";
```

为了将它改为"hissboo!!", 应该这样调用 rotate():

```
rotate( ch, ch+3, ch+7 );
```

下面是另一个例子:

```
#include <algorithm>
int ia[] = { 1, 3, 5, 7, 9, 0, 2, 4, 6, 8, 10 };
vector<int> vec( ia, ia+11 ), vec2(11);
```

以下将“以 0 为首的后六个元素”和“以 1 为首的前五个元素”彼此交换:

```
// 以中央元素(0)为轴, 进行旋转操作: 0 2 4 6 8 10 1 3 5 7 9
rotate( ia, ia+5, ia+11 );
```

以下则是将“以 8 为首的后两个元素”和“以 1 为首的前九个元素”交换:

```
// 以倒数第二个元素(8)为轴, 进行旋转操作: 8 10 1 3 5 7 9 0 2 4 6
rotate_copy( vec.begin(), vec.end()-2, vec.end(), vec2.begin() );
```

search() 搜索某个子序列

给定两个序列, search()会返回一个 iterator, 指向第二序列在第一序列中的出现位置。如果第二序列并不在第一序列内, 这个 iterator 便指向第一序列的末端。以 Mississippi 为例, 子序列 iss 出现了两次, search()返回的 iterator 会指向第一次出现位置。如果提供第五参数(可有可无), 便可改用 equality 运算符(那是默认行为)以外的比对法。

```
#include <algorithm>

char str[25] = "a fine and private place";
```

```
char substr[4]  = "ate";
int *piter = search( str,str+25,substr,substr+4 );
```

search_n() 搜索“连续发生 n 次”的子序列

search_n()会寻找序列中某个特定值“连续出现 n 次”的第一次出现位置。在以下例子中，我们搜寻 str 内“连续出现两个 o”的位置，返回的 iterator 会指向其中的第一个 o。如果容器内并无搜索目标存在，返回的 iterator 便指向序列的末端。如果提供第五参数（可有可无），可改用 equality 运算符（那是默认行为）以外的比对法。

```
#include <algorithm>
const char oh    = 'o';

char str[ 26 ]  = "oh my a mouse ate a moose";
char *found_str = search_n( str, str+26, 2, oh );
```

set_difference() 差集

set_difference()会将“出现于第一序列内”但“未出现于第二序列内”的元素，排序后放入新序列中。假设有两个序列{0, 1, 2, 3}和{0, 2, 4, 6}，其差集便是{1, 3}。所有的集合（set）算法（后续还有三个）都接受五个 iterator：前两个标示出第一序列，之后两个标示出第二序列，第五个 iterator 标示出用来放置运算结果的起始位置。此算法假设序列已由 less-than 运算符加以排序，但也允许接受第六参数，指定其他排序方式。

set_intersection() 交集

set_intersection()会将两序列中皆出现的元素，加以排序并放入新序列中。例如，给定两个序列分别为{0, 1, 2, 3}和{0, 2, 4, 6}，其交集便是{0, 2}。

set_symmetric_difference() 对称差集

set_symmetric_difference()会将“出现于第一序列”但“未出现于第二序列”，以及“出现于第二序列”但“未出现于第一序列”的所有元素加以排序，放入新序列中。例如，给定两个序列{0, 1, 2, 3}和{0, 2, 4, 6}，其对称差集为{1, 3, 4, 6}。

set_union() 并集

set_union()所产生的新序列会包含原来的两个序列的所有元素，并加以排序。例如，给定两个序列{0, 1, 2, 3}和{0, 2, 4, 6}，其并集为{0, 1, 2, 3, 4, 6}。如果某值在两个序列中都出现，例如此例的 0 和 2，那么仅有第一序列中的那个元素会被复制给新序列。

```
#include <algorithm>
string str1[] = { "Pooh", "Piglet", "Tigger", "Eeyore" };
string str2[] = { "Pooh", "Heffalump", "Woozles" };
```

```
set<string> set1( str1, str1+4 ),
set2( str2, str2+3 );

// 用以放置每次集合运算（set operation）的结果
set<string> res;

// set_union(): Eeyore Heffalump Piglet Pooh Tigger Woozles
set_union( set1.begin(), set1.end(),
           set2.begin(), set2.end(), inserter( res, res.begin() ));

res.clear(); // 将容器清空

// set_intersection(): Pooh
set_intersection( set1.begin(), set1.end(), set2.begin(),
                  set2.end(), inserter( res,res.begin() ));

res.clear();

// set_difference(): Eeyore Piglet Tigger
set_difference( set1.begin(), set1.end(), set2.begin(),
                set2.end(), inserter( res, res.begin() ));

res.clear();

// set_symmetric_difference():
//    Eeyore Heffalump Piglet Tigger Woozles
set_symmetric_difference( set1.begin(), set1.end(), set2.begin(),
                          set2.end(), inserter( res, res.begin() ));
```

sort()　　排序
stable_sort()　　排序并保持等值元素的相对次序

默认情形下，排序算法会使用 less-than 运算符，将所有元素以递增方式排序。如果提供第三参数（可有可无），就可以指定其他的比较方式。stable_sort()可保持原容器内的各元素的相对次序。例如，假设我已经将许多单字以字典顺序排好了，现在我要再将它们以长度排序。于是我传入 LessThan function object，用以比较两字符串的长度。如果使用 sort()，无法保证“原本已排好的字典顺序”不会被破坏。

```
#include <algorithm>
stable_sort( ia, ia+8 );
stable_sort( svec.begin(), svec.end(), greater<string>() );
```

transform()　　以两个序列为基础，交互作用产生第三个序列

transform()的第一版本会调用被传入的某个一元运算符，将它一一作用于序列的每个元素身上。以序列{0, 1, 1, 2, 3, 5}搭配 Double function object 为例，每个元素值都会变成两倍，新产生的序列是{0, 2, 2, 4, 6, 10}。第二个版本会调用被传入的某个二元运算符，应用于被传入的两个序列内“位置相同”

的两两元素身上。例如，给定序列{1, 3, 5, 9}和{2, 4, 6, 8}，并指定 AddAndDouble function object，于是便会将对应两元素之值相加，然后再变为两倍，产生的新序列是{6, 14, 22, 34}。第一版产生的新序列会放在第三参数(一个 itearotr)所表示的起始位置上，第二版产生的新序列会放在第四参数(一个 itearotr)所表示的起始位置上。

```
#include <algorithm>
int double_val( int val ) { return val + val; }
int difference( int val1, int val2 ) { return abs( val1 - val2 ); }

int ia[]  = { 3, 5, 8, 13, 21 };
vector<int> vec( 5 ), vec2( 5 );

// 第一个版本：6 10 16 26 42
transform( ia, ia+5, vec.begin(), double_val );

// 第二个版本：3 5 8 13 21
transform( ia, ia+5, vec.begin(), vec2.begin(), difference );
```

unique()　将重复的元素折叠缩编使其唯一
unique_copy()　将重复的元素折叠缩编使其唯一，并复制到他处

序列中连续出现并且数值相同（以 equality 运算符观之）的所有元素，会被缩编成一个。可指定其他比较方式，作为数值应否缩编的判断基准。以"Mississippi"为例，本算法产生出来的结果应该是 Misisipi。由于三个 i 并非连续出现，所以并未像两组 ss 那样地遭到缩编。如果我们想要令所有重复出现的元素都缩编，应该先予以排序。

和 remove()一样，容器的实际大小并未改变。从容器的第一个元素开始，每个独一无二的元素皆被放入新的可用位置上。以"Mississippi"为例，实际运算结果是 Misisipippi，最后面的 ppi 代表此算法的残余物。返回的 iterator 标示出再下来的可用位置。通常这个 iterator 会被我们传给 erase()。由于数组并未提供 erase()，所以 unique()比较不适用于数组；unique_copy()比较适合数组。

```
#include <algorithm>
int ia[] = { 0, 1, 0, 2, 0, 3, 0, 4, 0, 5 };
vector<int> vec( ia, ia+10 );

sort( vec.begin(), vec.end() );
iter = unique( vec.begin(), vec.end() );
vec.erase( vec_iter, vec.end() ); // vec: 0 1 2 3 4 5

int ia2[10];
sort( ia, ia+10 );
unique_copy( ia, ia+10, ia2 );
```

附录 C

中英术语对照

侯捷

英文术语的采用原则

我观察人们对于英文词或中文词的采用，隐隐有一个习惯：如果中文词发音简短（或至少不比英文词繁长）并且意义良好，那么就比较有可能被业界用于日常沟通；否则业界多采用英文词。

例如，polymorphism 音节过多，所以意义良好的中文词“多态”就比较有机会被采用。又例如，“虚函数”的发音不比 virtual function 繁长，所以使用这个中文词的人也不少。“重载”的发音比 overloaded 短得多，意义又正确，用的人也不少。

但这并非绝对法则，否则就不会有绝大多数工程师说 data member 而不说“数据成员”、说 member function 而不说“成员函数”的情况了。

以下是本书采用英文术语的几个简单原则，但是并没有绝对照搬，因为有时候要看上下文情况。同时，请容我再谦卑地强调一次，这些都是基于我与业界和学界的接触经验而做的选择。

- 编程基础术语，采用中文。例如：函数、指针、变量、常量。本书所沿用不译的英文术语，绝大部分都是与 C++/OOP 相关的。
- 简单且朗朗上口的词，不译。例如：input，output，lvalue，rvalue……
- 读者应该认识的原文名词，不译。例如：template，class，object，exception，scope，namespace……
- 长串、有特定意义、中译名称拗口者，不译。例如：explicit specialization，partial specialization，using declaration，using directive，exception specialization……
- 操作符名称，不译。例如：copy assignment 操作符，member access 操作符，arrow 操作符，dot 操作符，address of 操作符，dereference 操作符……
- 业界惯用词，不译。例如：constructor，destructor，data member，member function，reference……

- 涉及 C++关键字者，不译。例如：public，private，protected，friend，static……
- 意义良好，发音简短，用者颇众的中文术语，用之。例如：多态(polymorphism)，虚函数(virtual function)……
- 译后可能无法完全彰显原味者，时而中英并列。
- 重要的动词、形容词，时而中英并陈：模棱两可(*ambiguous*)，解析(*resolve*)，覆盖(*override*)。

引用原文字眼，或不厌其烦地中英并列，获得的一项重要好处是：搭配中英页页对译的做法，本书得以最经济方式保留原书索引。而索引对于技术书籍的重要性，不言可喻。

中英术语对照（按字母顺序排列）

以下术语，在本书之中，某些以英文呈现，某些以中文呈现，某些则中英并列。注意，以下为本人个人收集整理的数据，表内各词不一定都出现于本书之中。

abstract	抽象的
abstraction	抽象、抽象性
access	访问
access function	访问函数
address-of operator	取址操作符&
algorithm	算法
argument	实参，实际参数（传给函数的实际值）。参见 parameter
array	数组
arrow operator	arrow 操作符->
assignment	赋值
assignment operator	赋值操作符=
associated	相关的
associative container	关联容器（对应于 sequential container）
base class	基类
best viable function	最佳可行函数（从 viable function 中挑出的最佳吻合者）
binding	绑定
bit	位
bitwise	“以 bit 为单元的……”。例如 bitwise copy
block	块
boolean	布尔值（真假值，true 或 false）
byte	字节（8 个 bit 组成的一个单元）
call operator	call 操作符()（与 function call operator 同）
chain	链（例如 chain of function calls）
child class	子类（或称为 derived class、subtype）
class	类
class body	类体
class declaration	类声明
class definition	类定义
class template	类模板

class template partial specializations	类模板局部特化
class template specializations	类模板特化
cleanup	清理、善后
candidate function	候选函数（在函数重载解析过程中出现的候选者）
command line	命令行
compiler	编译器
component	组件
concrete	具象的、具体的
container	容器（可存放数据的某种结构，例如 list、map、set）
context	环境、上下文
const	常量（constant 的缩写，相对于变量 variable）
constant	不变的（相对于 mutable）
constructor (ctor)	构造函数（与 class 同名的一种 member function）
data member	数据成员、成员变量
declaration	声明
deduction	推导（例如 template argument deduction）
definition	定义
dereference	提领（解引用；取出指针所指之物）
dereference operator	提领操作符（解引用操作符）*
derived class	派生类
destructor (dtor)	析构函数
directive	指令（例如 using directive）
dot operator	dot 操作符.
dynamic binding	动态绑定
entity	实体
encapsulation	封装
enclosing class	外层类（与嵌套类 nested class 有关）
enum (enumeration)	枚举（一种 C++数据类型）
equality operator	相等操作符==
evaluate	计算、求值
exception	异常、异常情况
exception declaration	异常声明（见 *C++ Primer, 3rd Edition* 的 11.3 节）
exception handling	异常处理、异常处理机制
exception specification	异常规格（见 *C++ Primer, 3rd Edition* 的 11.4 节）
exit	退出（指离开函数时的那个执行点）
explicit	明确的、显式
export	导出
expression	表达式
facility	设施、设备
flush	清理、冲刷
formal parameter	形式参数，形参
forward declaration	前置声明
function	函数

function call operator	（与 call operator 同）
function object	函数对象
function overloaded resolution.	函数重载解析过程
function signature	函数签名
function template	函数模板
generic	泛型、一般化的
generic algorithm	泛型算法
global	全局的
global scope resolution operator	全局作用域解析操作符::
handler	处理函数
header file	头文件（放置各种类型定义、数据结构、函数声明的文件）
hierarchy	层次体系（base class 和 derived class 组成）
identifier	标识符
immediate base	直接（紧临）的上一层 base class
immediate derived	直接（紧临）的下一层 derived class
implement	实现
implementation	实现、实现代码；亦指编译器（取决于上下文）
implicit	隐喻的、暗自的、隐式
increment operator	递增操作符++
inheritance	继承、继承机制
inline	内联
inline expansion	内联扩展
initialization	初始化、初值化
initialization list	初始化列表
initialize	初始化
instance	实例（常指根据 class 而产生出来的 object）
instantiated	具现化（应用于 template）
instantiation	具现体、具现化实体（应用于 template）
invoke	调用
iterate	迭代（在某个循环中一次一次地轮回进行，谓之）
iterator	迭代器（可被视为一种泛化指针）
iteration	迭代（在某个循环中的每一次轮回称为一个 iteration）
lifetime	生命期、生命周期
linker	链接器
literal constant	字面常量（例如 3.14159 或 12 这样的常数值）
list	链表（linked-list）
local	局部的
lvalue	左值
manipulator	操纵符（iostream 预定义的一种东西，见 *C++ Primer, 3rd Edition* 第 1119 页）
mechanism	机制
member	成员
member access operator	成员访问操作符（有 dot 和 arrow 两种）

member function	成员函数
member initialization list	成员初始化列表
memberwise	“以 member 为单元的……”。例如 memberwise copy
mutable	可变的（相对于 constant）
most derived class	最末层的派生类
mutable	易变的
namespace	命名空间、名字空间
nested class	嵌套类
object	对象
operand	操作数
operation	操作（行为）
operator	操作符
option	选项
overflow	溢出，上溢（相对于 underflow）
overhead	额外负担、额外开销
overload	重载
overloaded function	重载函数
overloaded operator	重载操作符
overloaded set	重载集
override	覆盖。意指在 derived class 中重新定义 virtual function。
parameter	参数（函数参数列表中的变量）
parameter list	参数列表
parent class	父类（或称 base class）
parse	解析
partial specialization	局部特化
pass by address	传址（函数实参的传递方式之一）
pass by reference	传引用（函数实参的传递方式之一）
pass by value	传值（函数实参的传递方式之一）
placement delete	见 *C++ Primer, 3rd Edition* 的 15.8.2 节
placement new	见 *C++ Primer, 3rd Edition* 的 15.8.2 节
platform	平台
pointer	指针
polymorphism	多态
preprocessor	预处理器
programming	编程
project	项目
qualified	（经过资格）限定（例如加上 class scope 操作符）
qualifier	（资格）限定符
raise	发生（常用来表示发出一个 exception）
rank	等级、分等（见 *C++ Primer, 3rd Edition* 第 9 和第 15 两章）
raw	原始的、未经处理的
reference	引用；C++中类似 pointer 的东西，意义上相当于“化身”
represent	表述，表现
resolve	解析。针对表达式（expression）中的符号名称，寻找其对应声明。

resolution	解析过程
rvalue	右值
scope	作用域
scope operator	scope（作用域）操作符::
scope resolution operator	作用域解析操作符（同 scope operator）
sequential container	顺序性容器（对应于 associative container）
signature	见 function signature
specialization	特化、特化定义、特化声明（见 *C++ Primer, 3rd Edition* 的 16.9 节）
stack	堆
stack unwinding	堆栈辗转开解（此词用于 exception 主题）
statement	语句
stream	流、数据流
string	字符串
subscript operator	下标操作符 []
subtype	子类型（亦即 derived class）
target	目标（例如 target pointer，目标指针）
template	模板
template argument deduction	模板实参推导
template explicit specialization	模板明确特化
template parameter	模板参数
text file	程序代码文件（文件中用来放置源代码者）
throw	抛出（常指发出一个 exception）
token	记号
type	类型
underflow	下溢（相对于 overflow）
unqualified	未经资格限定（而直接取用）
unwinding	见 stack unwinding
variable	变量（相对于常量 const）
vector	向量（类似数组 array）
viable	可行的、可实行的（见 *C++ Primer, 3rd Edition* 第 9 和第 15 两章）
viable function	可行函数（从 candidate function 中挑出者）
volatile	易变的、易挥发的

索引

Index

Symbols

A

B

C

電子工業出版社 PUBLISHING HOUSE OF ELECTRONICS INDUSTRY http://www.phei.com.cn Broadview® WWW.BROADVIEW.COM.CN

博文视点 · IT出版旗舰品牌

博文视点本季最新最热图书

《云计算：大数据时代的系统工程》

姚宏宇 田溯宁 著

定价：32.00元

工程院院士倪光南，用友软件董事长王文京联合力荐！

《超越想象——Windows 8应用设计与开发》

朱宏，亓光宇，李孟晓编著.

定价：59.00

第一本 Window 8 设计开发的原创著作用代码创造神奇，用应用创造财富微软官方写作，内容详尽清晰

《高质量程序设计指南：C++/C语言》

林锐，韩永泉编著

定 价：65.00元

《大学十年》感染一代 IT 人，林锐亲述多年一线经验。本书提供内建高质量代码必须熟练掌握的编程技术与规范。

"高质量"试图挽回的是——投入大量人、材、物力的事后检测和补救。

《支撑处理器的技术——永无止境地追求速度的世界》

[美]海撒安藤著；李剑译

定价：69.00 元

为程序员打开处理器黑盒，深入理解构造与原理。

《Objective-C 程序设计(第4版)》（全球最畅销Objective-C编程书籍）

[美]Stephen G. Kochan（斯蒂芬·G·科昌）著

林冀 范俊 朱奕欣 译

定价：89.00元

这是一本 Objective-C 编程领域最畅销的书籍，内容涵盖 Xcode 4.2 和自动引用计数(ARC)。

《快学Scala》(Core Java作者Horstmann最新力作)

（美）霍斯曼（Horstmann,C.S.）著

高宇翔 译

定价：79.00元

Scala 是一门以 Java 虚拟机（JVM）为目标运行环境并将面向对象和函数式编程语言的最佳特性结合在一起的编程语言。你可以使用 Scala 编写出更加精简的程序，同时充分利用并发的威力。

《Android系统源代码情景分析》

罗升阳 著

定价：109.00元（含光盘1张）

全面、深入、细致地掌握 Android，引领移动互联网新时代！

在内容上，本书结合使用情景，全面、深入、细致地分析了 Android 系统的源代码，涉及到 Linux 内核层、硬件抽象层(HAL)、运行时库层(Runtime)、应用程序框架层(Application Framework)以及应用程序层(Application)。

《x86/x64体系探索及编程》

邓志著

定价：119.00元

对 x86 处理器介绍得最详尽又最具实践指导意义的一本书。

本书是对Intel手册所述处理器架构的探索和论证。全书共五大部分，从多个方面对处理器架构相关的知识进行了梳理介绍。书中每个章节都有相应的测试实验，所运行的实验例子都可以在真实的机器上执行。

《大道至简：软件工程实践者的思想（典藏版）》

周爱民 著

定价：49.00 元

本书提出了审视软件工程的全新视角和软件工程的体系模型(EHM，软件工程层状模型)。本书用非工程的方式重新解析软件工程现象，全面、细致而深刻地分析了工程中各个环节的由来、价值及其内在关系。

《项目中的.NET》

李天平 编著

定价：108.00元

本书别无它用，只能用来求职、做项目！

直指 .NET 核心优势，以商业实战指导新手入行！

欢迎投稿：

投稿信箱：jsj@phei.com.cn

editor@broadview.com.cn

读者信箱：market@broadview.com.cn

电　　话：010-51260888

更多信息请关注：

博文视点官方网站：

http://www.broadview.com.cn

博文视点官方微博：

http://t.sina.com.cn/broadviewbj